胜景几何论稿

李兴钢 著

浙江摄影出版社

人为道能自然者，故道可得而通……是故凡人为道，当以自然而成其名。

目录

序

彭一刚

序一

在我的研究生中，有长于方案构思的，有长于理性思维的，当然，也有两方面都见长的。但像这类人才确实为数不多，而李兴钢即是其中的一位，并且在这两方面都表现得比较突出。

中国建筑师对于传统之于现当代建筑传承及启示的探索，可谓久已有之，洋洋大观。前有看重立面风格形式者，后有着力平面空间构成者，总不免失之于表象、具体和片面。而李兴钢则由人工与自然的交互关系作为切入点，则使得他的思考和实践跟中国城市及建筑现象背后的生活哲学与文化精神天然地具有了关联性，并能与时代和现实紧密结合起来。我以为，这也是他的"胜景几何"思想、实践及《论稿》的核心内容。

以我所了解的他的绩溪博物馆和天津大学新校区综合体育馆为例，两个项目所在的场地有着几乎是极端相反的特征：绩溪是个山水环抱的千年古镇，而天大新校区则是平地而起的新城空白之地。他在绩溪博物馆采用了"因借与经营"的方式，使建筑的内外空间、结构、形式与山水树木、古镇民居等原生"自然"交互作用，使人们体验到一种联系时空和生命的诗意情境；而在天大新校区综合体育馆则是自造一种由结构"聚落"和内部空间中人的运动所构成的人工"自然"，填充现实的空白，营造出动人的空间归属感和场所感。两个作品貌似差异很大，但其营造人工建筑与特定"自然"要素交互关联的内在思想乃至"结构组群"的手法运用，却有着惊人的相似性。这样的思考和实践，使得他得以面对中国当代复杂多元的现实条件和环境，创作出多样而得体、回应社会和时代的作品。

在多年工作之后，李兴钢入我门下攻读建筑设计及其理论博士学位，论文开题时他与我商议是否可以考虑传统园林方面的理论研究，我则力主建议他以"鸟巢"工程为题，因他是这一历史性建筑的重要参与者和见证者，以博士论文写作的方式为之留下一手研究资料和成果，责无旁贷，也非他莫属。他欣然接受，以《第一见证："鸟巢"的设计理念、技术和时代决定性》为题，完成了一篇翔实可信、兼具文献性与研究性、理论与实践并重的博士论文，受到论文评审委员会高度评价。

李兴钢在建筑理论思考与实践探索的同时，参与主持完成了多项国家重大工程项目，在创新设计理念、工程技术乃至科技研发方面为引领国家建设行业进步做出了突出贡献，这是他的另一个特点。比如他曾担任众所周知的国家体育场——"鸟巢"的中方总设计师，现在又担任北京 2022 年冬奥会延庆赛区的总规划师和总建筑师，是为数不多的"双奥"主场馆总设计师。延庆赛区的设计理念"山林场馆，生态冬奥"，其实就是强调冬奥场馆与山水自然的交互共生，这样看来，他已逐步开始在重大工程项目中运用"胜景几何"的理论、思想和方法，他工作中的两个特点开始融会贯通，这是很令人欣慰的。

前两年，收到了他送我的一本专著《静谧与喧嚣》，一看书名就感到是一本理论专著。人老年了，不仅肢体变懒，就连想问题也懒于费脑子，便顺手放在书架的最上一层，真的是束之高阁了。这次，他要我为他的新著《胜景几何论稿》写序，这自然要把书稿看上一遍。所幸，书的中间部分是设计案例分析。我一眼就看中了他所设计的"绩溪博物馆"，一看图片就像是捕捉到了"胜景"。这大概就是书中所描绘的"瞬时桃花源"吧！

　　是为序。

2019 年 11 月

崔愷

序二

总不时有人问我："是大院好还是小事务所好？"我也总会回答："大院有大院的好，小事务所也有小事务所的好，如果大院中还有小事务所就更好！比如我们中国院的李兴钢工作室！……"

说起来我认识兴钢已有近三十年了。20 世纪 90 年代初他来院里实习就在我们一室，帮我为外交部新办公大楼竞赛的效果图打稿刻膜，心灵手巧、用心肯干，给我留下了很好的印象，看到他在学校的设计作业，那些精美的图画、缜密的构图、复杂的层级表现让我惊叹不已：天大又出了一个才子！毕业之后，兴钢没读研究生就来我院工作，分在刚组建的四所，很快就独当一面成了建筑创作的主力。北京金融街的金阳大厦，大兴的兴涛学校和住宅区，不仅设计做得好，方案图、施工图都一丝不苟，让同事们刮目相看。那时候我创办了院里的方案组，兴钢有空儿也时常来看看，参加讨论、支支招。在国家大剧院国际竞赛中我请他一起主持了方案创作工作，取得了国内团队唯一进入前五名的好成绩！那年年底他和我们方案组喝了一顿大酒，都喝高了。今天想起来还都十分兴奋，共同战斗的友谊！

其实，更多时候我和兴钢合作并不多，各忙各的，相互尊重。我十分欣赏兴钢的创作能力和求新意识，也十分佩服他在工作中的学习态度和坚定的学术立场，因此也希望他有一片自己的发展空间，不去干扰，多给支持。比如推荐他参加中法建筑师交流计划，担纲"鸟巢"工程中方总设计师等，看到他在国际合作中积极参与，勇挑重担、开拓视野，事业上了个大台阶，由衷地为他感到高兴！中国院又多出了一个优秀的设计品牌！

这些年兴钢不仅在中国院发挥很大的作用，担纲了许多国家级的设计项目，在业界的知名度也越来越高，其主创的项目获得了国内外的重要奖项，三年前也顺利被评为全国工程勘察设计大师，在他这个年龄段的建筑同行中走在了前面。

兴钢有今天的成绩，更重要的原因当然是他追求完美的内在动力和善于学习、勤于思考、坚守学术的工作状态。在设计院"创产值"的环境和语境中，在国家级重大项目的压力下，他一直坚持研究性设计的创作方式，从国际大师作品的系列研讨到中国古典园林空间不断深入的解读，从参加古建筑的田野调查到指导名校学生的设计课，从建筑学会大论坛上的精彩讲演到同道者之间小圈子的台下切磋，他都乐此不疲，从中汲取营养、交流思想，应该说他是一位有思想的建筑师。

我和兴钢虽然同属一院，但各自忙碌见面并不是很多，也鲜有机会坐下来系统地了解他的学术思想，只能从他的讲演和一些作品介绍文章中略知一二。前不久，兴钢抱来厚厚的书稿请我为他的书作序，倒是让我有了学习的好机会，尽管觉得水平有限、了解不深，研究不够，但还是痛快地答应下来，在年底繁忙的工作中抽时间反复研读，获益匪浅！

正如书名所言，"胜景几何论稿"并不是一本作品集，而是一部论著。兴钢以大量的研读为基础、以深邃的思考为路径、以精辟的文字来阐述，记录了他直觉的感悟，深入的观察和潜于内心的求索："起"，于对现实世界诸多问题的忧虑；"承"，自从史到今先贤的思想论断；"述"，记身临其境的经典建筑体验和观察；"作"，用攻略、文法以求意匠；"合"，成"胜景几何"之说，重构当代设计学理。此番严谨的逻辑推演，不仅初步呈现了兴钢独立的学术思想，也将其二十多年来系列的实践作品纳入了实验性的语境，表现为一种不懈的探索和创新的状态。而颇有缘分的是，这一切竟始于他三十年前站在景山顶上的回眸一望，这让我想起，少年的我也曾常常（因为家住山边）登顶俯瞰金瓦红墙的胜景，也有莫名的兴奋和自豪。不知还有多少无知少年由此立志成为建筑师呢！

我一直认为建筑师大约有两类。一类是以社会服务为职责的建筑师，他们以其掌握的专业知识和职业技能获得执业资格，从事建筑设计，为人居环境的改善、为城市文脉的传承、为不断发展的社会需求提供优质的职业服务；而另一类是以创新的作品对建筑学发展做出独特贡献并被广泛认同的明星建筑师，他们以过人的才华，丰富的想象力，敏锐的观察力，深刻的学术研究和思考，极具批判性的实验以及毫不妥协的职业态度，去不懈地追求新的学术思想和美学语汇，创作出令人惊叹的建筑作品，远远超出了人们对一般建筑产品的实用性诉求，进入一种充满诗意的体验。显然兴钢属于后者，或者说正走在这条向上攀登的路上，而我自认是前者，属于建筑师中的大多数。

也因为如此不同的定位，我觉得不能用一般的实用主义标准去评价兴钢的作品。那些建筑空间的奇思妙想，那些略感生涩的形式语汇，那些颇有点强迫性的路径引导，那些并非圆熟的技术策略，如游戏般将你带入他用心设计好的场景中去，通过几何的建构再现自然的胜景。而也因为那一幅幅的奇妙胜景，反过来印证了几何的用意和空间的价值，进而使之与胜景合为一体。

兴钢这一独特的设计路径绝非一朝一夕的偶发奇想，而是他从业近三十年的深度思考、深入研学、深耕细作的结晶。欣赏他的作品，其实可以尝试一种反向的路径，假如你先去看他的建筑，可能并不总能轻易捕捉到那一瞬的胜景，若你有机会去看他各种比例的精美工作模型和留下反复琢磨痕迹的徒手草图，你会发现潜伏在背后的精巧构思和形式逻辑；如若你还有机会品读他的文字，听到他的讲演，你将更能体会到他的良苦用心和执着追求，而由此你或许豁然有所感悟。

在一个个完成抑或没有实现的优秀作品中，兴钢一直在锲而不舍地开展系统性的试验，去求证他心中的"胜景"，去追寻他对建筑学的独立解释，进而对建筑学这一古老的人类文明载体贡献出中国当代的智慧。

我为此而感动、而赞叹、而期待……

写于己亥年岁末

引

没有地图的行者

图 1-1. 北京故宫金灿层叠、无限延展的屋顶和其间的墙体、庭院、树木以及远处的现代城市背景共同构成的恢宏空间

有人说，我是"一个没有地图的行者"[1]。诚哉斯言！多年来，我断然放弃那些"现成地图"的指引，不得不踏上探索心中理想建筑世界的漫漫路途。那些复杂而又模糊不清的事物和思想层出不穷，使我不停地陷入有如生理周期般的焦灼和低落的思绪，同时又使我能不可思议地感受充实，甚至愉悦地沉浸在这样日复一日的状态之中。因为我意识到，在不断地想与做的过程中，在一步步抽丝剥茧、拨云见日的过程中，那版接近理想建筑的路线图或许正越来越清晰地呈现出来。但我并不希望这个探索之旅轻易告一段落，更愿"地图与旅途"——理论与实践可以一直相互映照、批判、修正，不断纳入生机勃勃的多样现实，拂晓实践的出路，照亮思想的盲区，向着超越个人与文化的、应许于人类生存与生活的理想建筑世界，一直行走下去。

虽然"没有地图"，却有线索可循。人生之际遇，仿佛使命之神谕。在学习和从事建筑迄今逾三十年的行旅中，我的两个特殊的经历直接影响了我的思考和

1. 周榕 . 一花开五叶 结果自然成——"建筑界丛书"第二辑微评论 [J]. 建筑学报, 2016, No. 571(04): 118.

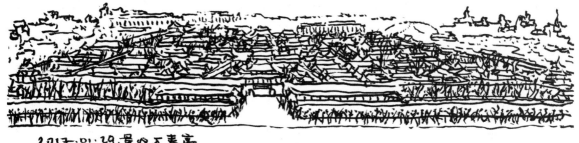

2017.01.29.景山万春亭

1-1b

图 1-2. "鸟巢"，城市中的国家体育场

实践路向。

　　一个是，我曾多次提到过的第一次参观北京故宫的特别体验：1990 年夏天，还是大学本科三年级建筑系学生、在北京的建设部建筑设计院实习的我，从景山脚下一路往上爬，中间经过半山腰的两个休息亭，穿过茂密植物的掩映，身侧下方远处金黄的屋顶一点点逐渐显露，直到站在山顶万春亭南望的那一刻，紫禁城以及整个北京城的奇伟景象扑面而来，我无法自抑地热泪盈眶：那一片金灿灿、层叠叠、仿佛在无限延展、有无穷景深的屋顶，和屋顶之间无数墙体、庭院、树木，以及远处隐现的现代城市轮廓背景共同构成的恢宏空间，如此让人感动，直达内心，无须任何解说（图 1-1）。从那一刻开始，我意识到中国传统城市与建筑营造体系的伟大与独特性，基于一种特定的文化和哲学，产生强大的精神性力量，触动人心。我深信这一体系蕴含着持久的生命力，背后一定蛰伏着高妙的"设计"或者"意匠"，是一种不随时间而消逝、有长久价值的"传统"，其中的奥秘所在值得探寻。这就是我对中国的城市、建筑乃至园林、聚落等产生探究兴趣的开始：寻找其现象背后的原理，并试图通过某种当代的转化和进化，呈现于当下的建筑思考和实践。

　　另一个是，2003—2008 年，我作为中方设计总负责人，带领中国建筑设计研究院的设计团队与赫佐格

2.2003 年国家体育场中瑞设计联合体提交的国家体育场国际建筑设计概念竞赛文件中关于"鸟巢"的设计理念和特征的描述。

3.由于在屋面的这一观察和发现，在后来的赛后利用改造中，开发设计出"鸟巢"屋顶参观的旅游项目，

与德默隆事务所以及奥雅那工程顾问合作，设计建造了"鸟巢"——国家体育场（2008 年北京奥运会主体育场）（图1-2）。亲历和见证这一历史性的伟大建筑从构思变为现实的艰难过程，"人群构成建筑""结构即建筑的外观"[2]，使我开始对结构、形式、空间、建造等建筑本体元素基于几何逻辑的互动并不断衍化为以人为主体的空间场域产生浓厚的兴趣。同时，我还有意料之外的观察和发现：当我站在"鸟巢"五层集散大厅，透过特有的不规则抽象冰裂纹图案的钢结构网格向外望去时，原本乏善可陈的城市景观竟被勾勒成一个个大小形状不一的动人画面（图1-3）；或者在"鸟巢"巨大的钢结构屋顶行走[3]，起伏的屋面如山，周边及远方的城市竟如海市蜃楼一般（图1-4），由此我意识到建筑对景观的捕获与加工——结构也可以与自然互动，形成人工对"城市自然"的巧妙介入和因缘际会的生动场所。

因此，我的思考、研究和实践，源于对中国传统城市、建筑、园林和聚落的广泛兴趣，逐步聚焦于天人哲学、诗性传统[4]、建筑本体、理想实践以及它们与当代现实的关系。这些兴趣虽由东方的传统始发，但逐渐超越具体的地域与时代，进入和回归到一种对人类生活空间诗意营造的观照，并经历体验和思想认知，逐渐被转化成可在实践中运用的空间营造模式。

1-3

1-4

图 1-3. "鸟巢"，在集散大厅透过特有的不规则钢结构网格外望城市
图 1-4. "鸟巢"，起伏的巨大钢结构屋面如山

受到游客欢迎。
4. "俯仰往还，远近取与，是中国哲人的观照法，也是诗人的观照法。而这观照法表现在我们的诗中画中，构成我们诗画中空间意识的特质。"——宗白华，艺境 [M]，北京：商务印书馆，2011: 260.

　　作为人类生活空间营造的专业学科和执业者，对理想空间的探求、思想和建造，是建筑学和建筑师的使命；而面对生活空间与环境中人工与自然失衡、割裂，甚而对峙的"严峻现实"，以及跨越广泛的地域、文化等条件的 "多样现实"，我们需要寻求某种"现实理想空间"的营造"范式"，用以修复和建构存在于人们日常生活中的理想建筑和城市。

　　"胜景几何"，指向一种对当代建筑学进行修正的可能性，一种将"自然"纳入建筑本体要素之中的新建筑及空间营造范式，面向现实和未来，面向人类及其普适的人性和生命理想。

起

多样、严峻的现实和失落的传统

在当代多样而严峻的现实中思考人工与自然的关系：东方文化中两者界限的模糊化导致两者的相互衍生与转化，即自然化的人工和人工化的自然。人工制品是人类生命体验的物质载体，凸显人工与生命、自然及精神世界密不可分的关联和意义。人工恰当介入的自然，美于纯粹的自然。在不同的文化语境中，人工介入自然的态度和方式常有所不同：一种是人工与自然相互独立——人工的自成，而另一种是人工与自然交互共生——人工与自然的互成；一种是对抗和征服，而另一种则是游憩和沉浸。在自然中旅行、游憩，是一种人与时间和空间的结合，与精神世界的心灵体验和人生感悟密切关联，导致诗意的产生。"行、望、居、游"，代表着中国文化中的一种理想生活模式，"自然栖居"实质是一种人工与自然的互成状态与情境，称得上是人类生活空间营造的理想境界。然而这样珍贵而合理的传统或被放弃，并正在失去。

---

1. 本节主旨内容曾发表于：李兴钢. 身临其境，胜景几何 "微缩北京" / 大院胡同 28 号改造 [J]. 时代建筑，2018, No. 162(04): 85.
2. 本节主旨内容曾发表于：李兴钢. 身临其境，胜景几何 "微缩北京" / 大院胡同 28 号改造 [J]. 时代建筑，2018, No. 162(04): 85.
3. "大量占用耕地资源也是城市用地扩张的主要途径。以地生财的土地财政在为城市建设提供充足

多样的现实 [1]

我们的工作跨越广泛的地域，社会、经济、文化、技术条件如此多变不定，称得上是"多样的现实"。希望能寻求到一种既能根植于特定场所特征和具体条件，又能在形而上的层面超越时间与地域的立场和策略，还要有相对稳定的工具、手段乃至语言，才能不断累积经验，凸显即时即地的设计思想和实体表达，同时指向现实和理想，指向对人类生存与生活的关切。

严峻的现实 [2]

在当代世界，特别是当下的中国，城市和建筑文明面临的困境是对生态资源与发展扩张、土地资源与人口增长等矛盾的不恰当处理方式 [3]，导致生活环境与空间的过度人工化，将人们逐步推离往昔悠久的生活理想和人与自然心心相印的独特传统。到处是"千城

资金保障的同时，也使得土地城市化明显快于人口城市化，二者发展比例的严重失调导致城市形态和布局分散化，呈现低密度发展趋势，加重了目前已经十分尖锐的耕地保护与城市用地扩张之间的矛盾。"——杨艳昭，封志明，赵延德等. 中国城市土地扩张与人口增长协调性研究 [J]. 地理研究，2013, 32(09): 1668-1678.

一面"，或者"均质空间"的具象化[4]，早已不再是生活与自然声气相通、相依相存的万千城市，从根本上讲，是在城市和建筑文明中，人工与自然的关系出了问题：不再是恰当的，而是失衡的；不再是互动的，而是割裂的；不再是融通的，而是对峙的——称得上是"严峻的现实"。

人工与自然

在我所有的"抽象性"思考中，最频繁出现也最为核心的莫过于"人工与自然的关系"问题，或许已是老生常谈，但的确是我最为迷恋的思考对象。人工是人之为人生存与生活的过程和结果，是生命价值与记忆的载体；而自然是人之为人生存与生活的载体，是生命足迹与思考的对象。

我心目中理想的"人工"是介入自然的人工，最美的"自然"乃是被人工所介入的自然。人工与自然，两者水乳交融、互动互成，彼此独立又不分彼此，共同构成活泼泼的人类生活舞台和生命记忆体。

在中国文化及其辐射影响的东亚乃至东方文化中，独特的生活哲学和艺术所带来的启发性思想是人工与自然界限的"模糊化"[5]：两者可以相互衍生与转化，即自然化的人工和人工化的自然，以及它们之间所形成的新的奇妙关系；同时，与西方文化中的理性和科

---

4. 日本建筑师、东京大学名誉教授原广司指出：笛卡尔和牛顿所提出的均质空间的概念，现在已经进入了具象化的阶段，城市及现代建筑正在透过这个坐标系将其描绘的均质空间变为现实。钢铁与玻璃的高层建筑，无论取出其中的哪一部分看都是相同的空间，世界上的每一座城市都在重复建造着相同的建筑。学校、住宅、所有类型的建筑全都在变为一样箱形的均质空间。城市开发计划，都在把山削平、把海填平，似乎想要证明大自然原本是个均质的空间。参见：原广司，聚落之旅 [M]，陈靖远，金海波，译，北京：中国建筑工业出版社，2018：59.

学性相比，这一文化的特征是更为诗意的、人性的乃至"创作性"的，渗透与生成着时间和生命的节奏。

人工制品

在我所知有关人工与自然的思想中，最有共鸣与启发性的是"人文地理学之父"段义孚（Yi-Fu Tuan，1930—）关于"人工制品"的论述："人工制品（artifact）指的是需要运用记忆、调动知识及实践而制成的事物：可以是一首诗，一把斧头，或是一所房子……空间也可以被转化为人工制品——一座村庄或是城市。……人工制品的深远意义需要被放置在关于人类生命之意义及其价值的问题背景之中，生命的身体经历渴望和满足、紧张和放松而产生的简单而又深远的愉悦或痛苦体验，需要被具象化，被赋予一个叙事化的轮廓或视觉化的形态，以获得可见性、客观性和对抗时间的持久性……并且这也是一种对人身体之外的自然（nature）荒原的'恐惧'之下的改造和控制，给予能够满足人类物质和精神需求的秩序，以缓和自然、人心和行动的变幻莫测。"[6]（图2-1）由此可见人工与生命、自然及精神世界密不可分的关联和意义。人工制品是人类生命体验的物质载体，与人的生命所面对或介入的自然紧密相关，因此必然包含自然的印迹和属性。人工制品以人对自然的介入和与自然的互

2-1a

2-1b

2-1c

2-1d

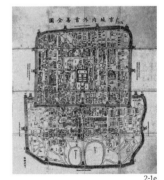

2-1e

图2-1."人工制品"（a.一首诗，b.一把斧头，c.一所房子，d.一个村庄，e.一座城市）

---

5. 中国的文学、绘画和造园艺术中有"模山范水"的做法，即是一种刻意模糊人工与自然界限的传统。
6. Yi-Fu Tuan. The Significance of the Artifact [J]. Geographical Review, 1980(70,4): 462-472.（译文来自网络平台"集 BeinGeneration"，黄安琪译）

图 2-2. 埃及法老金字塔：人工的自成
图 2-3. 清东陵：人工与自然的互成

动为主要特征，同时兼具物质性与精神性（诗、园林、房子、村庄、城市），是人性与文明的载体，也是自然收获秩序性、稳定性与可持续性的一种途径。

或许这应该是一种根深蒂固的人性：在人类看来，人工所恰当介入的自然，美于或者高于那个纯粹的大自然。那种把生态保护极端化的想法——恨不得将人类驱赶出地球或者让人类回到原始时代，几乎就是在"过度自然"中的"反人类"。

人工的自成和人工与自然的互成 [7]

在不同的文化语境中，人工介入自然的态度和方式可能会截然不同：一种是人工与自然相互独立，另一种是人工与自然交互共生；一种是对抗和征服，另一种则是嬉戏、居游、沉浸其中，"随遇而安因树为屋，会心不远开门见山" [8]。这两种生命体验和感受情境亦大不相同。

埃及法老的金字塔陵墓是巨大并具有精密几何性的人工造物，绝对独立于自然而存在，显示着人的强大与自立，可称作"人工的自成"（图 2-2）；同是皇帝的陵墓，清东陵十几座帝后陵寝呈现出与埃及金字塔完全不同的"风水"格局和理念，天然的山川形势，对于镶嵌于其中的陵寝形成拱卫、环抱、朝揖之势，

7. 本节主旨内容曾发表于：李兴钢. 身临其境，胜景几何"微缩北京"/大院胡同 28 号改造 [J]. 时代建筑, 2018, No. 162(04): 85.
8. "随遇而安因树为屋，会心不远开门见山"，此联出自清同治年间状元陆润庠（1841—1915，字凤石，号云洒、固叟，元和人，曾任溥仪老师），胡适（1891—1962）青年时代在其家乡绩溪曾手书此联，真迹（年代不详）存于安徽绩溪博物馆。

人工秩序和自然之物相辅相成，相互依存而生，可称作"人工与自然的互成"[9]（图2-3）。

图 2-4. 瑞士运动员 Uli Steck，通过速攀探险的方式表现征服自然的雄心
图 2-5. 黄山：承载人们游览、行望之乐的人文之山

征服与游憩

如果对照同样具有悠久历史的世界著名山脉的"状态"，我们即可一窥其中巨大的差异，比如欧洲的阿尔卑斯山、非洲的乞力马扎罗山与中国的黄山。前两者一直是作为被登顶与被征服的自然"野山"[瑞士运动员 Uli Steck，通过速攀探险的方式表现征服自然的雄心（图 2-4 ）]；对比之下，后者则是遍布游览步道、著名景点、题刻以及产生大量诗书画作品的"人文之山"，人们固然也有攀爬登临的辛苦，但更为重要的是游览过程中的行望之乐，这是一种更为深度、内在、沉浸式的人类对自然的介入（图 2-5 ）。黄山承载了生命体验的"叙事性的轮廓与视觉化形态"，已经成为一件特别的巨型"人工制品"；而阿尔卑斯山和乞力马扎罗山则很难如此称之，我们更倾向于视它们为独立于人及人工的"荒野自然"的存在。

行望居游

在自然中旅行、游憩，是一种人与时间和空间的结合，与精神世界的心灵体验和人生感悟密切相连。

---

9. 天津大学建筑学院教授王其亨（1947—）于《风水理论研究》中整理并提炼古代文献，认为风水的基本取向建立在中国古代哲学框架上，特别关注与人、建筑、自然的关系，即"天人"关系；人既是自然的有机组成部分，同时自然（天）也被人赋予肯定性的价值和意义，是谓"人与天地并立为三，非天地无以见生成，天地非人无以赞化语"。故本文将古代风水思想在建筑、环境设计中的体现归纳为"人工与自然的互成"。参见：王其亨等，风水理论研究 [M]，天津：天津大学出版社，2005：161.

时间和空间的结合会产生特殊的诱惑——被赋予时间感的空间和物体能够激发生命的体验（图2-6）。

这种时间感的第一种由人在空间中的运动而产生，如同哲学家亚里士多德对时间的定义："由人类精神赋予运动的数值就是时间"，或对应一种由当下而发生的"现时性"；第二种时间感由人面对空间的深远层次而产生，如"山外有山"，层层不断向深处向远处延伸，或对应一种由眺望而产生的"未来感"；最后一种时间感则由"硬生生的"时间和生命物体自身而产生，十年、百年、千年，生涩，成熟，衰老，死亡，或对应一种对于"过去"的回溯与比对。人在旅途，无论自然山野还是城市建筑，对这三种时间感都可以有深切的感受。正是空间感—时间感—生命感，过去—当下—未来，彼此链接作用于人的内心世界，从而生发出诗意。

包含人类活动印记的人文自然，才是最具诗意的自然。自然也是人类摹写学习的对象，是人文艺术的不尽源泉。只有在山中行走，才能真正理解山——如果不用手脚、眼睛和内心体验真正的自然山水，怎么能产生与山水关联的想象和营造呢？我曾经实地游览长江三峡（图2-7）、黄山（图2-8）、五台山（图2-9）、敦煌（莫高窟）（图2-10）、洛阳龙门石窟（图2-11）等地，在行旅中体验、对照、想象、理解那些先人山水绘图中所呈现的意象与境界。如同"今人不见古时月，今月曾经照古人"的一番诗意，人在自然中的旅行与

2-6

图 2-6.[宋]范宽《溪山行旅图》，在自然中行望居游，是一种人与时间和空间的结合

游憩，一方面消弭了与先人时间和空间的阻隔，通感共情理；另一方面，更赋予了自然以新的精神意涵与活泼精神，宛若"我见青山多妩媚，料青山见我应如是"。

　　游憩活动中的"行、望、居、游"，代表着中国文化中的一种理想生活模式："行望"——在真实的山水自然中旅行，获得人生的感悟；"居游"——日常居住与卧游于山水自然之中，如山居、村居等，或者将在山水中获得的体验和场景带到并浓缩于自己的日常生活环境中，如绘画、造园等。

　　从王维的辋川别业到后来的"城市山林"，历代出现并不断发展的中国园林存在着一种当代性，是追求"行、望、居、游"理想生活方式的一种物质载体。在一个"缩微的世界"实现一种愿望：在日常生活中通过"居游"，感知到由真实天地山水中的"行望"才可获得的生命体验和内心感悟。这样的愿望和追求是毋论过去和现在、传统与当代的。

诗意栖居——失落的传统 [10]

　　建筑是一种特殊的人工制品。类似于人们对山的态度及其结果，不同的介入自然的方式决定了人们对于建筑的不同认知、想象和向往。我心目中的理想建筑，就是一种与自然不分彼此、水乳交融的"人工制品"。那座著名的黄山，称得上是一座巨大的理想建筑"模型"（图 2-12）。在日常的生存与生活中"行、望、居、游"，

2-7

2-8

2-9

2-10

2-11

图 2-7. 长江三峡行游
图 2-8. 黄山行游
图 2-9. 五台山行游
图 2-10. 敦煌行游
图 2-11. 洛阳龙门石窟行游

10.本节主旨内容曾发表于：李兴钢. 身临其境,胜景几何"微缩北京"/ 大院胡同28号改造[J]. 时代建筑, 2018, No. 162(04): 85.

2-12

图 2-12. 黄山天都峰望向玉屏峰草图，黄山可称得上是一座巨大的理想建筑"模型"

2-13

图 2-13.[明] 仇英《梧竹书堂图》，"诗意地栖居"于自然之中

图 2-14. 安徽尚村水田，诗意栖居：人类生活空间营造的理想境界

即栖居于自然，无疑是一种对自然更为深度的人工介入，使人获得身体与心灵、物质与精神层面的双重愉悦，是一种沉浸式的愉悦。

"诗意地栖居"[11] 于自然之中，实质是一种在人类生活中人工与自然的互成状态与情境，是人类生活空间营造的理想境界（图 2-13、2-14 ）。然而，众所周知并令人惋惜的是：在当代，这样珍贵而合理的传统或被放弃，并正在失去。

站在渐呈断裂的当代追溯从前的理想世界，面向可期冀的未来，这可能是一个永远的循环。

11.《人，诗意地栖居》是德国 19 世纪浪漫派诗人荷尔德林（Johann Christian Friedrich Hölderlin，1770—1843）的一首诗，后经海德格尔（Martin Heidegger，1889—1976）哲学性地阐发为"诗意地栖居在大地上"，意为人在自己的生存状态中寻找精神家园，通过人生艺术化和诗意化来抵制科学技术所带来的个性泯灭以及生活的刻板化和碎片化。此处"诗意地栖居"与上述背景及含意相关联，但又更为指向人的具体生活空间之状态。

承

"理想世界"的现实营造

关于理想世界在人类现实世界的营造，无论西东古今，其实已多有先例。西方文化中"乌托邦"和"伊甸园"的现实营造归于田园城市和西方园林；东方文化中"桃花源"和"极乐净土"的现实营造归于城市山林和庙宇佛寺。桃花源作为"理想世界"的理念模型，经由山水图绘之载体，最终落实于胜景山水的地景呈现。"理想居所"，是一种现实"桃花源"，理应存在于当代人的日常生活空间中，将是王维时代"宅园合一"的当代性回归；"理想建筑"所应具备的特征，表现为风水形势、庭院深奥、空间结构、屋顶之美、预制建造等中国建筑传统营造的方式和特征，以及气质与精神、全息的诗题、现象与现实、废墟与败壁、不断展开的山水等精神性、文学性、人类性、自然性以及叙事性；"理想聚落"是一种跟随自然而变迁互动的、人工与自然不断转化的、高度反映人们生存与生活状态的人类学标本；"理想城市"是秩序化和可延伸、可加密的分形结构和基于"礼乐相成"文化特征的理想空间组合之城；中国的"城市"与"建筑"具有复合性，城市是放大的建筑，建筑是缩小的城市，建筑是"城市"与"建筑"的统一体；不仅如此，城市、建筑、园林、聚落四者之中存在着"一体性"，可以被一体化地视为广义的"聚落"，并对应于特定的人类文化生活哲学和价值观，因而几乎所有设计都可视为一种"聚落的营造"。

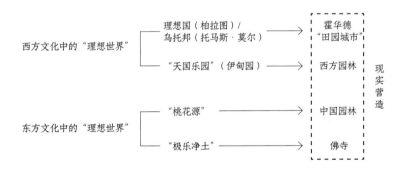

"乌托邦"和"伊甸园"——田园城市和西方园林 [1]

西方文化中的"理想世界"，具有代表性的，一为"理

1. 本节主旨内容曾发表于：李兴钢. 身临其境，胜景几何"微缩北京"/大院胡同 28 号改造 [J]. 时代建筑，2018, No. 162(04): 85.

3-1

3-2

图 3-1. 英国莱奇沃思市规划图，乌托邦
的现实营造归于霍华德的"田园城市"
图 3-2. 意大利波波利御园总平面图，伊
甸园的现实营造归于西方园林

想国"（柏拉图 Plato，前 427—前 347）/ "乌托邦"（托马斯·莫尔 Thomas More，1478—1535）[2]，一为"伊甸园"[3]。

"乌托邦"的现实营造归于霍华德（Ebenezer Howard，1850—1928）的"田园城市"[4]（图 3-1）。霍华德于 1903 年成立了"田园城市有限公司"，在距伦敦 56 公里的地方购置土地，建立了第一座田园城市——莱奇沃思（Letchworth），1920 年又在距伦敦西北约 36 公里的韦林（Welwyn）开始建设第二座田园城市，田园城市的建立引起社会的重视，欧洲各地纷纷效法，但多数只是袭"田园城市"之名，行"城郊居住区"之实。霍华德的"田园城市"实践对现代城市规划思想起到了启蒙作用，后来的有机疏散理论[5]、卫星城镇理论[6]均承其衣钵，并对中国的现当代城市形态产生了巨大影响。

"伊甸园"的现实营造归于西方园林（图 3-2）。经由波斯的天堂园（前 5 世纪）、庞贝城及希腊哲学

2.《理想国》是古希腊哲学家柏拉图在大约公元前 390 年所写成的作品，主要谈及正义、秩序和正义的人及城邦所扮演的角色，它以苏格拉底为主角，采用对话体的形式，共分 10 卷。柏拉图（通过苏格拉底）考虑了现有政治制度的本质，并构造一个理想城市的模型。乌托邦（utopia）也称"理想乡""无何有乡"（"无何有之乡"出自《庄子·逍遥游》），是一个理想的群体和社会的构想，由托马斯·莫尔的《乌托邦》一书中所写的完全理想的共和国"乌托邦"而来，意指理想完美的境界，特别是用于表示法律、政府及社会情况。托马斯·莫尔在书中虚构了一个大西洋上的小岛，小岛上的国家拥有完美的社会、政治和法制体系。莫尔的乌托邦与柏拉图的理想国有很大联系，是一个理想、完美的共和国。乌托邦概念的另一个版本来自犹希迈罗斯于公元前 3 世纪所著的《神圣的历史》（Sacred History）中记载的 Panchaea 岛。——维基百科
3. 根据《旧约圣经·创世记》记载，耶和华按照自己的形象造了人类的祖先，男的称亚当，女的称夏娃，安置第一对男女住在东方的伊甸园中。伊甸园在《圣经》的原文中含有快乐、愉快的园子的意思（或称"乐园"）。《圣经》记载伊甸园在东方，有四条河从伊甸流出滋润园子，这四条河分别是幼发拉底河、底格里斯河、基训河（Gihon）和比逊河（Pishon）。参见：针之谷钟吉，西方造园变迁史——从伊甸园到天然公园 [M]，邹洪灿，译，北京：中国建筑工业出版社，2016：001-010.
4. 受乌托邦小说《回溯过去》（Looking Backward）和亨利·乔治的《进步与贫困》（Progress and Poverty）的启发，霍华德于 1898 年出版了著作《明日：通往改革的和平之路》（To-morrow: a Peaceful Path to Real Reform）。他设想的田园城市是在 6,000 英亩（2,400 公顷）的土地上安置 32,000 个居民，城市呈同心圆图案布置，设有开放空间、公园和 6 条 120 英尺（37 米）宽的林荫大道放射线。田园城市可以自给自足，当它人口满员达到 32,000 人时，就要在附近新建一座田园城市。霍华德还设想了以 58,000 人口的较大的田园城市为主城、多个田园城市为卫星城的田园城市群，各田园城市之间用公路和铁路联结。——维基百科

家伊壁鸠鲁（Epicurus，前341—前270）住宅内的柱廊园（Peristyle）（前3世纪）、罗马哈德良庄园（2世纪），到西班牙格拉纳达（Granada）的红堡园（Alhambra，阿尔罕布拉宫）（14世纪），以至文艺复兴时期的佛罗伦萨之比提宫（Palazzo Pitti）的山地园波波利御园（Reale Giadino di Boboli）（15世纪）和法国凡尔赛宫园（Versailles）（17世纪）乃至近代的巴黎公园[7]，其发展轨迹由私密、近人而公共、宏大，与日常居所渐相脱离，并愈加强调以几何控制的人工化特征，以及建筑与自然的相互分离和自立。

3-3

3-4

图3-3.无锡寄畅园平面图草图，"桃花源"的现实营造归于园林
图3-4.西安大雁塔门楣石上刻画，"极乐净土"的现实营造归为佛寺

桃花源和极乐净土——城市山林和庙宇佛寺[8]

中国或东亚文化中的"理想世界"，其中具代表性者，一为"桃花源"，一为"极乐净土"[9]。"桃花源"的现实营造最后归于园林（图3-3），"极乐净土"的现实营造则一般归为佛寺（图3-4）。

园林路径中，对应帝王之乐的有上古的夏周"玉

5. 有机疏散理论（Theory of Organic Decentralization），是芬兰学者埃列尔·萨里宁在20世纪初期针对大城市过分膨胀所带来的各种弊病，提出的城市规划中疏导大城市的理念，对城市发展及其布局结构进行调整，通过建立与中心城市有密切联系的半独立的城镇来定向发展，而非一定另外新建独立于中心城市的卫星城，是城市分散发展理论的一种。其理论来源是，利用对生物和人体的认识来研究城市，城市是一个不断成长和变化的有机体，将交通看道视为动脉、静脉，将街区内道路视为毛细血管，将城市的不同功能区视为有机体的不同的器官。有机疏散理论在战后许多城市的规划工作中得到应用，具有世界性的影响。但是20世纪60年代以后，有许多学者开始对有机疏散理论这种将其他学科的规律套用到城市规划中的简单做法提出了质疑。——维基百科

6. 卫星城市，又称"卫星都市"，是城市规划的一个概念，意指大城市边缘的小型城市，为在大都市工作者主要的居住地。因为如卫星般与大城市相近，故称卫星城市。——维基百科

7. 参见：童寯．造园史纲[M]．北京：中国建筑工业出版社，1983：1-26.

8. 本节主旨内容曾发表于：李兴钢．身临其境，胜景几何"微缩北京"/大院胡同28号改造[J]．时代建筑，2018, No. 162(04): 85.

9. 石守谦．移动的桃花源：东亚世界中的山水画[M]．北京：生活·读书·新知三联书店，2015: 11.

2018.02.23 北京香山寺·来青轩

3-5

2018.02.23 北京香山寺 后苑

3-6

图 3-5. 北京香山寺、来青轩、鹫峰全图草图
图 3-6. 青霞寄逸楼俯瞰草图

台"/"灵沼"[10]、秦汉"上林"苑囿，宋徽宗营造"艮岳"等[11]，至明清的"三山五园"（包括香山、颐和园）和紫禁城旁的西苑"三海"，甚至"事死如生"的清代东西帝陵；对应文士平民之乐的园林，其著者为盛唐王维的长安（西安）蓝田"辋川别业"、北宋汴京（洛阳）和南宋临安（杭州）的无数私园，明清两代的"城市山林"（如寄畅园、沧浪亭等）。

佛寺路径中，除由官署改建或"舍宅为寺"者外，汉末徐州浮屠寺依循印度和西域制式以佛塔为中心环以四周回廊[12]；至隋唐时期（由敦煌壁画所见）的佛寺，沿中轴排列山门、莲池、平台、佛阁、配殿及大殿等，殿堂渐成中心，佛塔退后自成塔院或建双塔于大殿/寺门之前[13]；到如今复建的北京香山寺（图 3-5），其格局依上升山势逐次为前街、中寺、后苑，沿中轴依次排列知乐濠、香云入座牌楼、接引佛殿、听法松、天王殿、钟楼/鼓楼、南北坛城、永安寺牌楼、圆灵应现殿、眼界宽、薝蔔香林阁、水月空明殿、青霞寄逸楼等，坐西朝东，竟犹如罗马郊区蒂沃利（Tivoli）的埃斯特庄园（Villa d'Este），"筑在山坡，上下分为八层，重台叠馆，连以石阶，古木繁阴，池泉流涌，游人登临顾盼，有人间异境之感"[14]，特别是后苑空间，分为上下三台，经两侧长长斜廊登临青霞寄逸楼，可

10. 公元前 1800 多年，夏桀建"玉台"，似为今日中国园林之始。《诗经》云，此后 700 多年，周代开国君主文王建"灵台""灵沼""灵囿"，《诗经》亦论及果园、菜圃和竹林。参见：童寯，园论 [M]，天津：百花文艺出版社，2006: 8.
11. 参见：童寯，造园史纲 [M]，北京：中国建筑工业出版社，1983: 37-39.
12. 参见：中国建筑史 [M]，北京：中国建筑工业出版社，1986: 89.
13. 参见：中国建筑史 [M]，北京：中国建筑工业出版社，1986: 90.
14. 参见：童寯，造园史纲 [M]，北京：中国建筑工业出版社，1983: 14, 17.

俯瞰、远眺远处的玉泉山塔、颐和园乃至整个京城胜景（图 3-6）。

"理想世界"的理念与形式——"桃花源"与"胜景 / 圣境" [15]

相对于西方的"乌托邦""理想国"等极端体现"人治"及"人工"的样本抑或如"伊甸园"那样完全呈现为荒野自然的样本，中国文化中超越现实的"理想世界"是"桃花源"，是人工与自然契合而成并奉献于人类文明的独特"人工制品"，宛如佛教中的"极乐净土"。

石守谦先生在《移动的桃花源：东亚世界中的山水画》中，特别论述了包括"理想世界""胜景 / 圣境"等在内的东亚文化意象类型。他指出这些文化意象"都经历了时间上的形塑、空间上的移置与在地实践之过程"，同时，也是一个历经"传说—文字—图像—立体化"的发展过程，作为意象生发的文字和作为视觉化呈现的图像及其相互之间的互动，扮演着重要的、关键的和复杂的作用，当意象之形塑者 / 推动者为对此二媒介具同等兴趣和能力的个人时，如王维，则出现作诗 / 绘画 / 造园的一体化呈现，其中，根植于人与自然之理想关系极致诉求的山水画成为重要的纽带。"'桃花源'意象中所呈现的美好山水以及人所享有的理想生活，皆非对外在自然的真实陈述，而纯粹只是历经

---

15. 本节主旨内容曾发表于：李兴钢 . 身临其境，胜景几何 "微缩北京" / 大院胡同 28 号改造 [J]. 时代建筑, 2018, No. 162(04): 85.

3-7a

3-7b

3-7c

3-7d

3-7e

图 3-7. "桃花源"图绘模式的演变：
a. [五代] 阮郜《阆苑女仙图》
b. [北宋] 李公麟《归去来兮图》
c. [南宋] 马和之《桃源图卷》
d. [元] 王蒙《花溪渔隐》
e. 无锡寄畅园草图

不同世代人的虚构形塑，最后成为最具吸引力的理想世界典范，并以山水画的图绘形式作为其理念的载体"；而"胜景山水"虽出自真实存在的风景（如"西湖十景"或"潇湘八景"），但在后来的广泛传布中，脱离地景之限制，趋向一种更为普遍化的人与自然理想关系之意象呈现，在此呈现过程中，借由一种文学性的、后世持续补增的"品题"（命名与题诗写作等），使得地景与人文意涵不断累加结合，"将空间净化以转化出神圣性"，提升至一种"文化性的圣境"。"'桃花源'与'胜景'殊途同归，前者偏重抽象的'理念'，后者则偏重具体的'形式'：于一片浩瀚风景中特定意境的框定，亦即在似乎无限的可能性之中，进行某种最佳观看时机/角度的选择。"[16] 如上，似乎构成了如下的转化路径："桃花源"作为"理想世界"的理念模型，经由山水图绘之载体，最终落实于"胜景"山水的地景呈现。

理想居所——现实中的"桃花源"[17]

"桃花源"图绘模式的演变，展现出人们心中"理想世界"意象的形成和发展路径：一、仙境山水图式；二、文士入世化图式；三；生活风俗图式；四、隐居实地化图式；五、人造园林空间（"城市山林"）（图3-7）[18]。

---

16. 石守谦，移动的桃花源：东亚世界中的山水画 [M]，北京：生活·读书·新知三联书店，2015：32-50.

17. 本节主旨内容曾发表于：李兴钢. 身临其境，胜景几何"微缩北京"/大院胡同28号改造 [J]. 时代建筑，2018, No. 162(04): 85.

18. 在《移动的桃花源：东亚世界中的山水画》中，石守谦将"桃花源"相关历史山水绘画以时序排如果为上述的发展路径画出一幅"K线图"，不难发现："桃花源"这一理想空间模型一直在以某种类似的趋势逐步演变和发展：由仙境仙居至人世居所、由仙人至凡俗、由传说至实地、由文字图绘至实体空间、由抽象而神不可至到具体而日常合宜。

事实上，唐代的天才诗人、画家王维早已用他的"辋川别业"[19]（图3-8）不仅实现了诗/画/园一体，而且实现了山水胜景与日常居游一体，即"宅园合一"；到了以明清园林为代表的"城市山林"阶段，随着城市中聚居人口的增加和土地、空间资源的紧张，导致"高容积率"状况出现，"桃花源"被"装载"和营造在人们的日常居所之旁，即"宅园并置"。可以想见，人们对理想生活空间的追求永远不会停止，"桃花源"的营造和呈现方式也随条件和资源而变化，并越来越贴近人们具体而日常的生活空间。那么，在当代条件下，上述的那幅"K线图"将如何延伸？亦即"桃花源"的现实"图式"将如何发展？人类生活空间经历了长期的城市化发展，当代城市人口集聚导致的土地及空间极限，人口数量的大大增加，自然景观资源的进一步减少，"容积率"的不断提高，不仅使得原来的"城市山林"已不复有普遍存在的理由和可能，甚至使得很多当代城市已几乎"不堪居住"。然而，虽然生存、生活环境持续恶化，人们却仍并无任何可能失去对"理

图 3-8. [唐]王维《辋川图》（临摹本），王维的"辋川别业"
图 3-9. 北京人济山庄，"最牛"违建屋顶花园

列阅读，揭示其意向中值得注意的图式变化过程，认为"原来'桃花源'传说的重点在于对仙境永远失落的感慨，至这些分身被大量地实地化，甚至引进至人世居所之后，仿佛意味着仙境在人间'再发现'之高度可能性"。参见：石守谦，移动的桃花源：东亚世界中的山水画[M]，北京：生活·读书·新知三联书店，2015: 32-50.
19. 参见：王维，辋川集[M]，南昌：江西美术出版社，2009.

图 3-10. 风水形势：平顺县龙门寺与泽州县冶底村岱庙草图

图 3-11. 庭院深奥：平顺县龙门寺与长治县玉皇观草图

想世界"的追求（图 3-9）。那么，在如此条件下，作为建筑师——人类生活空间的营造者，将如何为人类重新探寻并营造最新版本的"理想世界"——"桃花源"及其"胜景"呈现呢？这是我的自问，也是向所有当代建筑师提出的命题。

我的答案是，"桃花源"应该继续它的"下凡"之路，无限地靠近当代、现实和日常。当代的"理想世界"，应该存在于当代人的生活空间中，存在于当代建筑师所营造的城市和建筑之中，它将是王维时代"宅园合一"的当代性回归——与日常生活一体化的诗意空间。那些宛如幻境的"桃花源"，理应真实而镇静地寄居在当代的、现实的、日常的人类生活空间中，安之若素，并可随时触及我们的内心。

理想建筑——"晋东南五点"和"蔚县五点"

2014 年 6 月，我随天津大学、香港大学的师生考察晋东南古建筑，于现场有感而发，小结了中国悠久深厚的营造传统中五个重要特征。

一、**风水形势**：建筑的选址、空间布局与外部自然环境的密切关联 [平顺县龙门寺与泽州县冶底村岱庙（图 3-10）为例]。

二、**庭院深奥**：由群体建筑围合的庭院，层层展现出动人的空间和景观 [平顺县龙门寺与长治县玉皇观（图 3-11）为例]。

三、空间结构：建筑内部真实、合理的结构表现与空间营造。[高平游仙寺毗卢殿（图 3-12）为例]。

四、屋顶之美：外部的建筑形式，比例、尺度、细部，特别是屋顶的视觉呈现[长子县天王寺中殿与后殿（图3-13）为例]。

五、预制建造：预制建造体系，对于设计、建造、使用和维护的重要性和启发意义[长子县成汤王庙大殿修缮（图3-14）为例]。

我通过"晋东南五点"试图归纳中国传统营造体系在环境、空间、结构、形式、建造等方面呈现出来的"物质性"特征。

2015 年 8 月，我随天津大学的师生赴蔚县考察，再获得"蔚县五点"，分别聚焦于中国传统建筑的文化性、文学性、人类性、自然性以及叙事性等精神性特征，容纳了更为深入的思考。

一、气质与精神。路经涞源开善寺或灵岩寺，当我们穿过清代、明代的房子（或者说相对新的房子），突然看到辽构的原物，我们会被它们那种壮美、那种简朴而雄浑、那种"辽"的气质和气势所深深震撼，这实际上是一种形式的力量（图3-15、3-17）。建筑永远都避免不了形式的问题，怎么来创造形式，或者说如何来营造、想象和表达这个形式，非常有挑战性；而且这样一种简朴、雄浑、壮美的外部又与其内部有着非常强烈的对比性，它的结构、空间其实并不是在外部表现出的那样一种"匍匐"之姿，而是很高敞、

3-12a

3-12b

图 3-12. 空间结构：高平县游仙寺大毗卢殿及其草图

3-13a

3-13b

图 3-13. 屋顶之美：长子县天王寺中殿与后殿及其草图

3-14a

3-14b

图 3-14. 预制建造：长子县成汤王寺大殿修缮及其草图

图 3-15. 涞源阁院寺文殊殿（辽）

图 3-16. 新城开善寺大雄宝殿内部空间结构（辽）

3-17a

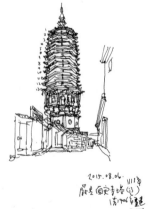

3-17b

图 3-17. 气质与精神：蔚县南安寺塔（辽）及其草图

图 3-18. 学生们于蔚县水西堡龙王庙遗迹高声吟诵《诗经·黍离》

华美的一种结构和空间，跟外部的形式形成一种明显的对仗（图 3-16）。"在中国古典美学的系统中，壮美的形象不仅要雄伟、劲健，而且同时要表现出内在的韵味；优美的形象不仅要秀丽、柔婉，而且同时要表现出内在的骨力。"[20] 这是我所感受到的辽代建筑的一种"精神"，实际上是一种通过建筑形式、尺度和内部结构、空间相互匹配的整体精神营造出来的独特建筑气质，体现出中国传统建筑的文化性。

二、全息的诗题。某日，天津大学建筑学院丁垚老师站在蔚县水西堡龙王庙残存的遗迹上，手握一把黍，让一个同学面向人群，高声吟诵《诗经·黍离》，场景真切而感人，使人仿佛穿越到《诗经》时代的现场，古今通感。其实，这处古老遗迹的场地对常人来说，略显无感，最多可能看到几棵不是田野里常见的松树和有些特别的场地高差（图 3-18）。但现场的吟诵状态，却可以使人获得那样一种古今相通的丰富想象和场地空间感知。虽然这首诗及其现场的吟诵是在表达对故国的伤感，但它暗示着一种特殊的"营造"方式：对建筑的表达及对人工营造表现力的另外一种可能性——通常的建筑及图像语言之外的另外一种可能性，那就是文学或者文字。穿过城门洞，我们远远看到蔚县土城上的玉皇阁，阁上面朝东的匾额上写着"目穷千里"，朝南的左侧匾额上写着"云蒸霞蔚"，被挡住的右边匾额上写的是"历古阅今"（图 3-19）。

20. 叶朗，中国美学史大纲 [M]，上海：上海人民出版社，1985：80.

图 3-19. 全息的诗题：蔚县玉皇阁匾额（目穷千里）及草图

图 3-20. 现象与现实：蔚县任家庄的军堡遗迹与平远地景及其草图

"目穷千里"是空间距离，"历古阅今"是时间，"云蒸霞蔚"则是对自然的现象——天地、云雾、风水的描绘，这三块匾额把玉皇阁当年那样一个特定时代的空间感、时间感、自然的状态，那样一种生动的情境，统统予以提示。上述两例呈现出一种通常的建筑及图像语言之外的建筑表达方式和可能性，包含了时间和空间、物质和诗意、人工与自然，是谓"全息的诗题"，体现出中国传统建筑的文学性。这是在当代逐渐流失的一种独特传统，即将一种诗化的人文性附体于自然中的建造物之上，成为一种文化的"储备"和"洞穿时空的利器"[21]，引导后来人的潜在理解与感知，浓缩与点化建筑的价值和人性。

三、现象与现实。丁垚老师带领学生在蔚县采用的一种类似人类学田野调查的测绘方式，使人通过观察、体验、感知，得到一种更为全面的对人工营造的认知。直观的"现象"认知之下，意味着一种对"现实"的建筑学思考、行动和实践，暗示着一种更具有包容性的建筑学可能性：在人们对建筑的观察、思考和认知通常较为局限于的建筑学本体——形态、空间、结构、建造等之外，纳入更多的内容，如地理、文化、历史，乃至"人类"。所有的聚焦点背后，其实都有一个"人"的内核，也就是：关注人在特定时间和空间中的存在及其对人工营造的影响（图 3-20）。作为建筑师，需要思考以上所有内容，这就是我所理解的未来建筑需

21.2019 年 2 月 16 日王其亨教授在 CCTV《开讲啦》栏目中的陈述。

要面对并为之研究、思考和实践的"现象与现实"——一种更具包容性的建筑学，体现出中国传统建筑的人类性。

四、废墟园庭。 身处蔚县水东堡的废墟场景中，我们会产生一种朴素的感动，感受到一种诗意的存在。在我的理解中，西方和东方对废墟的认知不太一样，西方的废墟跟悲剧有关——来自古希腊式的悲剧，唤起人的悲悯和感动，感时伤怀，亚里士多德曾在《诗学》中专门探讨悲剧的含义。他认为悲剧的目的是要引起观者怜悯和对变幻无常之命运的恐惧，由此使感情得到净化。水东堡由原来像水西堡那样的一个完整堡子，变成现在这样一种废墟状态，即非常有"悲剧感"，似乎隐含着时间和空间于自我退化过程中某一种不容对抗的意志。但对我而言，这个空间带来的启发更多的是人造物和自然物的关系，两者的存在，随时间在一个过程中的博弈和互动，看似是一个"你退我进"的关系，但更可以被看作是一种相互的补充和存在：四合的院子中长满荒草，这是一种自然的回归和存在——自然元素对人造空间的补充和平等的存在，给人以强烈的感知和震撼力量（图 3-21）；蔚县白家东堡的西北角有一处基本上变成废墟的"房子"——一片败壁、堡墙颓废之后，反而成为一种很自然的形状，虽然它实质上是人造的，但在我眼中，这些败壁就像园林中假山的山体一样，浑然而天成。残破的堡墙（半

3-21

图 3-21. 蔚县水东堡长满荒草的庭院

3-22a

3-22b

图 3-22. 废墟园庭：蔚县白家东堡"黄土庭园"及其草图

图 3-23. 蔚县重泰寺的"山体前序"

图 3-24. 小五台山中游览

图 3-25. 不断展开的山水：太行小五台"立轴"草图

自然半人工）、周围的荒草（纯粹自然），以及表征人造物存在的、留存尚好的房子（纯粹人工），共同构成一处特殊的"废墟园庭"（图 3-22）。可以说，"废墟"是一种人工在自然中的消极退化，而"废墟园庭"则呈现出一种人工与自然的积极互动、组构与升华，体现出中国传统建筑的自然性。

五、不断展开的山水。在进入蔚县重泰寺之前，那些大大小小、高高低低的土山与人工步道、台阶、丘壑相互掩映的关系，就像是寺庙空间体验的前序，如果将其视为一个刻意的营造，那将是非常高妙的设计，这算是"小山小水"（图 3-23）。太行山小五台中的金河寺也是一处山中平地上的建造，重要的也是之前进入体验的整个过程——经历空间的开合、高低和明暗的变化，最后到达寺庙，这可被称作"游山玩水"，就像当年我在黄山，经历一路艰难险阻的游览过程，体会所有那些我在山水画中阅读到的高远、深远、平远空间以及景象的变化，实际上都是一个不断被串联起来的对空间和景象的体验过程（图 3-24）。回来后，我"闭门造车"，将游览小五台的整个过程的意象画了一幅"立轴"草图，实际上它并非由相机拍摄得到的抑或眼睛看到的完整画面，它更像是一种人工的构造和组合——就像建筑师做的设计——把所有的场景组合在一个空间中（图 3-25）。其实古代的山水画家，就是这样绘画的，并不是完全的现场写生，而是旅行归来后对所经历场景在一个大的空间中的重新人为组合和设计、构造，并串联起所有的观察、记忆与想象，亦即中国特有的"散点透视"山水画——这是我第一次用这样一种特殊的方式绘画山水草图。行望居游，一种理想世界的组构与体验，我称之为"不断展开的山水"，体现出中国传统建筑的叙事性。

无论是晋东南的古建筑，还是蔚县的古村堡，都是可以推而广之自成体系的中国空间营造传统之典型案例；无论是中国建筑传统营造方式所呈现出来的物质性特征，还是中国传统建筑所特有的精神性特征，都是我一直以来深感兴趣并认为可对当代建筑的思考与实践深具启发意义的，也是我心目中"理想建筑"所应具备的特征。

图 3-26. 蔚县盆地自然地理与聚落分布图像
图 3-27. 白宁堡，空间紧凑犹如单体建筑

理想聚落

2016 年 8 月，我再随天津大学的师生赴蔚县测绘，重点关注到蔚县白家庄东西六堡所构成的聚落群，并以《明日的庙宇》为题，指导学生（张梦炜、丁雅周等）完成设计——《理想聚落：白宁"堡庙"》。

蔚县盆地，是一个在人类学视角下活生生的聚落标本。人的生存活动（包括聚落、生活、农业等）既跟随自然的状况和变迁，又不断与自然互动——生活与情感、宗教与艺术和他们所身处的自然环境息息相关。往日的堡村，今日的遗迹，黄土的庭园，明日的庙宇。人类的聚落，随着时间而兴而衰，在自然与人工之间相互转化；但在大的地理图像中，所有的它们都不过

图 3-28. 白宁堡，由观音庙俯瞰
图 3-29. 白宁堡，可以成为今人纪念和沉思的对象，就如同"雅典卫城"和"庞贝古城"

3-30

图3-30.用当地泥土和旧木板制作的"白宁堡庙"
模型

3-31

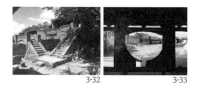

3-32   3-33

图3-31.白宁堡,"堡庙"中祭拜的对象就是白
宁堡的村民和过去甚至现在的生活和空间
图3-32.白宁堡,内部的小庙遗迹:"白宁堡庙"
中的庙中庙
图3-33.白宁堡,戏台

3-34

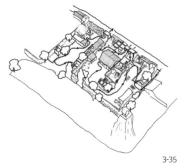

3-35

图3-34."白宁堡庙"的空间构成和体验路径
图3-35.坍圮的院落:"穿行于过去"

是盖在自然几何之上的一个个印戳儿,大大小小、各形各状,或简单或复杂,或清晰或模糊。(图3-26)

现代人如何安放他们的心灵——失去故乡就将无处安放。能否将村堡作为留给明日的"庙宇",为后代和旅游者永远保存一个"故乡"?白宁堡,作为白家六堡中的首堡(推测),有着最特殊的堡名"宁堡"(其他堡均以相对于白宁堡或河的方位命名),东西轴线布局,空间紧凑犹如单体建筑(图3-27),虽已大部废弃,但布局保存基本完好,还有几户老人在此居住和生活。此处记载以前村人生活历史的遗迹和空间,完全可以成为今人纪念和沉思的对象,就如同"雅典卫城"和"庞贝古城"(图3-28、3-29),因此它最适合成为一个新的庙宇类型:"堡庙"——"白宁堡庙"(图3-30)。作为世俗居住地的白宁堡庙,可以与六堡区域作为出世修行的池沿寺地位相当。如果突出将村堡作为庙宇的概念,这座特殊"庙宇"中祭拜的对象就是白宁堡的村民和过去甚至现在的生活和空间(图3-31),他们(老人们)甚至现在还在此地生活栖息,他们"祭拜"自己,他们的后代或者外来者祭拜他们。堡内部那些真正的小庙、戏台是他们(过去和现在)生活的一部分,是"庙中庙"和"庙中戏台"(图3-32、3-33)。被祭拜者和祭拜者、参观者的生活和行为体验是相互重叠、相互映照的。为了体现整个村堡作为庙宇的概

22.本节主旨内容曾发表于:李兴钢.身临其境,胜景几何"微缩北京"/大院胡同28号改造[J].时代建筑,2018,No.162(04):85.
23.侯仁之于《试论元大都城的规划设计》中提及:元大都继承了《周礼·考工记》"左祖右社,面朝后市"的规制,同时在城墙城门布局、自然水系引入方面予以发展,形成北京城自有特征。宫城外的城市由多条横纵主街划分,形成50个规整的坊,坊进一步被东西向小街划分为南北距离50步等宽的胡同,

念，除了对空间内部的一系列调查、保护、处理和组构、设计之外，还需要对整个空间边界及体验路径进行设定、引导和处理（图 3-34、3-35）。另外，还要将影响和研究边界扩展，辐射到更广阔的范围，例如白宁堡庙本体边界（还需包括与其南部与其他堡共享的龙王庙）之外的白宁新村、东面沙河及关帝庙所"震慑"的西面远处的大饮马泉村、其他五堡及池沿寺等。

"白宁堡庙"并非是孤例，在当代中国，特别是乡村，有很多地方都可以成为这样的"理想聚落"——一种跟随自然而变迁互动的、人工与自然不断转化的、高度反映人们生存与生活状态的人类学标本。

理想城市——分形结构和"礼乐相成" [22]

元明清时代的北京可称为符合中国古代生活秩序和文化的理想之城。从大的地理视角，北京的城市选址体现出整个城市与自然山脉、水系的密切关联（图 3-36）；从整个旧城、皇城，到王府、四合院，有着共同的营造逻辑和类似的结构特征——高度秩序化和可延伸、可加密的分形结构和基于"礼乐相成"精神的理想空间组合 [23]：以四合院为代表的单一家庭居住空间作为最小单元，以其为原型，在不同的尺度下变幻，为廷、为宫、为坊、为城，每一级单元均由下一级组构，自身又构成更大的单元，呈现分形特征 [24]（图 3-37、

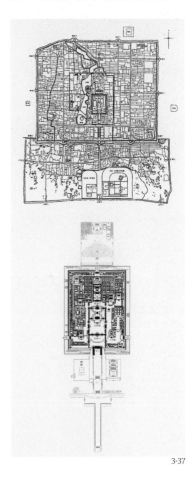

图 3-36. 北京城市选址与山脉水系的关系模型

图 3-37. 清北京城（乾隆时期）与宫城平面布局之同构关系

胡同又被进一步细分为院落。这种层层细分的结构在明、清时期的内城得以延续并发展。参见：侯仁之. 试论元大都城的规划设计 [J]. 城市规划，1997, (03): 11, 12.

24. 傅熹年先生曾在《中国古代建筑十论》中揭示北京从内城、宫城、前后三殿到后宫居住区之间成比例的同构关系，其中暗含的正是一种分形结构。参见：傅熹年，中国古代建筑十论 [M]，上海：复旦大学出版社，2004.

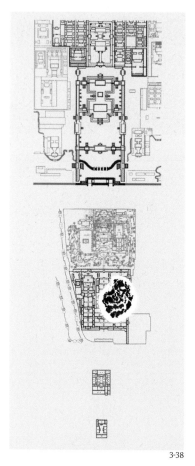

3-38

图 3-38. 等比例下，北京宫城、恭王府与民宅四合院在平面布局中存在同构关系

3-38）；除了高度秩序化的分形结构[25]，一系列非规整的自然元素同时渗透在北京城的各个空间层次中：在城市尺度上，元大都的皇城以太液池和宫城并置；在宅园尺度上，大户、王府往往在院落间择地造园；尺度进一步缩小到普通四合院，围合的房屋共享中间的自然庭院。自然元素打破了人工秩序的界限，与各尺度的"分形单元"紧密结合，构成自由与秩序的统一体，体现着《礼记》所倡导的"礼乐相成"[26]，使北京这座都城成为中国文化精神的典型物质空间载体：既遵从分形秩序，又在层层嵌套中保持人工、自然的紧密联系，居所、市井、庙堂各得其所，具备一种独特的城市与建筑的复合结构，使城市各个尺度的空间在满足运行、管理、居住等生产生活需求的同时，还支持、引导着民众私密性和集体性的文化精神生活。

复合的建筑与城市[27]

在中国的传统中，城市是放大的建筑，建筑是缩小的城市。一座四合院，其实可以被看作一个小小的城市；而整个紫禁城乃至整个北京城，则可被视为一座巨大的建筑。所以，建筑是"城市"与"建筑"的统一体，或者说建筑可以是"建筑"，也可以是"城市"。

中国人如此擅长此道：在（同一个）建筑中同时融入"建筑"与"城市"的概念：哪怕只有一间房，

25. 萨林加罗斯（Nikos A. Salingaros）在《城市结构原理》中将分形数学具有的模型特征运用到城市研究，其模型特征主要包含两点：1. 所有尺度都具有明确的层级。2. 不同层级的结构具有相似性。本文所述"分形结构"与其含义相同。参见：尼科斯·A·萨林加罗斯，城市结构原理 [M]，阳建强等，译，北京：中国建筑工业出版社，2011.

也可通过家具陈设的布置和变化而使坐、卧、居、游一应俱全；只要他们愿意，紫禁城既可以扩展到北京城的巨大范围，也可缩小到一座小小的四合院。亦即所谓的"城市"与"建筑"，具有平面、空间布局的同构性。

"建筑"通常有其室内与室外之分，正是其室外的空间和形式形成了"城市"空间，也就是说"建筑"的室外就是城市的"室内"，人们在塑造"建筑"的同时，也就形成了"城市"。人们往往会关注建筑的室内空间，因为它是一个家庭或社会团体的日常生活、工作之所在；人们同时也关注建筑的室外空间与形式，因为众多建筑的外部空间和形式构成了城市的内空间，而这是容纳所有城市居民"大家庭"的生活、工作之所在。

我把这种"城市"与"建筑"你中有我、我中有你的现象称作"城市"与"建筑"的复合性。

中国建筑有一个明显的特点：特别简明而单一的建筑个体空间和特别丰富多彩的室外空间与形式——"城市"（建筑群体）的"室内"空间。中国传统建筑群基本上是一组或多组建筑围绕一个或几个中心空间构成，所谓层层深入的院落空间组合，这种方式延续了几千年（图3-39、3-40）。其单体建筑是以"间"作为度量单位，"间"具有平面的重复性与通用性的

3-39

3-40

图 3-39. 北京故宫的院落组合
图 3-40. 北京景山周边的民居（1901 年）

---

26. "乐也者，情之不可变者也；礼也者，理之不可易者也。乐统同，礼辨异。"——《礼记·乐记》。
参见：王文锦，礼记译解 [M]，北京：中华书局，2001.
27. 本节主旨内容曾发表于：李兴钢，静谧与喧嚣 [M]，北京：中国建筑工业出版社，2015：19-20.

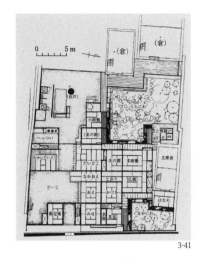

3-41

图 3-41. 岐阜县高山市吉岛家住宅

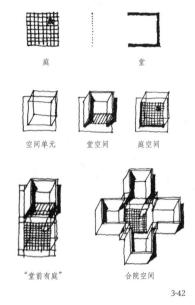

3-42

图 3-42. 中国庭院式建筑的灵魂空间："庭"和"堂","堂前有庭"

特征；对于建筑群，则用"院"来作为度量单位，无院不成群。

同样是院落式组合的日本建筑具有趋向自由灵活、有机自然的特点，但是从某种程度上来讲，日本建筑的庭院与建筑之间，是相对脱离的，是观赏与被观赏的关系（图 3-41）。中国的庭院式建筑则具有更为不同的特征，它们的灵魂空间是"庭"和"堂"——庭院与建筑之间有着深刻的、不可分离的、互相依存的关系。"堂"的空间特征是三面围合、一面开敞，这开敞的一面就是敞向"庭"，所谓"堂前有庭"（图 3-42）。这一由"堂—庭"所构成的空间模式反映了中国人的宇宙观、自然观与文化价值观的深深融合，所谓"有堂的地方，就有中国文化的孕育；有庭的地方，就有中国空间的风流"[28]。"堂—庭"形成合院，再由街道这一线型空间把一个个合院串联起来，一条条街区纵横交织形成格网，便是典型的中国城市。总体上传统中国人的日常生活是趋于内向的，主要在私密的"庭—堂"空间和相对公共性的街巷空间中发生和进行，因此中国的城市中很少形成西方式的市民广场这一空间类型。

建筑、城市、园林、聚落：一体化的营造哲学

中国的城市和建筑不仅具有复合性，当将自己多年以来的思考和研究逐步涵盖城市、建筑、园林、聚

28. 王镇华，中国建筑备忘录 [M]，台北：时报文化出版社，1989：113.
29. 藤井明，聚落探访 [M]，宁晶，译，王昀，校，北京：中国建筑工业出版社，2003：16.
30. 辞源 [M]，北京：商务印书馆，1915.

落之后，我越来越认识到一种存在于四者之中的"一体性"：它们不过是中国传统营造体系的不同方面与不同方式的存在和呈现，它们基于相同的生活哲学，也即对建筑与自然更为紧密互动、相互依存、共生共长之关系的格外关注，一种与特定人群的生活理想密切关联之状态的营造。

聚落、城市、园林、建筑，都是某种"人工制品"，是人类的生存与生活介入自然的结晶。聚落由人类的聚居而形成，是社会、文化的物质载体与空间载体，是对应独立家庭或社会单位生活与工作的群体集合，其中的街道、市集、广场等公共空间带来公共交往和公共意识，庭院则通常属于家庭或单位的更为私密或私有的内部公共空间。城市是规模更大、密度更高、规则性更强的特殊的人类聚落，庇护着更多的人群，更为复杂的公共空间系统和更为多样的公共活动是城市的核心。园林是各种人类聚落中古已有之的存在，对应人在生活中所必需的愉悦并休憩心灵的"游乐"活动，其实也可称得上是一种特殊的聚落形式。建筑是人类的庇护所，亦是最小规模的聚落。

聚落是人类各种形式的聚居场所的总称，是人类在地表集聚的空间组织形式，是人类有意识开发利用和改造自然而创造出来的生存环境（图 3-43、3-44、3-45）。"聚落是散布在大地上奇特的点群。"[29]"聚，谓村落也，为人所聚居。落，所居之处，如部落，墟落，村落。"[30]"一年而所居成聚，二年成邑，三年成

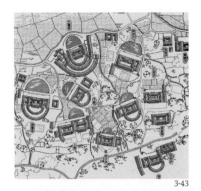

3-43

3-44

3-45

图 3-43. 广东梅县客家聚落
图 3-44. 安徽黟县宏村
图 3-45. 福建客家土楼群

都。"[31] "时至而去，则填淤肥美，民耕田之，或久无害，稍筑室宅，遂成聚落。"[32] 聚落是人类活动的中心，既是人们居住、生活、休息和进行各种社会活动的场所，也是人们进行生产的场所，作为人类适应、利用自然的产物，是人类文明的组成部分。聚落的外部形态、组合类型无不深深打上当地地理环境的烙印；同时，聚落又是重要的人文景观。所有的聚落都是人类住居的延伸，住居的集合就是聚落，"共同幻想创造了所有聚落与都市"[33]。聚落的发生发展，反映了人类活动和自然地理环境因素（地形、降水、气温、水源等）之间的综合关系，同时还受到社会经济文化因素（生产方式、经济发展、风俗习惯、文化背景等）的制约。任何聚落的形式、发展、衰亡都是某种主导因素与其他多种因素共同作用的结果。

如此说来，虽然我们区分了聚落、城市、园林、建筑，但基于上述四者之"一体性"，它们统统可以被一体化地视为广义的"聚落"，并对应特定的人类文化、生存哲学和价值观。在中国的文化语境中，无论建筑、城市，抑或园林、聚落，无不体现着高度一致的生活哲学，这一哲学和人与自然的关系（或者人介入自然的方式）命题息息相关。这种一致性达到了如此高度，

---

31. 司马迁，全注全译史记全本 [M]，李翰文，主编，北京：北京联合出版公司，2015: 12.
32. 班固，汉书 [M]，北京：中华书局，1962.（卷二十九）.
33. 原广司，聚落的 100 则启示 [M]，黄茗诗，林于婷，译，台湾新北：大家出版社，2011: 20.
34. 天人——天人合一。天人关系论，是对于人与自然或人与宇宙之关系之探讨。中国哲学中，关于天人关系的一个有特色的学说，是天人合一论。所谓天人合一，乃谓天人本来合一或天人应归合一。天人本来合一，又有二说，一为天人相通，发端于孟子，大成于宋代道学；二为天人相类，则是汉代董仲舒的思想。天人相通的学说，认为天（即大自然、全宇宙，亦指究竟本根）之根本本性德，即含于人之心性之中，天道与人道，实一以贯之。人之所以异于禽兽，即在人之心性与天相通。张岱年，

并呈现出惊人的一体化结构性特征，可以说，中国的城市和建筑都是凸显"天人"[34]文化与哲学的"中国式聚落"，中国的园林及其居游方式则是这一"中国式聚落"中不可分割的组成部分，其中最重要的特征，则是"礼乐相成"：即人工与自然、规范与调和、制度与适形、伦理与诗意、秩序与自由、礼仪与游乐兼而得之，你中有我，我中有你，共同形成中国人的理想生活世界。[35]这样的特征，又由空间营造，兼而体现于其他文化艺术门类，如汉字、文学、戏剧、绘画等。

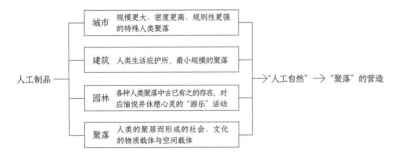

原广司说："聚落可以看成是将自然潜力可视化作业的结果。这时的自然已非原生自然，而是表象化了的自然，被社会化、加工化了的自然。""不要中性地去定义场所，场所中蓄藏有历史的力和自然的力等力学特征。"[36]"聚落"，是我对"人工自然"的思考中至关重要的内容，它作为一种人类聚居生存的方式和载体，天然地具有时间感和生活性、自然性，所

中国哲学大纲[M]，北京：中国社会科学出版社，1982：173，181.

35."乐主于感，礼主于敬，感而后有敬、有思，故乐先而礼后。"中国文明以礼为形体，以乐为性情，有性情则形态可以极美，不美的不能是礼。每乐失则礼弊，而乐失了兴则疲。可是其他民族不能，而代之以宗教。中国人没有神约，没有佛教的"愿"字与基督教的"望"字，而独有一个"兴"字。世界上唯中国文明有大自然五种基本法则的自觉，有物形、物象、物意这样简单的言语。而此即是礼乐之事。尤其讲到物意的"兴"字是乐边的事。唯中国民族有礼乐。参见：胡兰成，中国的礼乐风景[M]，北京：中国长安出版社，2013：120-134.

36.原广司，世界聚落的教示100[M]，于天炜，刘淑梅，马千里，译，王昀，校，北京：中国建筑工业出版社，2003：60，12.

3-46a

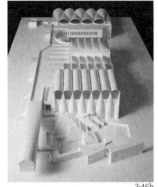

3-46b

3-46c

3-46d

3-46e

3-46f

图 3-46. 建筑设计中的聚落"营造"
（a. 绩溪博物馆，b. 天津大学新校区综
合体育馆，c. 北京大院胡同 28 号，d. 唐
山"第三空间"，e. 首钢工舍，f. 延庆世
园小镇文创中心）

以我将几乎所有设计都视为一种发现、发掘场所中所蕴含的"自然"特征和"自然"潜力的"聚落的营造"，例如，绩溪博物馆是自然而抽象的"村庄聚落"，而天津大学新校区综合体育馆是非常有人工存在感的"结构单元聚落"；北京大院胡同 28 号是水平延展的小合院组成的院落式"城市聚落"，唐山"第三空间"则是垂直生长的"别业"单元构成的高密度"城市聚落"；首钢工舍和世园小镇文创中心，都是用两组房子围合的"最简聚落"，首钢工舍是上"新"下"旧"的叠摞，而世园小镇文创中心是虚"房"实"山"的围合（图3-46）。

面对多样而严峻的当代人类现实，由理想而完整的久远传统出发，何以转换、修复和建构现实中的理想居所、理想建筑与理想城市、理想聚落——现实人类理想生活空间？

述

身临其境：一种现实理想空间营造范式

面对当代现实的理想空间营造之探索，我有以下几个方面的思考和实践：来自他者的启示、空间之诗意——"静谧与喧嚣"、园林三境界、交互之诗意——"房"与"山"、新模度、当代现实中的多样"自然"、佛光寺的启示——基于人工交互自然的现实理想空间营造范例、佛光寺五点空间范式性启示、平常胜景与日常诗意——"代田的町家"和《繁花》，逐步形成身临其境——一种现实理想空间范式，并以"形、象、意"之论说明理想空间中人对于物象、意境的使用、体验和兴起诗意的重要性，这一空间范式自古有之，历久弥新，可见理想空间中人工与自然互动一体的重要性。自然要素，在现实理想空间营造范式中变得重要而不可或缺。

来自他者的启示

在持续的自我思考和建筑实践历程中，总是伴随着他者的启示。古今中外的建筑师（或无名匠人）及其作品，无论城市、建筑、园林、聚落，对我来说都有着关于人工营造与"自然"之关系的某些独特触点。

高迪

安东尼奥·高迪（Antonio Gaudi Cornet，1852—1926）的建筑呈现出一种决然不同于他者的气质，令人感受到与自然物的相似和靠近。实际上，在集高迪建筑创造之大成的巴塞罗那圣家族教堂脚下的设计绘图室中，可以发现高迪的设计奥秘：在精密的几何逻辑之上，建筑的形式、结构、空间、材料乃至色彩被神奇地呈现，令人叹为观止，他将自然元素转化为精密的人工几何，又将人工元素营造为如同"自然"一样动人（图4-1）。他几乎以一己之力，创作出一种接近上帝的人工造物，是一个把人工的"自成"发展到极致的建筑天才。

柯布西耶

勒·柯布西耶（Le Corbusier，1887—1965）的《直角之诗》和他的建筑草图中经常出现的"日夜图"，

4-1a

4-1b

图 4-1. 高迪，巴塞罗那圣家族教堂，模型（a）与教堂主厅天顶（b）

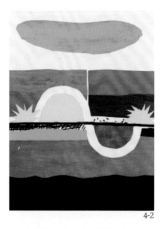

4-2

图 4-2. 柯布西耶，《直角之诗》中的"日夜图"

图4-3. 柯布西耶，湖边住宅（a.住宅外面由墙体与城市隔离，b.住宅起居室水平长横窗框定的湖景，c.住宅内部的庭院向湖面开敞，d.住宅庭院中开有窗洞的墙体，e.由屋顶平台及"猫平台"看湖景和远山）

图4-4. 柯布西耶，湖边住宅草图

反馈出他对生命作息与自然规律的理解，并将其与宗教、艺术和建筑作品密切关联起来（图4-2）。

柯布西耶为母亲设计的湖边住宅，起居室前面的平台、开有窗洞的墙体、室外餐桌旁保留的大树，与拥有水平长横窗起居室的住宅建筑本身同等重要，这个小小住宅在特别强调日常生活中建筑及其营造的空间与庭院、树木以及宽阔的日内瓦莱芒湖面和远山密不可分的交互关系（图4-3）。柯布西耶的草图也暗示了这一意象：湖山美景被"借"入建筑和庭院中人的视野，成为居住者日常生活体验的一部分（图4-4）。

萨伏伊别墅给我留下深刻印象的是，在这个由规则的"多米诺结构体系"所构成的建筑中，通过坡道的设置在内部引入一条立体化的漫步流线，可以从地面一直游行到屋顶，并与内部空间、屋顶庭院、周侧花园等不断变化的景观体验结合在一起，坡道代替了传统欧洲房屋中的壁炉成为建筑的中心。萨伏伊自律而自由的建筑，开启现代建筑中对人在空间中运动的强调，空间感和时间感的合一，拥有像房间一样的屋顶庭院，并提示对风景的捕获（图4-5）。

朗香教堂中由屋顶与墙体脱开的缝隙引入的光线，使得巨大的船形屋顶仿佛飘浮起来，由各种形状的斗形窗洞射入的光线仿佛使人置身于岩穴之中，由光塔顶部形成的幽闭高耸空间中的彩色光线，仿佛是"上帝之光"（图4-6）。不论哪种，都是由建筑构件与自然之光共

1. 戴维·B·布朗宁，戴维·G·德·龙，路易斯·I·康：在建筑的王国中[M]，马琴，译，北京：中国建筑工业出版社，2004：50-54.

同作用，形成空间及其特定氛围对人的内心触动。

康

路易斯·Ⅰ·康（Louis I Kahn，1901—1974）在1951年四个月的罗马、希腊、埃及之行[1]成就了他伟大的后半生，"建筑源自原室空间的创造（Architecture comes from the making of a room）"，在他的建筑中，最基本的几何形体以精妙的组合而成为庄严而诗意的结构和体量，并带来卓越的光源照亮空间。"静谧与光明在此相会"（图4-7）。他是一个以完全的人工达至"自成"状态的建筑诗哲。康在萨尔克生物医学研究所这个作品中实现了一次更有意义的突破。虽然康说，"建筑就是自然所不能创造的东西"，但当他听从路易斯·巴拉甘的建议，将苍翠庭院中的白杨树取消，使之变成一个太阳轴线下、由中心水道引导而直通向太平洋的"石头广场"[2]，大海、天空、落日成为建筑及其空间的不可或缺之物，使其成为最为动人的绝响，共同营造出无可度量的胜景（图4-8）。萨尔克生物医学研究所是康的所有作品里我最喜欢的一个，因为在我看来，它让康这位建筑诗哲从以人工营造而"自成"，转化并达到人工与自然的"互成"。

赖特

在学生时代，我第一个喜欢、研究并模仿的建筑

图4-5. 萨伏伊别墅，房间一样的屋顶庭院
图4-6. 柯布西耶，朗香教堂中建筑构件与自然之光共同作用的"上帝之光"

图4-7. 埃克塞特图书馆内卓越的光源照亮空间，"静谧与光明在此相会"
图4-8. 康，萨尔克生物医学研究所（a. 设计草图，中央庭院中的白杨树；b. 实际建成后，由中心水道引导而直通向太平洋的"石头广场"）

---

2. 戴维·B·布朗宁，戴维·G·德·龙，路易斯·Ⅰ·康：在建筑的王国中 [M]，马琴，译，北京：中国建筑工业出版社，2004：144-150.

图 4-9. 赖特，东塔里埃森庭院
图 4-10. 赖特，西塔里埃森，东塔里埃森的"粗野主义"帐篷式建筑版本
图 4-11. 赖特，罗比住宅，东塔里埃森的城市住宅式建筑版本

图 4-12. 赖特，流水别墅

师是弗兰克·劳埃德·赖特（Frank Lloyd Wright，1867—1959），他在我心里地位特殊。他的作品中有强烈的东方气质，源于其受到日本浮世绘艺术和日本建筑及庭院之影响。他的代表作东塔里埃森自宅，路径、景观、建筑、尺度、空间、材料、细部、家具的营造都非常精妙，是有机建筑、草原住宅、流动空间及对建筑水平性的强调并与大地自然景观呼应等赖特设计哲学的集大成体现，在我看来，它也是一个如何将东方庭园转化为现代建筑的范例（图 4-9）；西塔里埃森是"诗意田庄"式的东塔里埃森在美国西部沙漠中转换而成的一个简朴浪漫的"粗野主义"帐篷式建筑版本（图 4-10）；罗比住宅则被辅以紧凑的围墙、平台、庭院、水平屋顶等元素，呈现出较为紧张的用地环境中经济型"现实主义"城市住宅式建筑版本（图 4-11）。

作为赖特最为独特的作品，流水别墅（考夫曼住宅）是山溪旁峭壁的延伸，人的生存／生活空间依赖几层平台而凌空于跌落的溪水之上，沉浸于瀑布的声响之中，享受生活的乐趣；建筑形体、空间随场地变换、延伸、相互穿插，内外空间交融、浑然一体，原始山体岩石暴露在室内，像是破地而出，建筑与建筑之间、建筑与环境之间的走道、桥梁、平台以及台阶，与建筑内部一起构成连续完整的空间体验；现代建筑构件与溪水、山石、树木自然结合在一起，仿佛由自然中生长出来，流动的溪水瀑布是建筑的一部分，永不停息，触觉、嗅觉和听觉成为建筑感知和空间体验的整体因素（图4-12）。我的最大关注点在于，建筑与其所在自然环境的高度相互依存所呈现出来的感人关系，以及给居住者日常诗意生活所带来的决定性影响："住宅与基地在一起构成了一个人们所希望的与自然结合、对等和融合的形象，这是一件人类为自身所作的作品。"（考夫曼语）

西扎

阿尔瓦罗·西扎（Alvaro Siza，1933— ）用非常简洁巧妙的方式，把位于海边公路旁的帕尔梅拉海洋游泳池设计成了一个戏剧性的、漫游式的对大海进行体验的建筑"装置"：一步步由喧杂的公路边下沉进入，大海先在视线上被遮挡，但始终能听见波涛的声音，然后再逐渐被提示展现出来，直到辽阔海面扑面而来（图4-13）。经由曲折的流线抵达令人难忘的终景，其实就是"曲折尽致"，附近的诺瓦茶室也有类似的设计思路和体验之效（图4-14）。西扎的建筑对场地的"自然"特征总有充分的回应和加强，他的建筑中经常会在秩序中出现巧妙而合理的偶然性元素，给人以惊奇感并让人心领神会。而他在中国美术学院象山校园中的近作——中国国际设计博物馆中，则运用"增强透视""连续动线"等手法，自造出一种内向的"园林式"空间体验（图4-15）。西扎的建筑总有一种朴质而常常出人意料的动人气质——无须解说，源于自己。

4-13a

4-13b

4-14

4-15

图4-13. 西扎，帕尔梅拉海洋游泳池照片（a）及航拍（b），海边公路旁，体验大海的漫游"装置"
图4-14. 西扎，诺瓦茶室，曲折尽致
图4-15. 西扎，中国国际设计博物馆，内向的"园林式"空间

4-16a

4-16b

图4-16. 巴瓦，自宅，庭中有房（a），
房中有庭（b）

4-17

图4-17. 巴瓦，坎达拉玛遗产酒店，被立
面、屋顶的爬藤树木所覆盖，建筑成为
山体的一部分

巴瓦

斯里兰卡的杰弗里·巴瓦（Geoffrey Bawa，1919—2003）在他的建筑和园林中营造的那一个个大小世界——人造物和自然物像恋爱的男女，不分主次，相异相融。它们具有叙事性的路径营造和强化了核心空间中由水面、植物、山石和建筑构件乃至人的活动所共同组合的静谧风景。巴瓦自宅中无数房间与庭院相互交织蔓延，房中有庭，庭中有房，使得整个空间类似一个多孔的物体，人生活其间，与自然充分地相融一体（图4-16）；坎达拉玛遗产酒店将建筑环围镶嵌于自然山体，时而相互穿插，偶尔适当分离，在空间的漫游中时刻可以感受到自然与身体近在咫尺，建筑立面、屋顶上密布的藤蔓、树木几乎将建筑覆盖为山体的一部分，远处的狮子岩成为被借入空间的自然对景（图4-17）。对于巴瓦的所有作品，都只有在现场亲身体验，才能感受到那种介于尘俗与雅意之间的动人诗意。

巴拉甘

路易斯·巴拉甘（Luis Barragan，1902—1988）说："我总是试图创造一种内在的寂静……在一座美丽的园林中，神圣的自然无处不在，由于自然被缩减到适宜人体的尺度，它便成为抵御现代生活侵蚀的庇护所……显然，一座园林应将诗意、神秘与平静、愉悦

3. 译自路易斯·巴拉甘获1980年普利兹克奖颁奖仪式上的演讲，Luis Barragan, Acceptance Speech of the Prizker Architecture Prize, 1980, Laureate, www.pritzkerprize.cn.

融为一体……我们用以围绕一座完美的花园的——无论其大小——应当是整个宇宙。"[3] 巴拉甘也提到影响他的斐迪南·贝克（Ferdinand Bac, 1859—1952）的话："园林的灵魂在于它按照人的意愿庇护着最大限度的宁静……在这个很小的领域内，通过创造一处可以充满安宁之愉悦的场所，使这种以物质表达情绪的渴望，与那些寻求同自然相联结的人们共通。"[4] 巴拉甘不仅注重花园的营造，还注重把花园跟人的日常生活空间结合在一起，如此才是真正理想的生活空间。我所理解的巴拉甘一生一以贯之的空间模式是"家园的营造"——生活空间和精神空间的合造。在所谓的巴拉甘"第一时期"作品中，瓜达拉哈拉市克里斯托住宅是他26岁时完成的市长私宅，但却达到了惊人的成熟度：一个紧凑的城市住宅中，隔离城市喧嚣的"家园"静谧之氛围，空间节奏和"布景"变化，立体化的花园，房间一样的屋顶平台，叙事开始和结束的椭圆拱形式元素（图4-18）。在这个100多平方米的房子里，他用直感经验把握下的建筑手法，创造出了富有当代性的精彩的"宅园"——生活空间与精神空间相生互成，而且成功地用"建筑"的手法营造花园。其后的六十年时间里，他只不过把这一模式不断演进并推向极致而已。马厩别墅中的马厩部分，其实相当于巴拉甘心目中住宅后面的"花园"，但他没有采用奥特佳住宅、自宅、洛佩斯住宅等花园的纯粹自然元素，而是以更

4-18a

4-18b

4-18c

图4-18. 巴拉甘，克里斯托住宅（a. 入口，b. 起居室，c. 立体化的花园）

---

4. 同3。

图4-19.巴拉甘，克里斯特博马厩与别墅，用建筑的手法营造"抽象花园"

图4-20.墨西哥，城市"席卷"自然

为抽象化的手法，用色彩、墙体与水面、植物进行组合，包括饮马等生活场景也进入画面中，共同构成花园的空间（图4-19）。 马厩别墅尽管是1966年左右巴拉甘年近70岁时的晚期作品，但在建筑思想上，和他在26岁时设计的克里斯托住宅一脉相承。而且他这种不完全用自然元素，而是使用建筑元素，或者说通过建筑元素和自然元素之组合来营造的花园，实际上更适应墨西哥严峻的自然条件（图4-20）——巴拉甘正是在这样一种干涸的土地、自然元素匮乏的条件下，以建筑师的"建筑"方式和手段，营造出他心中的理想"家园"。

卒姆托

彼得·卒姆托（Peter Zumthor，1945— ）长期生活工作在瑞士南部山区，我认为他的作品中包含着"木屋"与"岩洞"这两种家乡自然意象的转化——对应于树木与山体，是生活环境和工作环境对于建筑师而言最自然不过的影响和选择，成就了基于此地环境，并可天然与之结合的人造居所。

2003年，我在瑞士工作期间参观了卒姆托的德苏木维特格村小教堂。当步行了三个多小时的山路，快接近小教堂的时候，远远望去，它夹杂在周边那些沿山坡错落的瑞士木屋之中，并没有想象中那种兀然独立的感觉；而且随着时间的推移，在阳光和雨水的作用下，南北两面墙上覆盖的木瓦发生了不同的颜色变

图4-21.卒姆托，德苏木维特格村小教堂，"木屋"主题

图4-22.卒姆托，瓦尔斯浴室室内，"岩洞"主题

化，北面发黑，南面棕褐（图 4-21）。小教堂就是典型的木屋主题，而离此不远的瓦尔斯浴室则是"岩洞"主题（图 4-22）。卒姆托在向民间建造学习的基础上，进行了精妙的发展和创造性转化。他的建筑总是能让人感觉到一种建筑师基于场所的形式探寻，基于人的感受和体验的氛围营造，以及对形式、结构、材料的整合和精密而充满智慧的细部构造，总是呈现出静默的日常诗意。

赫佐格与德默隆

由于"鸟巢"项目的长时间合作，我对赫佐格与德默隆（Jacque Herzog & Pierre de Meuron，1942—）的建筑作品中"几何结构+空间表皮"的特点感受深刻。

Prada 东京旗舰店的建筑体量看似朴拙，却是精确控制的结果，它的形体生成和内外空间安排（内部的筒状试衣间和外部建筑体量主动退让出的城市小广场），与城市、环境、景观都有密切的对应关联。容纳竖向交通疏散、管井等服务功能的筒体作为主要支撑结构，与外围结构和表皮一体的菱形钢网格，和水平楼板一起共同形成建筑的结构体系，体现出形式、结构、表皮与空间的高度一体化（图 4-23）。后来的"鸟巢"其实也是相似的思路。另外，建筑师以材料（表面做不同凸凹处理的玻璃）表达对特定都市氛围（时尚、流动、不确定等）的呼应，并做了大量样板的研发和实验。赫佐格与德默隆在设计工作中的工匠特征，

4-23a

4-23b

4-24a

4-24b

图 4-23a. 赫佐格与德默隆，Prada 东京旗舰店，模型
图 4-23b. 赫佐格与德默隆，Prada 东京旗舰店，不同凸凹处理的玻璃表达对特定都市氛围（时尚、流动、不确定等）的呼应
图 4-24a. 赫佐格与德默隆，法国瑞克拉公司新工厂，重复树叶图像丝网印刷聚碳酸酯板
图 4-24b. 赫佐格与德默隆，德国 EBERSWALDE 高级技术学校图书馆，重复不同图像丝网印刷混凝土

4-25a

4-25b

4-25c

4-25d

图 4-25. 刘家琨，鹿野苑石刻艺术博物馆（a. 文学性的倒叙手法与建筑空间的安排及人的体验相结合，b. 意料之外情理之中的惊喜感，c. 绿苔水渍侵蚀包浆的建筑构件，d. 半自然半人工状态的建筑和景观）

强调设计的逻辑和研究性，大量具有原创性并与设计理念紧密相关的材料研发与建造实验，使我耳濡目染、深受触动，特别是将抽象化的自然要素（树叶、雨水、光线、文字、图像甚至多媒体等）以不同方式纳入建筑语汇表达之中，如石笼墙体、印刷图案聚碳酸酯板、丝网印刷图像墙板、特殊处理肌理混凝土、穿孔铜板等，产生人工与"自然"结合的特殊效果（图 4-24）。

刘家琨

十年后，再次造访刘家琨（Jiakun Liu，1956—）的鹿野苑石刻艺术博物馆，重新感受那些早已熟知但仍可深切体验到的内容，诸如路径的引导性，对植物和环境的利用，文学性的倒叙手法与建筑空间的安排及人的体验相结合，意料之外情理之中的惊喜感，充满智慧的材料使用和建造手段将诗意与现实同时呈现，等等（图 4-25）。除此之外，最让我触动的是，这个房子在时间作用下，通过与自然的交合，绿苔水渍侵蚀包浆，已经成为半自然、半人工之物，那些林木植物和这个人造物之间不再有那么大的区分，就像是土地里自然生长的一个东西，它还可以更加长久地如此生长存在下去。我如此深切地感受到，时间和自然可以赋予一个好建筑真正可延续的生命之感，只有那些真正的建筑，才能经历长久的时光和自然的交和而愈

5. 罗马古城包括帕拉蒂诺（Collis Palatinus）、卡皮托利诺（Collis Capitolinus）、埃斯奎利诺（Collis Esquilinus）、维米纳莱（Collis Viminalis）、奎里那莱（Collis Quirinalis）、西里欧（Collis Caelius）、阿文提诺（Collis Aventinus）七个山丘，史称"七丘之城"。南北长约6200米，东西宽约3500米，城墙跨河依山曲折起伏，整体呈不规则状，像一只蹲伏的雄狮。古城中心最重要的地

加散发出魅力。家珉的这个房子很有他这个人自身的气质，平静、拙朴、智慧但绝不浅白，默然存在，是我看过最好的中国当代建筑作品。

4-26a

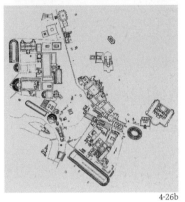

4-26b

图 4-26a. 古罗马广场遗迹
图 4-26b. 古罗马广场组群平面图

古罗马遗迹

1998 年在法国进修期间，我第一次有机会到欧洲各处参观那些以往只能在教科书或杂志上看到的经典建筑和城市。古罗马广场遗迹[5] 是我参观过的所有欧洲城市和建筑（不管是古典还是现代）中最打动我的一处，它也并非一个简单的建筑单体，而是一片建筑废墟构成的空间，遗迹旁不断出现用以导览的那些罗马时代的建筑组群平面图非常吸引我，多以基本几何形构成各样单体建筑与空间，却以自由多端的方式进行群落的组合，呈现出大小尺度的丰富转换和空间开阔（图 4-26）。这些经历长久历史变迁的遗迹还或多或少保留着原有的格局，却早已褪掉以前的装饰，暴露出原有的结构（拱券）和材料（红砖、混凝土和石材），日积月累，已经跟植物生长在一起，我后来称之为"废墟自然"：一种由于被赋予长久的时间和历史记忆并与自然要素（包浆、苔藓、藤蔓、树木等）结合而形成的"人工自然"或者"自然化的人造物"。建筑废墟加上为游人设置的金属护栏、踏板、阶梯等，成为一种特殊的"废墟建筑"，但它们却像在时间沉

段是罗马广场，位居帕拉蒂诺、卡皮托利诺和埃斯奎利诺三丘之间的谷地，建城以后即为居民往来集会的中心。主要场地长约 134 米，宽约 63 米，到共和国末年广场四周已遍布神庙、会堂、元老院议事堂和凯旋门、纪念柱等。罗马广场及其周围一带的遗迹已被辟为意大利国家公园，可供游人观赏。

图 4-27a. 古罗马广场遗迹, "废墟自然"
图 4-27b. 古罗马广场遗迹, "废墟建筑"

图 4-28a. 康, 孟加拉国家议会大厦, "废墟感"的建筑
图 4-28b. 康, 孟加拉国家议会大厦平面图, 一层又一层的房间

淀之下的现当代建筑(图 4-27)。遗迹的废墟感和强烈的现代感, 构成极为丰富震撼的场域空间, 历史性、纪念性和当代性兼备, 具有持久感人的生命力, 令人感觉它会永远这样存在下去。现代城市相比于古典时代无法避免混乱和躁动, 但或许存有另一种潜在秩序的可能性, 这种秩序从何而来? 是否如遗迹废墟及其中的游览设施那样, 源于对文化传统中恒久部分的自觉延续, 以及与当代要素的创造性相结合呢?

路易斯·康在古罗马遗迹中发现了"如何把古罗马废墟转变成现代建筑", 决定性地改变了他的建筑方向。孟加拉国家议会大厦在康去世之后十多年最终建成, 这个庞大复杂的建筑是康将古罗马废墟转变成现代建筑的代表作, 非常有"废墟感", 在印度和孟加拉战争期间被飞行员误以为废墟而躲过了轰炸, 实际上, 康是在设计一个个如万神庙那样独立完型的"房间"(room), 很多的小房间围绕着一个大房间, 一层又一层。秩序与自由、物质性与精神性(纪念性)交汇于一体(图 4-28)。

那么, 建筑的精神性和给予人的诗意体验如何能源自中国独特的文化和营造传统? 这是当时的我面对古罗马废墟, 心里对自己的发问。

无锡寄畅园

对我来说, 无锡寄畅园是所有江南园林里最好的

6. 李兴钢. 身临其境, 胜景几何 "微缩北京" / 大院胡同 28 号改造 [J]. 时代建筑, 2018, No. 162(04): 85.

一处，好在一种似乎由长久岁月积淀而成的静谧氛围，虽然也有很多游人，但好像都会被消化掉，给人一种身处自造的独立世界中的空间感受。七星桥、八音涧独一无二；假山做惠山余脉堆叠，又因借锡山之景，使得寄畅园虽是个只有十五亩的不大之园，却让人感觉空间旷奥交织、深远不尽。庭廊和山林隔水面分别在东西两岸一线延伸，人工与自然对仗互成，充满时间感、空间感、生命感（图4-29）。中国园林在中国传统的营造体系中有着最为突出的当代性，是中国人理想生活哲学的物质载体。

图 4-29. 无锡寄畅园，时间感，空间感，生命感

在上述所有的建筑行游体验和观察思考中，蕴含各种"自然"要素并与之深刻关联结合的人类建造物，是最令人感动的建筑，是最具启发性的建筑。

园林的要素、手法和"三境界" 6

中国园林是对"现实理想空间"营造最具启发性和标本性的"模型"。童寯（1900-1983）先生在《江南园林志》中，高度概括了造园的要素和手法妙处，并以拙政园的空间塑造和体验过程为例，明述园林有"三境界"7（图4-30）。其要素："围墙、屋宇亭榭、水池、山石树木——犹如'園'字的构成。"其手法："虚实互映、大小对比、高下相称。"其境界：**"疏密得宜，曲折尽致，眼前有景"**——"疏密得宜"，是关于空间布局；"曲折尽致"，表明需要一个动态的过程去

图 4-30a. 童寯，拙政园，梧竹幽居
图 4-30b. 童寯，拙政园手绘平面

4-30a

4-30b

---

7. 童寯，江南园林志 [M]，北京：中国建筑工业出版社，1984：8.

图4-31. 无锡寄畅园，由围墙界定的完整世界，隔离外界的喧嚣，营造出内在的静谧

图4-32. 文徵明，拙政园三十一景册之一，"诗画品题"

4-33a

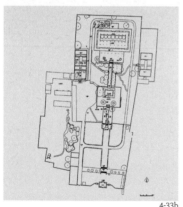

4-33b

图4-33. 义县奉国寺(a.寺庙在县城中的位置，b.总平面图，沿中轴布置的群体建筑、檐廊和甬道、平台，都坐落于抬升高起的台基之上，仿佛台基周围为净土世界中的"莲池"环围)

抵达；"眼前有景"，是视看胜景，是一种身心沉浸所带来的诗意状态。园林"三境界"并非三个彼此独立的标准，而是相互关联而且递进的。

由围墙（一种界面）圈出（界定）的完整的自在空间（世界），隔离了外界的喧嚣，营造出内在的静谧。其中的人工与自然元素互动互成。明暗、虚实、大小、高下，疏密、曲折，经之营之，引人入胜，获得静谧。静谧，因此成为一种具有空间性的"不可度量"的诗意境界（图4-31）。

文徵明曾作《拙政园三十一景册》[8]，以"诗画品题"的方式呈现造园的意图和意境（图4-32）。

中国园林这一"模型"，可谓之"身临其境"：使人经历时间和空间的不断感知，从而获得诗意情境的理想生活与生命体验状态，并将其心得记录传诸他人及后来者，如点景、命名、诗联、题刻等——与前述"理想建筑"中"全息的诗题"同理。

奉国寺、独乐寺和龙门石窟：人间的仙境再现

义县奉国寺[9]的格局和体验犹如一个完整的人间净土世界：位于县城之中，沿中轴布置的群体建筑、檐廊和甬道、平台，都坐落在抬升高起的台基之上，

8. 苏州园林博物馆，拙政园三十一景册[M]，北京：中华书局，2014.
9. 奉国寺（俗称"大佛寺""七佛寺"）坐落于义县城内东北区域，始建于辽开泰九年（1020年），初称咸熙寺，不迟于元大德七年（1303年）改称奉国寺。其主要遗存为国内现存最古老最庞大的大雄殿，其面阔九间（49.545米），进深五间十椽（26.585米），建筑通高19.930米（外檐柱础下皮至正吻最高点），平面之长宽比接近2:1。殿内佛坛之上彩塑"过去七佛"，皆结跏趺坐于莲台之上，以中央毗婆尸佛通高8.6米为最高，两侧佛像依次略低。大雄殿内部梁枋、斗拱上犹存数量可观的辽代彩画，总面积在2000平方米左右，具有极高的艺术价值和学术价值。大殿、七佛和建筑彩画三者世称"奉国寺三绝"，均属中国古代建筑史、美术史上的无价珍宝。参见：建筑文化考察组，义县奉国寺[M]，天津：天津大学出版社，2008：7-8.

仿佛台基周围为"莲池"环围（图 4-33、4-34）。由入口沿中轴穿越层层厅堂，行步之间逐渐靠近，尺度超凡的雄伟辽构大殿蓦然现于眼前（图 4-35）。大殿之中未施天花，一字排列的众佛像处于丛立、暴露、有力的纵横结构之中，特有西方教堂般的神圣升腾之感，虽然佛像其实是在结构的干扰之下处在一个不很"单纯"的背景里，但也因此更加与众生拉近了距离，所谓"人神共处"（图 4-36）。2015 年冬至义县奉国寺，我绘制草图并如此感慨："天地山河""弥纶宇宙""无量胜境"：一个渐步揭示却突然呈现的世界。……奉国寺群体空间与莫高窟壁画中的净土经变画面空间相仿佛，后面的大殿是整个空间序列的高潮，其佛像彩画也是空间序列的不可分割部分，这是真正在人间的"理想天国"。不依靠和借助自然环境而全凭人力造成人间现实中的"仙境再现"，是奉国寺的最独特之处。

蓟县独乐寺[10]与奉国寺类似，位处县城之中，则仅凭现状一门一阁，即足以呈现一个佛国理想空间（图 4-37）。其中山门过白、尺度变换、视线导引，精彩绝伦：经由殿堂般的山门（确是五脊四坡的庑殿之顶）"深远"过白，观音阁蓦然呈现，信众可透过阁平座上开启的门扇看到观音之眼（图 4-38）。"阁外观上最大特征，

图 4-34. "理想寺庙"是对净土世界的物质呈现（a. 汾阴后土祠庙貌图碑，b. 敦煌莫高窟第 148 窟壁画净土经变）

图 4-35. 奉国寺及其草图，寺庙的格局和体验犹如一个完整的人间净土世界，由入口沿中轴穿越层层厅堂，尺度超凡的雄伟辽构大殿蓦然现于眼前

图 4-36. 大殿内排列的众佛像处于丛立的纵横结构之中，"人神共处"

10. 独乐寺，又称"大佛寺"，位于中国天津市蓟州区西大街，是中国仅存的三大辽代寺院之一，也是中国现存著名的古代建筑之一。独乐寺虽为千年名刹，而寺史则殊渺茫，其缘始无可考，寺庙历史最早可追至贞观十年（636 年）。寺内现存最古老的两座建筑物——山门和观音阁，皆辽圣宗统和二年（984 年）重建，被公认为辽代建筑的重要代表，两座建筑内的数尊塑像也是与建筑同时的作品，但与建筑一样都历经后代的维修和改动。梁思成曾称独乐寺为"上承唐代遗风，下启宋式营造，实研我国（中国）建筑蜕变之重要资料，罕有之宝物也"。寺内其他建筑都是明代以后修建，包括寺内东部的始建于清代乾隆十八年（1753 年）的行宫。民国十九年（1930 年），独乐寺因相继被日本学者关野贞以及中国学者梁思成调查并公布而闻名海内外。

4-37b 4-37c

4-37d

图 4-37. 蓟县独乐寺，仅凭一门一阁，即足以呈现一个佛理想空间：a. 独乐寺在县城中的位置，b. 梁思成，独乐寺山门、观音阁测绘总平面图，c. 独乐寺山门与观音阁，d. 一门一阁草图

4-38

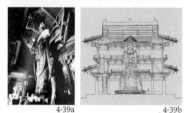

4-39a 4-39b

图 4-38. 经由殿堂般的山门"深远"过白，观音阁蓦然呈现

图 4-39. "观音之阁"：a. 观音阁十一面观音像，"人神共处"，b. 观音阁剖面，建筑内部空间与佛像紧密结合

则与唐敦煌壁画中所见唐代建筑极相类似也。伟大之斗拱，深远之出檐，及屋顶和缓之斜度，稳固庄严，含有无限力量，颇足以表示当时方兴未艾之气。"[11]"……熟悉敦煌壁画中净土图者，若骤见此阁，必疑身之已入西方极乐世界矣。"[12] 步上台阶进入阁中，伫立在大殿中央须弥座上的 16 米高的十一面观音像，直入顶层覆斗形八角藻井，摄人心魄，须仰视才可瞻仰，梁枋绕像，中部天井，上下贯通，容纳像身，整个内部空间与佛像紧密结合，"观音之阁"名副其实（图 4-39）。自大殿登梯上阁，由"俗世"来到"圣域"，来到可与观音之眼平视的平座层空间，穿过正中高起的梁枋、打开的槅扇和凸出的平座，顺佛眼视线向外望去（图 4-40），下方的山门、中部的城镇、远处的佛塔尽现眼帘，仿佛观音凝视众生，好一场人—神—众生共处之胜景／圣境。此外值得重视的是，从"理想世界"的角度理解独乐寺的建筑意匠：除前述观音阁与佛像关系之处

---

11. 梁思成. 独乐寺专号 [J]. 中国营造学社汇刊, 1932, 3(2): 49.

12. 同 11, p11.

13. "山门从外面看，毫无疑问是高级殿堂的形象。在建造当时便给人古老高级感的巨大四阿屋盖覆盖了屋身，檐头以最细腻的体量形成的光影的热烈短促而不失节奏的重复，浓重勾勒地界，形成超强的水平向的稳定；并且正面远看还会与观音阁的形象融合一体，和谐而震撼的效果难以用语言形容。一旦登上台基朝版门走来，立刻就被左右充满动势的高大塑像所震撼，进而形成的对中央的强调就会表现为对曾有的版门、牌匾和透空木栅这一系列竖向展形象的注目，而且这套迎面的形象，构成上部也因在明间两侧由梁架与泥墙共同构成的侧面而得到约束和强调。同时，这中央的竖向形象又会与两边向中心倾斜的大塑像共同作用，此前水平舒展稳定的感受至此一变而为稳定高峻的三角形构图。前方远距离外的观音像的关键部位的通视刺破远去，既是对这一与之垂直的三角形的面的强调，也是下一步的空间构成趋势的提示。推开版门、迈过门槛进入门内，画面再度压平。北檐扶壁拱展开的扁长幅形象重重压下，成为画面顶部的舒展而严谨的边界，既与此前山门外观的水平观感呼应，又显出进入屋盖下内部空间的尺度感。此画面的两端各有三条斗拱，繁多的里跳汇于一处，形成强有力的收束，中央因此得到强调，同时对中央位置的描绘也毫不减弱，就是连续四跳相叠的心间补间铺作里跳。在此重压之下，前方一个略呈扁长（3：2）的洞口打开，观音阁就在眼前了。" ——丁垚，蓟县独乐寺山门 [M]，天津：天津大学出版社，2016：54，55.

14. 我粗略梳理了佛光寺大事记：

1) 北魏，孝文帝（471—499 在位）创建：路经佛光山，"佛光显现，瑞相万千"，建佛堂三间，以资供养，佛光寺由此得名。

2) 北魏，净土祖师昙鸾（476—542），"年十四，游五台山金刚窟，见易微，遂落发于佛光寺"。是"佛光寺乃至五台山第一位出家僧人，南北朝著名高僧，自号玄简大师，于佛光寺修行三十八年，梁大

理外，其山门空间营造亦特别精彩[13]，说明建筑本体之意匠对于理想空间营造的特殊作用和意义。

洛阳龙门石窟群，就像是无数尊大大小小的佛像端坐凝视的山房，佛即是人——无论宏大与渺小，精微与粗陋，都是一个个各自完整的生活世界（图4-41）。过去、现在、未来，不同时期的建造代表人的生活状态，并置于巨大的山体空间中，隔河岸而望之，整个石窟群与其所依存的山体一起，竟仿佛是宇宙和自然的一个巨型剖面（图4-42）。

佛光寺：现实胜境——一个现实理想空间营造范例

对比上述诸种，五台山佛光寺[14]则可称得上是意外之例。2014年11月，我曾赴五台山，归途中初访佛光寺；2017年11月，借由《建筑学报》组织的"八十年后再看佛光寺——当代建筑师的视角"学术研讨活

图4-40，人—神—众生共处之胜景／圣境：a.观音阁平座层空间意向草图，穿过正中高起的梁枋、打开的槅扇和凸出的平座，仿佛观音凝视众生，b.观音阁平座层空间，顺佛眼视线外望，c.下方的山门、中部的城镇、远处的佛塔

图4-41.洛阳龙门石窟，无数尊大大小小的佛像端坐凝视的山房

图4-42.洛阳龙门石窟及其草图，隔岸而望，整个石窟群与其所依存的山体一起，仿佛是宇宙和自然的一个巨型剖面

通（527—529）中，离开佛光寺，到南梁"。（张映莹，李彦，五台山佛光寺[M]，北京：文物出版社，2010：196.）

3）隋末至唐，解脱禅师，"华严宗先驱之一，奠定五台山华严学的实践基础，振兴佛光寺的中坚人物"（张映莹，李彦，五台山佛光寺[M]，北京：文物出版社，2010：196.）

4）"隐五台南佛光寺四十余年"，卒于唐高宗永徽中（650—655），一说永徽四年（653年），一说贞观十六年（642年）。

5）初唐，贞观中（627—649），明隐禅师"住佛光寺七年"，至永徽二年（651年）。

6）初唐，武则天麟德元年（664年）遣使向解脱遗骨供奉袈裟，皇子李显法号"佛光王"，即唐中宗（656年出生，683年即位，后遭废黜，705年复辟，另建二佛光寺于玄奘旧居地长安和天堂废墟洛阳）。

7）中唐，大历五年（770年），法照禅师"'到五台县见佛光寺南白光数道'，曾止住焉"。

8）中唐，法兴禅师"'七岁出家……来寻圣迹，乐止林泉，隶名佛光寺'……即修功德，建三层七间弥勒大阁，高九十五尺。尊像七十二位，圣贤八大龙王，罄从严饰。台山海众，异舌同辞，请充山门都焉……大和二年（828年）……入灭。'以师入寂年代推测，其建阁当在元和（806—820）长庆（821—824）间"，建解脱禅师塔（寺西北塔坪塔群之一）在唐长庆四年（824年）（距卒时隔170余年）。

9）唐中叶，绘敦煌壁画五台山图中有"大佛光之寺"（图中形象为阁），居显要地位。佛光寺颇为兴盛，寺中祥瑞，竟能远达长安，闻于宫闱。长庆元年（821年），"河东节度使裴度奏五台山佛光寺庆云现，文殊大士乘狮子于空中，从者万众。上遣使供万菩萨。是日复有庆云现于寺中"，此当为佛光寺所在山中天气擅有急变，云在雨雪时远看光影迷幻，雨后夕阳，云过便逝，"山如佛光华彩甚盛""至夏大发昱人眼口"。

10）晚唐武宗会昌五年（845年），灭佛，寺毁僧散，仅北魏遗物祖师塔幸存。

11）晚唐宣宗复法，重倡佛教。大中十一年（857年）高僧愿诚"重寻佛光寺，已从荒顿，发心次第新成"，

4-43

4-44

图 4-43. 佛光寺入口，"得谒佛光真容禅寺于豆村附近，咨嗟惊喜"
图 4-44. 佛光寺东大殿所在台地隐于山树之间，以至于关野贞在未赴现场调查的情况下，与佛寺失之交臂

动[15]，我有机会再次考察和体验佛光寺。

今人由北京至五台，可乘车快驶于高速公路，不过几个小时光景，无须像当年梁、林那样"乘驼骡入山"，但出高速再转入省道、县道而深入太行山中的"乡道"时，则同样的"峻路萦回，沿倚崖边，崎岖危隘，俯瞰田畴……"[16] 此种情形，经八十年来未曾改变，经历重重峰回路转之后，终于"得谒佛光真容禅寺于豆村附近，咨嗟惊喜"[17]（图 4-43）。

虽然佛光寺名声赫赫，乃"隋唐之后一大名刹"，但"寺院规模、伽蓝并不雄伟"[18]，佛光寺东大殿所在台地高狭且隐于山树之间，以至于当年在梁、林由敦煌壁画的启发终得此重大唐构发现之前，在独乐寺发现中占得先机的关野贞竟在未赴现场调查的情况下，仅注意了别人所拍摄照片中的佛光寺佛像和经幢，而与佛寺失之交臂（图 4-44）。

由照壁所对山门进入寺院，首先是一个敞阔的方正院落，左侧文殊殿颇为高大，右侧却无对称的殿堂，当为后世所毁，远处几层林木之后的高台之上，可见东大殿若隐若现的红墙、屋顶、正中的阑额棂窗、两翼翘起的转角飞檐和檐下的斗拱昂头（图 4-45）。

和京都长安女弟子宁公遇主持重建现存东大殿及殿内彩塑、壁画等，"美声洋洋，闻于帝听，飚驰圣旨，云降彩衣……光启三年……寂然长往，建塔于寺之西北一里也"。
12）金天会十五年（1137年），寺前院两侧建文殊、普贤二殿。
13）元至正十一年（1351年）补修文殊普贤殿顶，填配脊兽。
14）明清时期，重建天王殿、伽蓝殿、香风花雨楼、关帝殿、万善堂。明弘治年间（1488—1505），重装绘像壁画。
15）清末普贤殿毁。
16）民国初年，增筑窑洞和南北厢房，始成今日规模。
17）1937年6月30日至7月6日，中国营造学社梁、林、莫、纪一行四人发现佛光寺并确认唐构。
18）1953年，补修文殊殿。
19）1964年7月，罗哲文和孟繁兴发现大殿门板后唐人游览留言，确认大殿门板为中国现存最古木构大门（1100多年历史）。

此院尽端上十数步台阶，到达高出半层的小院落，此院面宽及进深都被大大压缩，两侧也是较低等级的寺房，似乎是为后续的空间做铺垫（图4-46）。

小院近端则是急速上升约10米的高台，需通过一个拱形窑洞式隧道，在其内颇为陡急的台阶上向前向上几乎爬行，过洞之后由暗转明，继续向上登行，抬头举目之间，东大殿的一线屋檐仿佛慢慢浮起在台阶上端尽头，随着台阶的上行，檐下的匾额、铺作、大门渐次浮现在眼前（图4-47、4-48）。

殿堂之前是双松和与东大殿同年代的陀罗尼经幢，以及由山坡一侧斩斫堆培而出的高台，高台南北阔长，可俯瞰整个佛光寺庭园和眺望西方的平原、层叠远山和夕阳霞光（图4-49）。

整整五个开间的殿门之内，由山石基岩开凿而出的中央佛坛之上，是以五组共三十余塑像群所构成的"华严因果圆融、弥漫无限时间与空间的'法界'"[19]——南北两端遥相呼应的文殊、普贤"二圣合体"，而中央主尊释迦牟尼，弥陀于其右，弥勒于其左，三尊主佛"以'十方三世一切佛'的意向视觉化了大乘佛理在空间、时间上无限延伸的维度"[20]（图4-50）。

4-45

4-46

4-47

4-48

图4-45. 由佛光寺山门可见几层林木之后的高台之上东大殿若隐若现的红墙、屋顶、阑额棂窗、转角飞檐和斗拱昂头

图4-46. 佛光寺高出前院半层的中间小院落，似乎是为后续的空间做铺垫

图4-47. 佛光寺东大殿前约10米的高台，在颇为陡急的台阶上向前向上几乎爬行，抬头举目之间，东大殿的一线屋檐仿佛在慢慢浮起

图4-48. 东大殿前高台上的双松和陀罗尼经幢

图4-49. 由东大殿前高台俯瞰整个佛光寺庭园和西方的平原、远山和夕阳

20）2007年4月20日，"发现佛光寺八十周年"特集研讨会。

21）2007年11月5日至6日，京津沪建筑学者参访"传统与现代"座谈会。

15.2017年11月5日，王骏阳提议并由黄居正、丁垚组织8位中国当代建筑师（王骏阳、柳亦春、张斌、李兴钢、董功、冯路、王辉、王方戟）赴佛光寺考察，作为梁思成带领中国营造学社考察队发现佛光寺80周年纪念活动的续篇，以更为开放和不拘一格的方式重新审视佛光寺这个在中国近现代建筑历史上具有偶像地位的建筑所具有的当代建筑学意义。考察组先后在佛光寺东大殿前南侧配房和同济大学举办两次座谈会并以特集方式发表8篇文章于第600期《建筑学报》。

16.梁思成.记五台山佛光寺建筑 [J].中国营造学社汇刊，1944，7(1)：14.

17.同16.

18.关野贞，常盘大定，支那佛教史迹评解 五 [M]，东京：佛教史迹研究会，1928：43，44.

19.任思捷.唐初五台山佛光寺的政治空间与宗教构建 [J].建筑学报，2017，No.585(06)：25.

20.同19，p24.

4·49

4-50

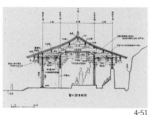

4-51

图 4-50. 东大殿整整五个开间的殿门之
内，由山石基岩开凿而出的中央佛坛之
上，是以五组共三十余塑像群所构成的
"华严因果圆融、弥漫无限时间与空间
的'法界'"

图 4-51. 东大殿横剖面图，东大殿的小方
格平闇天花，每跨各自对称，中央对应
佛坛的一跨高起，并明露层层出挑的四
卷头，支撑四椽栿于平闇之下，凸显了
佛像

东大殿内部进深三跨均作小方格平闇天花，每跨
各自对称，中央对应佛坛的一跨高起，并明露层层出
挑的四卷头，支撑四椽栿于平闇之下。对比奉国寺，
隐藏主要屋顶结构而施作天花应是更为高级的做法，
凸显了佛像（图 4-51）。这让我想起实地参观过的坂
本一成自宅 House SA，用吊顶掩藏精心设计的结构，
只为凸显家中的日常生活而非瞬间的视觉高潮（图
4-52），跟东大殿此处的做法有异曲同工之妙。

人作为空间体验主体与"公共的私密性"

对于"八十年后再看佛光寺——当代建筑师的视
角"学术研讨活动，我理解的重点在于"再看""当代"
和"建筑师的视角"；并且这一活动也提供了一个极
为珍贵的机会，与我当下关于"现实理想空间"的建
筑思考和实践紧密连接起来。因此对佛光寺的体验及
相关研究，我为自己设定了以下原则和前提：关注整
体空间营造而不止于建筑单体意匠，关注主体之体验
而非只是实体物质建造，关注自然要素与之交互作用
而不仅在人工之"物"的自明；人作为空间体验的主体，
同时关注对当代实践具有普适意义的一种"公共的私
密性"（图 4-53）。

由于佛光寺依山就势而建，而非如奉国寺或独乐
寺那样"平地起净土"，加之历史上格局及建筑的变
迁，在对整个空间的体验中，人所感受到的"自然性"

大大增强；而在这样空间环境和体验的反向作用下，现实中的"人性"也被大大增强了。同时，由于佛光寺的建设历程由僧人来此冥想坐禅而初始，斩山而成的佛坛之上也可以想象为面向西方修行冥想之人，而佛教的起源故事和义理也推崇人修而成佛，"众生平等"——人即佛，佛即人。这样的"佛光胜景"不仅感染了来自京津沪的建筑学人，也曾感染过80年前发现佛光寺的梁、林等人；被1080年前主事重修佛光寺的愿诚和尚感之动之，也曾被1300余年前开创此圣境的解脱和尚冥之想之。因此，在佛光寺的整体空间中，在自然、历史、环境等条件的作用下，人成为空间体验的主体，是非常突出的特征。

佛光寺无疑是一个公共空间，是众生前来朝拜和体验的空间，但它又因空间由外而内的营造，由外观至内观的视觉—精神引导，而获得每个体验者个人化的、私密性的静谧诗意，这是一种公共空间中的私密性，或者"外向的内向性"——人们在公共空间中加入某种公共活动的同时，获得属于个人的诗意体验。当代世界的特点之一是人们生活的公共性，人们的多数时间在公共场所度过，那么在当代公共生活及空间中，是否有可能寻求每个人所必需的平和与宁静？这是一个至关重要的问题，关系到人在公共空间中的精神需求，从理想空间营造的角度，也可以说是一个基本需求。人们在佛光寺所能体验到的个人与众生——"公共的

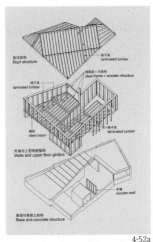

4-52a

4-52b

图 4-52. 坂本一成，House SA 结构轴测图及照片，用吊顶掩藏精心设计的结构

4-53

图 4-53. 人作为空间体验的主体与"公共的私密性"

4-54

4-55

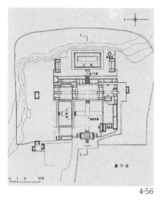

4-56

图 4-54. 佛光寺在佛光山中的位置

图 4-55. 佛光寺全景（卢绳先生绘水彩画，20 世纪 70 年代）

图 4-56. 佛光寺总平面图

私密性"，无疑是对当代空间营造具有启发性的答案。

2017 年 11 月 5 日的这次再访佛光寺，使我有一种类似"顿悟"的强烈体验——佛光寺几乎可以成为我一直在探寻的"现实理想空间"营造范式的实体样本。

佛光寺五点空间范式性启示 [21]

佛光寺的经验给我提供了如下具有某种空间范式性的启示：

选址和方位决定圣境 / 胜景

位于五台东北 30 公里佛光山中的佛光寺，"东南北三面峰峦环抱，惟西向朗阔"[22]，西面地势低下开阔，寺宇因势而建，高低层叠，坐东向西，院落三重，分建于梯田式台基之上（图 4-54、4-55、4-56）。1380 年前，初唐台山最具盛名的解脱和尚，选择在此地栖止，斩山堆培高台（"广台"）[23]，坐禅习定，向西面对远山夕阳云雾雨雪冥想禅修，四十余年间追随者慕名而来，后来的佛光寺东大殿内群像佛坛应该就建在禅师坐定之处（图 4-57）。此为入野外修行的场地，加入者先有中唐法兴禅师建造三层七间 95 尺高之弥勒大阁，毁后又借原基施建东大殿[24]及整个山林禅寺（图 4-58）。虽并非如奉国寺那样典型的"净土世界"之完整营造，

21. 本节主旨内容曾发表于：李兴钢. 佛光寺的启示——一种现实理想空间范式 [J]. 建筑学报，2018，No. 600(09): 28-33.

22. 梁思成. 记五台山佛光寺建筑 [J]. 中国营造学社汇刊，1944，7(1): 17-21.

23. "广台"的说法出自梁思成在《记五台山佛光寺建筑》"佛光寺概略——现状与寺史"中对正殿之基的描述："窑后地势陡起，依山筑墙成广台，高约十二三公尺，即为正殿之基……广台甚高，殿之立面，惟在台上可得全貌。"参见：梁思成. 记五台山佛光寺建筑 [J]. 中国营造学社汇刊，1944，7(1): 17.

24. 本文从梁思成之见，以大殿为利用佛阁旧基建立。见梁思成. 记五台山佛光寺建筑 [J]. 中国营造学社汇刊，1944，7(1): 17-21. 但关于旧时佛阁与今日大殿的位置关系，傅熹年的观点是："大阁三层七间，必然是位于寺内中轴线上的主体建筑物，就寺内地形判断，其位置很可能是在中层台地的中央，阁

但这一独特的风水形势造就无可比拟的人间胜景——背靠青山，立于高台，两翼山林地形夹峙，坐东面西，遥观落日远山——"山如佛光"[25]，其神圣诗意犹应胜于抽象的净土"法界"（图4-59）。"座位"的重要性毋庸置疑，不仅指代人的座位面向，也指空间的坐落与方位，乃"风水形势"[26]之最要义者（图4-60）。

由全凭人力转为交互自然

义县奉国寺辽构大殿中佛像与其所在空间象征的净土世界，是整个空间体验的高潮和终点；蓟县独乐寺空间体验的高潮和终点则是观音阁的"主人"——观音巨像的双眼视线延伸，向着平铺而深远的"众生"所在的城市生活空间景观；而对照之下，五台山佛光寺经由前序空间的过程酝酿和积累，抵达广台之上的东大殿及其内部空间，众塑像所代表的弥漫无限时间与空间的视觉化"法界"[27]，是类似奉国寺大殿和观音阁中的"人工胜景"，然而不止于此，这一人工胜景与西方远山夕阳所代表的"自然胜景"延伸结合，因由平闇天花及"消失的前廊"[28]所形成的界面衬托、强化、引导，获得真正的时空深远、无尽延伸的"神圣"诗意，我称之为人工与自然一体的"交互胜景"（图

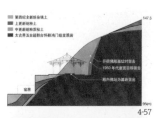

4-57

4-58

4-59

图4-57. 佛光寺东大殿基础之地质状况，解脱和尚选择此地栖止并斩山堆培高台
图4-58. 敦煌莫高窟第61窟西壁五代五台山图大佛光之寺，其间有三层七间95尺高之弥勒大阁
图4-59. 佛光寺东大殿背靠青山，立于高台，两翼山林地形夹峙，坐东面西，遥观落日远山

4-60a

4-60b

图4-60. 佛光寺组群及剖面草图，空间的坐落与方位乃"风水形势"之最要义者

的背后即是上层台地的挡土墙"。参见：傅熹年，中国古代建筑史[M]，北京：中国建筑工业出版社，2001：495，496。
25."山如佛光"，出自《续高僧传》二十一卷对高僧释解脱的记载："释解脱。姓邢。台山夹川人……隐五台南佛光山寺四十余年，今犹故堂十余见在。山如佛光华彩甚盛，至夏大发昱人眼口。"参见：释道宣，续高僧传[M]，上海：上海书店出版社，1989。
26. 王其亨：风水形势说和古代中国建筑外部空间设计探析 // 王其亨等，风水理论研究[M]，天津：天津大学出版社，2005：141。
27. 任思捷. 唐初五台山佛光寺的政治空间与宗教构建[J]. 建筑学报，2017, No. 585(06): 25.
28.2014年6月21日，丁垚于有方空间讲座《佛光寺五点》，以"远视的女建筑家""没有穹顶""七朱八白""消失的前廊""斩断绿崖"等五点概括其对佛光寺的认识与思考。

4-61

图 4-61. 佛光寺东大殿内西望，人工与自然一体的交互胜景

4-61），并且此刻的体验主体已由"佛"转而为"人"——人与宇宙时空合为一体。正如丁垚所言："斩断的绿崖：中国最古老的大建筑，就坐落在太古宙的岩石上，人造物千年的时间尺度，与十亿量级的地质年代相比，几乎可以忽略不计。但建筑却因为承载与见证了无数有名与无名的人的生命，而对每个前来感受的新生命具有无限的感染力，更以其斩断绿崖的坐落，将这种生命的呼应导向建筑所在的五台山南陲的造化胜景，想象不朽。" [29]

梁、林 1937 年发现并记载于《记五台山佛光寺建筑》（分两期发表在《中国营造学社汇刊》，1944—1945 年）的，乃是其《中国建筑史》绪论所述之建筑中"实物结构技术上之取法及发展者" [30]，对应的应是上述之"人工胜景"，而上述之"交互胜景"，则应对应梁思成《中国建筑史》绪论之谓建筑中"缘于环境思想之趋向者" [31]，因为真正的"环境思想"，是将实物结构技术与自然环境高度交互结合之结果，此乃古已有之的思想和营造模式，仍需转化于当代人的生活空间的营造。深受西方建筑教育影响的梁思成先生，意识中或许是两者独立且两分的，当年在佛光寺考察的第六天，众人围坐，庆祝东大殿之发现而在殿前高台晚餐，应该也会领略到此处的夕阳胜景，然而晚饭仅是晚饭，夕阳亦仅为夕阳，此景此情，并未记载于考察报告乃至其中"记游"一节，也许是艰苦匆忙中的疏漏，又

29. 同 28。
30. 梁思成，中国建筑史 [M]，北京：生活·读书·新知三联书店，2011: 2.

或许是希望突出主要的惊世发现，总之在文献写作中几乎是与"缘于环境思想之趋向者"擦身而过了。

建筑意匠强化深远空间

东大殿中，中央一跨对应佛坛的平闇天花及下方明露的梁枋对称而抬升，佛坛前后方（西东）两跨和左右两侧的平闇天花及下方梁枋亦是各自对称但低于中央，天花遮挡了上部以中脊对称的大殿整体屋顶结构。其设置和做法的重要意义是：不仅凸显了塑像，而且改变了空间的格局感受——大殿似乎由一个整体的大空间转而为由高起的中央佛坛空间与环绕四周的廊道两组独立空间组合而成（图4-62）；同时由于佛坛南北狭长而具有明确的方向性，佛坛东侧为佛像背侧，而左右后（东）三侧台阶式分布如林的像群而使空间收窄，更加突出了朝西的面向（图4-63）。如此当我们想象主尊或修佛者座位于主跨空间内的佛坛之上，视线首先越过面前（西）一跨空间，随之打开的殿门，随之门前高台，随之双松，随之经幢，随之高台下方两重庭院、建筑、树木，随之山门，随之门前影壁及其之下河谷平原、村庄，随之重重远山和云雾夕阳——如此层层愈深愈远的不尽空间。这深远不尽的空间之始，是佛坛面前的廊式空间，形成空间的前景、界面和过白，框景入画，这一处建筑意匠至为重要，因为它高度强化了深远之胜景、空间之诗意（图

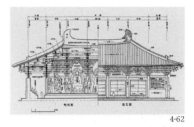

4-62

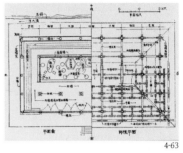

4-63

图4-62. 东大殿纵剖面图，平闇天花改变了空间的格局感受，大殿似乎由一个整体的大空间转而为由高起的中央佛坛空间与环绕四周的廊道两组独立空间组合而成
图4-63. 东大殿平面图，左右后（东）三侧台阶式分布如林的像群而使空间收窄，更加突出了朝西的面向

4-64

图4-64. 佛光寺东大殿内西望，佛坛面前的廊式空间形成空间的前景、界面和过白，框景入画，高度强化了深远之胜景

31. 梁思成，中国建筑史 [M]，北京：生活·读书·新知三联书店，2011: 2.

图 4-65. 漫游之一：穿山越岭抵达寺庙，穿越的过程

图 4-66. 沉浸之一：寺庙内的参访体验

图 4-67. 漫游之二：由山门经过树丛、经幢，穿越庭院、窑洞，登上层层平台，抵达高台的经历

图 4-68. 沉浸之二：在东大殿内的参拜瞻仰

4-64）。建筑意匠可以"几何"代表，空间深远则可以"胜景"形容，"几何"的要义在于营造庇护空间的同时，强化"胜景"。借用造园的语汇，前者是为"体宜"，后者则藉"因借"。

漫游与沉浸并重之空间叙事

游者穿山越岭抵达寺庙，穿越的过程是"漫游"（图 4-65），寺庙内的参访体验是"沉浸"（图 4-66）；游者由山门经过树丛、经幢，穿越庭院、窑洞，登上层层平台，抵达高台上的东大殿，高台之前的经历是"漫游"（图 4-67），而在东大殿内的参拜瞻仰是"沉浸"（图 4-68）；特别是经历上述一切之后，众人在高台之上、松涛之下，聆听耳畔诵读，观想西山夕阳胜景（图 4-69），通感千年历史浮沉，岁月变迁而山河依然——由深远空间转为长久时间继而领悟生命之道，是"出神入化"[32]，是最高等级的"沉浸"，是无可比拟、难以描述的空间诗意（图 4-70）。漫游与沉浸，都需要人身心一体地投入，都需要对周围景物、环境的敏锐感知与抵达体验。漫游是沉浸的前序和后序，沉浸是漫游的停顿和节点，最后的沉浸是整个漫游的高潮和终点。因此，在整体的空间叙事中，漫游和沉浸相互依赖、彼此互成，漫游与沉浸并重，才能构成层次递进、生动而完整的空间叙事。人在这一特定情境的时刻和状态，包含了空间和时间、物质与诗意、自然与情感，

32. 董豫赣. 出神入化 化境八章（一）[J]. 时代建筑，2008, No. 102(04): 101-105.
33. 见前文：理想建筑——"晋东南五点"和"蔚县五点"中"二、全息的诗题"。

可以通过"全息的诗题（品题）"向他者和后人传递，是在通常的建筑语言、图像语言之外，一种人工营造与表达的可能性³³（图 4-71）。

由竖向崇高转为平向深远

"法兴禅师'七岁出家……来寻圣迹，乐止林泉，隶名佛光寺……即修功德，建三层七间弥勒大阁，高九十五尺。尊像七十二位，圣贤八大龙王，罄从严饰。台山海众，异舌同辞，请充山门都焉……大和二年（828年）……入灭'。以师入寂年代推测，其建阁当在元和（806—820 年）长庆（821—824 年）间"³⁴。东大殿建成（857 年）之前 30 余年，法兴禅师建阁于同一斩山岩台，"所谓'已从荒顿，发心次第新成'，则今日之单层七间佛殿，必为师就弥勒大阁旧址建立者。就全寺而言，惟今日佛殿所在适于建阁，且间数均为七间，其利用旧基，更属可能"³⁵。想象台上之阁为独乐寺观音阁，可得逼近现实之印象（因观音阁虽三层五间，形制上则与敦煌壁画净土图中"所见建筑之相似也……乃结构制度，仍属唐式之自然结果"，而佛光寺之阁同在敦煌壁画之中——"敦煌石室壁画五台山图中有'大佛光之寺'。寺当时即得描影于数千里沙漠之外，其为唐代五台名刹，于此亦可征矣"³⁶，因此用独乐观音阁想象佛光弥勒大阁，并非虚妄）。法兴之阁立山岩，人需登高拜谒佛祖，无论形象抑或空间给人如观音大阁一

图 4-69. 在高台之上、松涛之下，聆听耳畔诵读，观想西山夕阳胜景
图 4-70. "山如佛光"：最高等级的"沉浸"，是无可比拟、难以描述的空间诗意

图 4-71. "佛光真容禅寺"匾，"全息的诗题（品题）"

34. 梁思成 . 记五台山佛光寺建筑 [J]. 中国营造学社汇刊 , 1944, 7(1): 17-21.
35. 同 34。
36. 同 34。

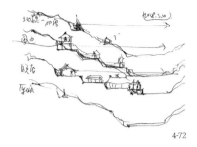

4-72

图 4-72. 佛光寺自然场地与建筑组群剖面的历史变迁想象示意草图

4-73

图 4-73. 敦煌莫高窟第 148 窟壁画净土经变（局部），东大殿与敦煌壁画净土变相中的殿宇极为相似，形象及空间已转向平缓深远之感

样竖向崇高之感（图 4-72），而后世愿诚之东大殿，则"踞于高台之上，俯临庭院……屋顶坡度缓和，广檐翼出，全部庞大豪迈之象，与敦煌壁画净土变相中的殿宇极为相似"[37]，形象及空间已转向平缓深远之感（图 4-73）。

奉国寺的空间是水平渐高延伸，到大雄殿佛像而止，象征"净土世界"的进入和体验流程；独乐寺的空间是先水平延伸至观音阁垂直向上，由"俗世"转为"圣域"，再由观音的目光水平外望俯瞰城市"众生"；佛光寺的空间则一路向东，先经两重庭院渐高延伸之深远，转而陡然上升至广台之高远，再由佛坛回转向西原野远山之平远——由竖向崇高转为平向深远，使众生不止于佛界理想天国的意象，而且于现实自然之中获得更为深刻而诗意的生命体验（图 4-74）。

对比辽构奉国寺大殿内塑像上方的"彻上露明造"，佛光寺东大殿塑像群上方的平闇天花进一步阻止空间向上升腾之态，而转向水平延伸之势。后来的独乐寺观音阁观音像上方周围亦是与佛光寺相似的平闇天花，但正中凸起一个藻井小穹顶（被梁思成疑为后加）[38]，强调了偶像，却损失了真正的"高级"——平闇引导下向自然胜景的延伸。而佛光寺核心空间"如林塑像"的横长展开、面西排列的布局方式，加强了视线和空间的水平延伸之感（图 4-75）。"七朱八白"是载于北宋官修《营造法式》的建筑彩画形式，丁垚团队在佛光寺大殿发现的标准"帝

37. 同 34。

38. 梁思成认为，独乐寺观音阁"当心间像顶之上，做'斗八藻井'，其'橡'尤小，交作三角小格，与他部颇不调谐。是否原形尚待考"。——梁思成. 独乐寺专号 [J]. 中国营造学社汇刊, 1932, 3(2): 71.

国样式"——"七朱八白"，是间断线，无始终而具横向感，强化了一种水平向无限延伸的效果。

"工作之初，因木料新饰土朱，未见梁底有字，颇急于确知其建造年代……徽因素病远视，独见'女弟子宁公遇'之名……殿之年代于此得征。"[39] 在1937年盛夏偕与梁思成等人考察佛光寺的过程中，林徽因站在佛坛上识别出大殿梁底淡淡墨迹的女子名字，这是将佛殿定位到唐代的关键。——由近视、仰视而平视、远视，才有了更大价值的发现，此固为笑谈，但佛光寺的空间叙事和体验确如前所述，先由深远、高远，而后转为无限延伸的平远胜景。

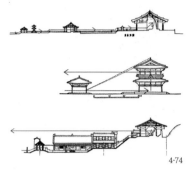

图4-74. 奉国寺、独乐寺及佛光寺（由上至下）的建筑群体空间体验中的竖向崇高与平向深远

"代田的町家"、《繁花》：平常胜景与日常诗意

对比佛光寺所营造出的"神圣诗意"，人们在现实的日常生活中，则更需要一种"日常诗意"。

"代田的町家"是日本建筑师坂本一成"家型"时期的重要作品，窄长的两层体量占据两条街道之间竖长条的用地，双坡屋顶形式，两个山墙面端部临街，是典型的日本町家式住宅，近乎封闭的灰色钛锌板横纹错缝外墙，朴素的开窗和钢网卷帘车库门，外观看去，几乎隐身于周围的民居之中，毫不起眼（图4-76）。由车库进入住宅，迎面是一个庭院，视线越过一片一米多高的矮墙，穿过庭院和通长落地窗，隐约看到起居室内，但外亮内暗看

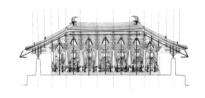

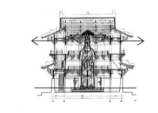

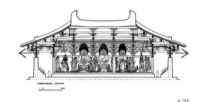

图4-75. 奉国寺大殿、独乐寺观音阁与佛光寺东大殿（由上至下）的佛像空间塑造，由竖向崇高转为平向深远

---

39. 梁思成. 记五台山佛光寺建筑 [J]. 中国营造学社汇刊, 1944, 7(1): 17-21.

图 4-76. 代田的町家，外露于其中一条街
道的端部山墙

图 4-77. 代田的町家（a. 由车库进入住宅，
b. 车库迎面的矮墙、庭院和后面的起居室，
c. 穿过庭院和通长落地窗隐约看到起居
室内，d. 由左首凹龛处的入户门进入，
e. 通过走廊一样的空间和沿墙的木台）

不清楚。由左首凹龛处的入户门进入，转右前行，通过走廊一样的空间，沿墙一长溜木台，空间半明半暗。走道尽头，空间略放宽，再右转一门，进入空间高耸的起居室。对门的木质台面可由墙面翻下，由圆钢挑出支撑，结构简约精巧，是著名家具设计师大桥晃朗的作品。打开起居室落地长窗一侧的推拉玻璃门，才发现长窗被压在一个几乎与人等高的水平挑檐之下，对面是那道隔邻车库的矮墙，却在庭院一侧形成一处室外长椅，靠背（即矮墙）两端与邻接的墙体各脱开约十厘米的缝隙，使得长椅的形体在庭院中独立凸显出来，宁静庭院中的长椅沐浴在阳光中，背对街道而坐，透过压低的长窗，面向起居室的幽深处。起居室是一个非常深长的空间，加上两层通高的高度，可以说是这套住宅中的中心和王者，一层的厨房比邻，二层的三个居室也通过门洞上方的窗洞与此通连，在此可感知家中所有家庭成员的存在和交流。竖向排列木板条的涂白墙面和水平的白色吊顶加强了这个公共空间的抽象感，仿佛是另一个庭院。起居室的最深处，一墙之隔就是町家另一端的外面街道了，又有一处被水平挑檐压低的墙，其下方悬挑出一片与庭院长椅差不多同高的通长混凝土板，作为长椅座位，上铺舒适的坐垫和靠垫（图 4-77）。

在这条室内长椅上坐下，目光越过仿佛飘浮在半空中的薄薄的大桥晃朗木桌面，穿过整个幽深高大的起居室，透过压低的通长落地窗，看到阳光明亮的庭院和其中的室外长椅，再越过长椅矮墙和被压低压暗的车库，最后空间再次明亮起来，那便是来时一端的街道了，可以看到不时走过的行人，听到邻居偶尔的断续的说话声音，使得身在此端的空间，感受格外幽深、静谧，仿佛世间的所有一切，均在主人的眼中。此座上方有一通长大窗，逆光之下，越发显得下面的座位空间幽暗神秘——闭门即深山，隔岸坐观戏。桌面、长窗、庭院、长椅、车库、街道行人、邻居住宅，"隔了又隔"，近景、中景、远景，内观家中平常生活，外借都市日常情景，坂本先生在这个町家的此处，营造了极致的静谧深远之景（图4-78）。而在日常起居中，提供这一可凝视景象的此处室内长椅，可称得上是这个家中的"王座"，整个家乃至整个世界，都在他的眼前和心中。访者们惊奇地发现，可以由二层和室内一角的一扇小推拉门，下到"王座"上方那片水平的挑檐，并透过挑檐上面邻街的大窗，看到街道的行人，甚至可以和走过的邻居攀谈几句。这样的场景，既有莫名的仪式感，又有如此的居家生活感（图4-79）。

对应平常所说的起居室、主人房、走廊、庭院，这个住宅分别以主室、室、间室、外室作为房间的命名，并且这些房间以"并列串联"的方式组合在一起，以消除"等级感"。庭院即应是"外室"，有三根连梁暴露于庭院一层的高度，应少结构作用而表明其乃"室"而非"院"，与打开的车库之"室"一起，带来对城市和自然的"开放性"，并因被串联于轴线之

4-78

4-79

图4-78. 代田的町家，坐在室内长椅，目光依次看到桌面、长窗、庭院、长椅、车库、街道行人、邻居住宅，制造极致的静谧深远之景

图4-79. 代田的町家，起居室的最深处一墙之隔是町家另一端的外面街道，透过"王座"上方的水平挑檐上面的邻街的大窗，可以和走过的邻居攀谈

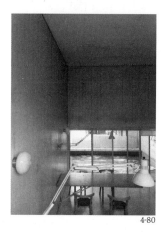

4-80

图4-80. 代田的町家，"日常的诗学"

图 4-81. 岐阜县高山市吉岛家住宅，框架木梁与格子纸障——宏大高拔的象征性空间与平易深远的日常性空间暧昧并置

4-82

4-83a

4-83b

图 4-82. 岐阜县高山市日下部家住宅，开门见山、惊心动魄，而后温语绵绵、层叠不尽

图 4-83. 日下部家住宅，"街巷"或者"广场"一样的空间和宅居、园庭，既融合又隔分

上，大大增加了空间的变化和景深，极显匠心。犹如"日常剧场"一样的空间，"代田的町家"是以"家型"为概念的"回避特殊性表现"的普通建筑[40]，诚然它是如此朴素而节制，但普通建筑中平常家居生活的日常都市风景，却因他的匠心经营，给人如此动人的体验和印象，这大概就是他所说的"日常的诗学"[41]（图 4-80）。

同样是日本传统"町家"住宅，在被筱原一男称之为"这才是建筑"的建筑——吉岛家住宅和日下部家住宅（位于岐阜县高山市）中，框架木梁与格子纸障——宏大高拔的象征性空间与平易深远的日常性空间暧昧并置（图 4-81）；出乎意料的叙事——开门见山、惊心动魄，而后温语绵绵、层叠不尽（图 4-82）；喧嚣与静谧共存——像是一个极小的城市，有"街巷"或者"广场"一样的空间，和宅居、园庭既融合又隔分（图 4-83）。

金宇澄的小说《繁花》中有两处描写：

"沪生经过静安寺菜市场，听见有人招呼，沪生一看，是陶陶……陶陶说，进来嘛，进来看风景。沪生勉强走进摊位……两个人坐进躺椅，看芳妹的背影，婷婷离开……陶陶说，此地风景多好，外面亮，棚里暗，躺椅比较低，以逸待劳，我有依靠，笃定……此刻，斜对面有一个女子，低眉而来，三十多岁，施施然，轻摇莲步……女子不响，靠近了摊前。此刻，沪生像

40. 郭屹民，建筑的诗学：对话·坂本一成的思考 [M]，南京：东南大学出版社，2011: 136.
41. 李兴钢，闭门即深山：代田的町家参观记 // 坂本一成，郭屹民，反高潮的诗学：坂本一成的建筑 [M]，上海：同济大学出版社，2015: 48-53.

是坐进包厢，面前灯光十足，女人的头发，每一根发亮，一双似醒非醒丹凤目，落定蟹桶上面……"[42]（图4-84）

4-84a

"阿宝十岁，邻居蓓蒂六岁。两个人从假三层爬上屋顶，瓦片温热，眼里是半个卢湾区，前面香山路，东面复兴公园，东面偏北，看见祖父独幢洋房一角，西面后方，皋兰路尼古拉斯东正教堂，三十年代俄侨建立，据说是纪念苏维埃处决的沙皇，尼古拉二世，打雷闪电阶段，阴森可惧，太阳底下，比较养眼。蓓蒂拉紧阿宝，小身体靠紧，头发飞舞。东南风一劲，听见黄浦江船鸣，圆号宽广的嗡嗡声，抚慰少年人胸怀……"[43]（图4-85）

4-84b

这两段文字生动地描绘出现实的日常市井生活，在经历某种过程之后，人在特定空间体验到的一种"平常胜景"。

4-85a

在从佛光寺回京后的某个凌晨，我豁然感知到一种领悟：唐代五台山区域的古佛光寺、日本传统京都与当代东京町家住宅、当代上海小说《繁花》这三组不同领域、地域和时代的作品在我内心呈现出相似的共鸣：空间的场所感、格局安排、叙事性、人的身体和心灵的安放所产生的愉悦和诗意，彼时彼刻，我与它们背后的作者在思想层面产生了契合。

4-85b

图4-84. 金宇澄，《繁花》插图（a. 记忆中的生活地图，b. 日常空间中领略"市井胜景"）
图4-85. 金宇澄，《繁花》插图（a. 上海老弄堂民居生活空间剖视，b."瓦片温热，黄浦江船鸣"，屋顶的"上海胜景"）

42. 金宇澄，繁花 [M]，上海：上海文艺出版社，2015: 1-2.
43. 同42，p13.

4-86

图 4-86. 康，草图，"静谧与光明"

"静谧与喧嚣"：空间之诗意[44]

20 世纪 60 年代末，路易斯·I·康将他一直念念不忘的"形式与设计""规律与规则""信仰与手段""存在与表达"转换为一个神秘的公式："静谧与光明"[45]。前者是"什么"（what），后者是"怎么"（how）。他称尚未存在的、不可度量的事物为"静谧"，已经存在的、可度量的事物为"光明"。"静谧"与"光明"之间有一道门槛，被他称为"阴影之宝库"，建筑就存在于这个门槛处，是可度量与不可度量之物的结合（图 4-86）。建筑师的工作应该始于对不可度量的领悟，经由可度量的手段、工具设计和建造，最后完成的建筑物又能生发出不可度量的气质，将我们带回到最初的领悟之中。在一体化的"静谧与光明"之上，是"秩序"（order）。它不只属于已经存在的事物，也属于尚未存在的事物，存在于事物的"起源"（origins）。这种起源性的事物不仅曾经发生在过去，也时时刻刻发生在现在乃至未来。康以两种方式触及秩序。一种是直接询问，就如著名的"砖，你想成为什么？"另一种是以自己内在的直觉探寻起源——康所深受影响的布扎教育的核心是一个假说：我们的文化之所以能够稳固，是因为拥有古典基础[46]——最后他从古罗马的遗迹中得到了包含超越时间之秩序的康氏建筑语言。

康说，"建筑源于原室空间的创造（Architecture

---

44. 本节主旨内容曾发表于：李兴钢，静谧与喧嚣 [M]，北京：中国建筑工业出版社，2015：9-10.
45. 戴维·B·布朗宁，戴维·G·德·龙，路易斯·I·康：在建筑的王国中 [M]，马琴，译，北京：中国建筑工业出版社，2004：204.

is from the making of a room）"，他的"原室"草图中清晰地画出两个对坐者身旁的开窗以及窗外的风景，并在下面的文字中注明，"没有自然光的房间不能被称为房间；一位伟大的美国诗人曾问建筑师，你的房子拥有怎样的一缕阳光？当光线进入你的房间时就像是在说，直到光线照到建筑的侧面，太阳才知道它的伟大（A room is not a room without natural light. A great American poet once asked the architect : What slice of the sun does your building have? What light enters your room as if to say the sun never knew how great it is until it struck the side of a building）（图 4-87）。

图 4-87. 康，草图，"建筑源自原室空间的创造"

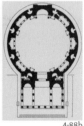

4-88a　　　4-88b

图 4-88. 罗马万神庙及其平面图

康的"静谧与光明"是一种有关于物的思辨性的哲学，在物体之上精心设置的开口引入卓越的光线照亮空间，形成阳光与阴影的画面，明暗交界处即是那个神秘的"门槛"，其原型可说是罗马万神庙（图 4-88）。它的不可度量之物是一种由纪念性和神圣感构成的精神性，一种身处教堂类空间中的感动。

我定义的"静谧与喧嚣"，则是一种空间性的营造。由外至内，营造出一个象征性的场所。它所带给人的，并非是纪念性和神圣感，而是由深远延伸的空间感，转化为生命体悟的精神性，只有经历这样的过程、在这样的空间中才可体验。此"内外"，既是空间的内外，更是心境的内外；而此"空间"，也早已不是通常所

46. 约翰·罗贝尔，静谧与光明：路易·康的建筑精神 [M]，成寒，译，北京：清华大学出版社，2010：74.

图 4-89. 瞬时桃花源，"静谧与喧嚣"是一种空间性的营造——由外至内营造出一个象征性的场所

图 4-90. 瞬时桃花源，树亭，一个自然与人工共存交互的世界

图 4-91. 瞬时桃花源，台阁内部外望，置身于那些由"阴影"所围合的空间，明暗俱存，是一种静谧的诗意之所在

说的建筑中的狭义"空间"（图 4-89）。

因此，我心中的"静谧"，不同于接近不可言说的哲学性描述，它是一个包含可度量与不可度量之物的完整世界；是以空间的方式，引导人进入会神的凝视思考与宁静的自我存在；最重要的是，它不再只关注于物，而是将自然容纳，并成为这个特殊"空间"不可分割的组成部分，一个自然与人工共存交互的世界（图 4-90）。

它犹如《桃花源记》的描述，山重水复、蜿蜒曲折、柳暗花明之中，人被引导进入一处充满诗意、令人神往的胜景之中。

当我们凝视或者置身于那些由"阴影"所围合的空间，丰富、暧昧、神秘，明暗俱存，是一种静谧的诗意之所在（图 4-91）。然而静谧世界的获得其实离不开外界的喧嚣，有外才有内，内因外而存，外因内而在，内外相反而相成，世界因这样的对仗而呈现。那么，这样的世界将如何被具体地营造出来呢？

"房"—"山"：交互之诗意 [47]

在以上的思考语境之下，究竟何者（what）以及如何（how）才是最为合适的"可度量之物"？让我们"前进到起源"，这是刘家琨说过的话 [48]，其实也是康追问事物和空间的起源与本质时的自问自答。

古人咏画山水者，莫不游历雄山大川，藏画意诗

47. 本节主旨内容曾发表于：李兴钢，静谧与喧嚣 [M]. 北京：中国建筑工业出版社，2015：13-15.

情于心胸，返家而闭门咏诗作画造园也。亲临真实山水的一手感受更具有本质性，才能真正理解那些画中的笔墨皴法、园中的模山范水，真正体会那些义理、构造、山形、水势、意境和诗意的原点和来源。几乎所有的中国山水画都有这样三个要素：人（行者、雅士）、房子（坡顶草庐）、山（水）（图4-92）。它们构成被欣赏的景，一景一世界，每一幅山水都是一个包含"行、望、居、游"理想生活模式的完整缩微世界。

图 4-92. 倪瓒，《安处斋图》（局部），人（行者、雅士）、房子（坡顶草庐）、山（水）构成包含"行、望、居、游"理想生活模式的完整缩微世界

所"望"者，山也，对象物 / 景也。

所"居"者，房也，界面也。

"行游"者，叙事也。

启示来自起源。在过去、现在及未来的工作中，要而言之，我持续关注并营造两样几乎在任何现实条件下都可作为原型存在的东西："房"与"山"。由"人与景"到"房与山"。房，代表人工之物，山，代表自然之物，两者都是可度量之物，两者在空间中的互动相成，将人导向不可度量的静谧胜景之境界。

那么，什么样的"房"？ 什么样的"山"？——如何使"可度量之物"既清晰可控并进行人工化的操作，又兼具模糊暧昧乃至于矛盾费解，从而能更精确地表达"不可度量之物"？

"房"：单元性或整体性结构之下具有自然感的人工建筑，庇护、容纳人的日常生活。

"房"的形式类型可大体分为平、坡两种。平

48. 刘家琨，此时此地 [M]，北京：中国建筑工业出版社，2002：15.

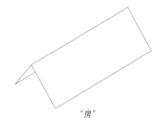

"房"

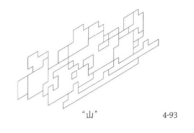

"山"   4-93

图 4-93. "山—房"示意图：
"房"，代表具有自然感的人工之物，庇护、容纳人的日常生活
"山"，代表与人工相对仗的"自然"之物，是人行望感发、触景生情的对象

图 4-94. 理想中的"山""房"最终一体，超越人工之物和自然之物，成为半自然半人工的世界   4-94

顶建筑具有强烈的人工感，提供水平性的取景界面，并可作为活动平台，安置重要的主体"座位"；坡顶或者类坡顶建筑具有形式、空间及结构本身的丰富特性及可能性，同时因其屋面及结构可作为近景（roof-scape，structure-scape）或者界面，可形成更为深远的空间层次，引导出"自然"为主题对象物的"胜景"，在俯瞰仰观之间，天然地携带着超越时间和地域的文化基因。"房"作为人造物，恰当的营造可使之同时具有一种"自然性"，就像木和陶土一样，"象征着远古的自然的平静"，可以自造成景。

"山"：与人工建筑相对仗的所有"自然"事物，是人行望感发、触景生情的对象。

"山"，首先是真实的自然水山，其次是凿池堆叠的"假水假山"，最后是人工构造的模拟自然之物，但都具有"空间性"的特征，并显现出多样的可能性：从可行望的人工景物到可居游的建筑乃至超级城市，或者景物与建筑两者的"综合体"（图 4-93）。

或者营"山"，或者造"房"。无论"山"与"房"，都须提供纯自然元素（诸如土、木、草、苔、石、水）存留与生长蔓延的位置与空间，山水地木和建筑构件都是空间的必要组成要素，理想中的"山""房"最终一体，超越人工之物和自然之物，成为半自然半人工的世界（图 4-94）。例如斯里兰卡丹布拉的几处异景：建在狮子岩平台之上的宫殿（图 4-95），巨大岩壁之下的石窟寺（图 4-96）以及巴瓦的杰出作品——建筑与山林融为一体的坎达拉玛遗产酒店（图 4-97 ）。

　　"房"的平面、屋面——水平界面，立面、剖面——垂直界面，结构、透视——空间界面，以及三者的组合，都可形成引导与捕获景的界面。甚至可以像巴瓦在他的卢努甘卡庄园那样，将一个人造之物（大陶水罐）点入自然之景，也可算是一种特殊的点状界面（图4-98 ）。

　　"山"作为对景、借景与造景——或者因借已存的自然之景，或者自造一个模拟自然之景，这是基于两种不同现实条件的空间景象构造。

　　"房"与"山"，亦即"界面—景"之组构关系的不断形成和序列转换，可大可小，组合变化，形成连续的叙事过程，最终抵达静谧而悠远的时空胜景。

　　"房"与"山"，并非各自独立存在，而应相互组合、对仗互动，即人工与自然的交互——达到高度交互的状态被人所体验和感知，将可产生作用于人的诗意情境（胜景）。

　　"房"与"山"所构成的原型及其组合，可以涵盖从城市、聚落、住居、建筑、园庭乃至高层和覆土建筑等近乎全面的类型。不同的几何 / 结构 / 形式 / 功能，大小不同的基本单体，可以形成系统化、规模化的定制和营造，聚合而成满足不同生活需求的一个个完整世界。

4-95

4-96

4-97

图 4-95. 斯里兰卡，丹布拉锡吉里耶古城
图 4-96. 斯里兰卡，丹布拉，巨大岩壁之下的石窟寺
图 4-97. 斯里兰卡，丹布拉，坎达拉玛遗产酒店

图 4-98. 卢努甘卡庄园，自然之景中的陶质水缸

4-98

4-99a

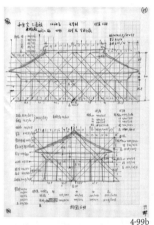

4-99b

4-99c

图 4-99. 新模度：
a. 柯布西耶，模度
b. 陈明达，永乐宫三清殿材分制度与模数研究
c. 乐高 2 号，暗示一种随空间体验而不断变化的尺度系列——"新模度"的可能性

新模度 [49]

在现实理想空间的构造和经营中，身在"空间"之中间离的主体之"我"无极变化，其对应的"世界"也可大可小——小至丝毫发际，大至形势宇宙。这意味着不同级别和类型上的尺度控制：摆件/盆景、室内、房屋/庭院、群组/园林、聚落、城市/山水。或许可以引入一种"新模度"（图 4-99），例如变化的模数网格，或者类似势之千尺、形之百尺、丈、尺、材、度、寸、分、厘、丝、毫——随人的空间体验而不断变化的尺度系列。[50] 这也将同时意味着一种对视野景象的尺度化营造和控制。景有近、中、远者，制造出空间的层次，而中国山水中的"三远"则实质上是不同尺度与站点的空间：高远，应是身体空间；深远，则是群体空间；平远，可称得上是宇宙空间，是空间和景象的最高潮，是最为深远不尽的"胜景"空间。

无论如何，这一系列化的尺度经营，都是与体验者的身体参与和意念想象密切关联的。这个"新模度"的几何成为"身体几何"，即同时是一种"主观"的几何，而非仅是上帝视角的"客观"几何。当然，这样的模度系统，亦应高度地融合渗透到与建筑的场地、空间、结构、形式乃至建造的种种关系之中。

---

49. 本节主旨内容曾发表于：李兴钢，静谧与喧嚣[M]，北京：中国建筑工业出版社，2015：15-16.
50. 中国古代的尺度系统，其标准取自人体并主要以十进制推衍形成："布指知寸，布手知尺，舒肘知寻，十寻而索。"（《大戴礼记·主言》）"步始于足，足率长十寸，十寸则尺，一跃三尺，再跃则步。"（《风俗通》）"尺，十寸也，人手却十分动脉为寸口，十寸为尺……周制寸、尺、咫、寻、常、仞诸度量，皆以人体为法。"（《说文解字》）"人形一丈，正形也。"（《论衡·气寿篇》）"其察色也，不过墨丈寻常之间。五尺为墨，倍墨为丈。"（《国语·周语》）"丈六尺曰常，半常曰寻。"（东汉郑玄注《礼仪·公食大夫礼》）"丈室可容身。"（白居易《秋居书怀》）"适形而正。"（董仲舒《春秋繁露》）在古代中国，以人体为基准的几、筵、席、阶、雉、堵、稆、车舆等器物的尺度，也被广泛用于室内空间设计，并由合于人体尺度并具有亲切感的室内空间尺度为基础，推衍为大型建筑和建筑组群外部空间以至城市规划设计尺度的模数体系，形成相应的制度，如由尺而丈（10尺），

此种新模度系统，与中国传统营造体系所具备的特征相类似，可以天然地适应当代大规模工业化体系的预制装配式建造需求。

4-100a

身临其境：一种古而新的"现实理想空间营造范式"[51]

至此，由理想世界、理想居所、理想建筑（"晋东南五点"+"蔚县五点"）、理想聚落到理想城市，由园林"三境界"到佛光寺体验所获得的具有空间范式性的五种启示，由人间的仙境再现到现实胜境，由特定空间体验的"神圣诗意"到日常生活空间体验的"平常诗意"，由静谧与喧嚣之空间诗意到"房—山"之交互诗意，共同提示着某种可以共享共通的、系统性的空间营造范式。这一范式可系统性地归纳为：风水形势，人作天工，结构场域，叙事空间，胜景情境。（图 4-100）

4-100b

4-100c

一、风水形势[52]："理想空间"的选址、布局与对所在"自然"环境（地理、气候、地质、人文、历史等条件乃至建成环境）的综合分析判断密切关联、相辅相成，并关联于场所感的营造，其中主体空间的

4-100d

4-100e

图 4-100."现实理想空间营造范式"：
a. 风水形势，易县清西陵草图
b. 人作天工，洛阳龙门石窟草图
c. 结构场域，新城县开善寺草图
d. 叙事空间，蔚县山体前序草图
e. 胜景情境，五台山佛光寺草图

再而百尺（10×10尺）、千尺（10×10×10尺），还有"百室""百堵""百丈"之类，记载于《周礼》《逸周书》《考工记》等典籍。"远近间三席，可以问。席制广三尺三寸三分之一，三席则函一丈，可以指画而问也。"（唐孔颖达疏《礼记·文王世子》）"宅以一丈之地以为内。"（《论衡·别通篇》）"环堵之室。堵，长一丈，高一丈；面环一堵，为方一丈，故曰环堵。"（东汉高诱注《淮南子·原道训》）"宫室得其度。"（《礼记·哀公问》）参见：王其亨：风水形势说和古代中国建筑外部空间设计探析 // 王其亨等. 风水理论研究[M]. 天津：天津大学出版社，2005：140-154.

51. 本节主旨内容曾分别发表于：李兴钢. 佛光寺的启示——一种现实理想空间范式[J]. 建筑学报，2018, No.600(09): 28-33. 李兴钢. 身临其境，胜景几何"微缩北京"/大院胡同28号改造[J]. 时代建筑，2018, No.162(04): 85.

52."风水"一词最早见于晋朝郭璞，"气乘风则散，界水则止。古人聚之使不散，行之使有止，故坐落与方位、朝向至关重要； 远势近形，大与小、群体与个体、总体与局部、轮廓与细节的综合把控，"驻远势以环形，聚巧形而展势"。"于大者远者之中求其小者近者，于小者近者之外求其远者大者，势形胥得。"形与势相辅相成、相互转化，并予人动静不同、丰富生动的视觉感受。

二、人作天工：人造的实物结构与多种"自然"要素的高度交互结合，互动互成。人工与自然模糊界限，相互衍生、转化为"自然化的人工"和"人工化的自然"，并升华为环境中新的生命"造化"。城市、乡村、建筑、园庭的一体化结构与全地景性聚落营造。

三、结构场域：建筑的结构、空间、形式之间基于几何逻辑和人（使用者或体验者）的身体状态互动、衍化与匹配，营造建筑的独特气质、精神和动人的空间氛围；结构／空间单元水平或垂直的分解组合，明暗、虚实、大小、高下等建筑及空间意匠的推敲、营造与呈现；形成对于"胜景"的引导性或框定性空间界面，强化人的空间体验与诗意感知；人作为主体（身体与意念）参与下系列的尺度经营及对视野景象的尺度化营造——新模度系统；对于设计、建造、使用、维护具有特殊价值的预制装配式建造体系。

谓之风水"，为五术之一的相术中的相地之术，即临场校察地理的方法，叫地相，古代称堪舆术，是用来进行宫殿及村落选址、墓地建设等的方法及原则。清人丁芮朴《风水祛惑》："风水之术，大抵不出形势、方位两家。言形势者，今谓之峦体；言方位者，今谓之理气。唐宋时人，各有宗派授受。"形势宗（环境学派），其理论是"负阴抱阳""山环水抱必有气""觅龙（主山脉—大环境的地理形势）、察砂（土壤资料——农业及左右山砂护脉聚气的形势）、点穴（寻觅主要地区）、观水（水源及不积水）、取向（阳光阴影、气流方向——适宜居住）"等古典地理五科。理气宗（术数哲学）主张"人因宅而立，宅因人而存，人宅相扶，感应天地"，注重方位朝向和布局，主要的操作方法是依照元运，选择房屋最佳定位以及屋内动线。历史上有名的风水家都是同时精通形势与理气两派理论，并能融会贯通地使用。

四、叙事空间："疏密得宜、曲折尽致"——对于空间和景象的深远动人之体验，被不断串联起来并层层展现出来；以空间的方式，引导人经历"外部"的喧嚣，进入"内部"的会神凝视思考与宁静的自我存在之中；人工之物与自然之物不断交互转换，形成连续的叙事过程，而在这一整体的过程中，"漫游"与"沉浸"的状态相互依赖互成，构成层次递进、生动而完整的空间叙事。

五、胜景情境：视看胜景，最高等级的"沉浸"。一种身心沉浸于人工与自然共存交互而成的充满时间感、空间感、生命感的深远无尽空间，给人（体验主体）所带来的高度诗意状态——由深远空间转为长久时间继而领悟生命之道的"出神入化"，营造人与宇宙时空合为一体的静谧而悠远的时空胜境，一个包含"可度量"与"不可度量"之物的完整世界；以人类学的视角，感知、营造和影响芸芸众生在特定时空中的理想存在状态和生命情境；以当代方式将人文性赋予"自然"中的建筑，洞穿时空，浓缩、点化建筑的价值与人性。

上述"五点原则"所形成的有机整体，可被称之为一种"现实理想空间营造范式"，即通过空间的筹

"远为势，近为形；势言其大者，形言其小者。……势可远观，形须近察。……千尺为势，百尺为形。形者势之居积，势者形之崇。形以势得。无形而势，势之突兀；无势而形，形之诡式。驻形势以环形，聚巧形而展势。精神（形）、气概（势），以见其远近大小之不同……臻于妙也。形势之相异也，远近行止之不同，心目之大观也。于大者远者之中求其小者近者，于小者近者之外求其远者大者，则势与形胥得之也。"（《管氏地理指蒙》，郭璞《古本藏经·内篇》）形具有近观、小的、个体性、局部性、细节性的空间构成及视觉感受意义；势具有远观、大的、群体性、总体性、轮廓性的空间构成及视觉感受意义，形与势相反相成、相互转化。形与势对应近观与远观，具有静态的时空特征，而由近及远或由远及近时介乎远近两极之间的中观，具有强烈的动态变化特征，即势与形的时空转换，生动有致而又连续不断。参见：王其亨等，风水理论研究[M]，天津：天津大学出版社，2005：140-154.

划布局和位置经营、结构／空间单元的组合与叠加，以叙事的方式引人入胜，以人工性及物质性的建筑意匠，营造自然性及精神性的诗意生活空间，从而实现适应当代现实中人之生存和生活的理想空间。这一范式可推而广之，无论古今，无论地域，无论人的行、居、作、乐，无论城市、建筑、园林、聚落，无论宏大叙事抑或日常生活，广泛地作用于空间的营造之中。

在我心目中，这一"现实理想空间营造范式"强调建筑的空间营造对当下人类"严峻现实"和"多样现实"中的介入和针对性；并特别强调人作为空间体验的主体，可以更为形象而具体地概括为"身临其境"。身者，身心一体也；临者，漫游而接近登临也；境者，沉浸于情景胜境也——强调人的身体经历时间和空间的过程，而抵达现场、获得特定情境并沉浸其中的时刻和状态。"身临其境"，并非只是让建筑和空间成为一种人们可以视看和体验的诗意画面及景象，更为强调的是，由人工的营造和"自然"的状态交互而成的情境，给现实中的人们带来具有当代性的诗意生存和生活。

这一"现实理想空间营造范式"可说是自古有之，弥古而新。在中国的文化艺术创作传统中，有"形、象、意"之论[53]：使用／观看于建筑之形，漫游感受建筑／空间之象，起兴诗意于自然／空间之意。真正具备文明高度的空间必然是人与物、人工与自然互动相成而创造出来，人对于时间、空间之感源自对造物和自然的领悟，诗意的通感是人直接感受自然并起兴的结果，来自人与大自然的一体之感。由此可见理想空间中人对于物象、意境的使用、体验和诗意兴起的重要性，更可见理想空间中人工与自然交互的重要性——生命（人）与时空（宇宙）一体之感由此生发。

"自然"，在空间营造、使用体验、精神兴发的整个过程中的关键性作用，在"身临其境"的理想空间营造范式中，是如此重要而不可或缺。

我们由此可以看到一种可能联结悠久之传统、当代之现实与不可见之未来的建筑学图景。

---

53. "形、象、意是物之三德。凡自然界之物皆有此三德……资于物之形以为用，游于物之象，兴于物之意" "一切日常人事与器具诸艺亦莫不依于大自然之意志与息，资于物之形而游于物之象，兴于物之意，故可以之为礼，而有人世" "宇宙万物与人，是大自然的意志与息所创造" "不是物生于时空，而是时空生于物" "而感则可人与大自然是一体之感，大自然有兴，人亦有兴"。参见：胡兰成，中国的礼乐风景 [M]，北京：中国长安出版社，2013：120-134.

作

面向当下现实的理想实践

　　"瞬时桃花源"作为"现实理想空间营造范式"的一个特定场所的在地实验；以此作为延伸，面对更为多样的当代现实"理想实践"中，则囊括了缩微城市、叙事园庭、框界自然、 都市聚落、单元群落、结构场域、筑房拟山、宅园一体、废墟自然、山林馆舍这十个主题，这些实践呈现出面对不同的人工与自然关系状态的条件下所进行的多样实践与结果，并可以总结出五种共性设计策略：建筑介入地景、人工交互自然、结构 / 空间单元、叙事引导体验、日常诗意与都市胜景。

当代现实中的"理想实验"： "瞬时桃花源"[1]

　　"瞬时桃花源"，作为参加南京大学—剑桥大学

---

1. 本节主旨内容曾发表于：李兴钢. 瞬时桃花源 [J]. 建筑学报, 2015, No.566(11): 38, 39.

2. 格物 | 设计研究工作营由鲁安东、冯路、窦平平召集，2015 年 7 月由南京大学 - 剑桥大学建筑与城市研究中心（CNRCAU）主办，旨在促进设计研究在中国的发展。工作营的成果于 2016 年秋季在伦敦展览，由英国皇家建筑师协会（RIBA）协办；由工作营成果引申的当代中国设计研究研讨会于 2016 年秋季在剑桥举行，由剑桥大学建筑系协办。建筑学国际前沿期刊 Architectural Design（AD）为此推出专辑 "Design Research in the Developing Context". 格物工作营要求每一位受邀的建筑师和学者对建筑有独特立场和长期思考，并且能够用启示性或反思性的形式对自己的思考进行表达和投射。格物工作营精心选择并邀请了十位在建筑历史、理论、实践、批评等领域具有代表性，其思考能够超越具体工作形式的人物——丁垚、冯江、冯路、郭屹民、李兴钢、鲁安东、唐克扬、张利、张斌、周凌，他们出生于 1968—1978 年，能够充分呈现中国新一代建筑学人在理论与实践上的深度和广度、张力与潜力。本次工作营选取了南京老城南的花露岗地段作为场地，场地内有水体、坡地、明代城墙、清代园林、墓葬、寺庙、近代工厂、人防工程、学校和民居，它在城市变迁中呈现出时而清晰时而模糊的状态。

3. 嵇康（224—263，一作 223—262），字叔夜，谯国铚县（今安徽省濉溪县）人，三国时期曹魏思

建筑与城市研究中心发起的"格物 | 设计研究工作营"的设计研究实施项目[2]，聚焦长期以来的设计研究主题——"现实理想空间营造"（"胜景几何"），是一次基于当代现实的研究性、在地性"理想实验"。

南京花露岗地段的历史最早可以追溯到差不多两千年前，可从南京最早的城市记载开始。沧海桑田，伴随着历史上各个时代城市的发展，发生过很多变迁和故事：嵇康与竹林七贤[3]、李白与凤凰台[4]、朱元璋与明城墙[5]、金陵四十景之"凤台秋月"[6]……直到今天这样纷繁复杂、多元共存的状态——安逸的园林、喧闹的市井，香火旺盛的寺庙、拆迁荒废的民宅，仿造的古建、废弃的厂房，古老的城墙见证着尘封的历史，

5-1

图 5-1. 台阁与城市背景（李兴钢摄）

想家、音乐家、文学家。嵇康与阮籍、山涛、向秀、刘伶、王戎及阮咸共七位竹林名士共倡玄学新风，主张"越名教而任自然""审贵贱而通物情"，嵇康为"竹林七贤"的精神领袖。南京花露岗地区现存有嵇康衣冠冢。

4. 李白《登金陵凤凰台》：凤凰台上凤凰游，凤去台空江自流。吴宫花草埋幽径，晋代衣冠成古丘。三山半落青天外，二水中分白鹭洲。总为浮云能蔽日，长安不见使人愁。

5. 南京明城墙整体包括明朝时期修筑的宫城、皇城、京城和外郭城四重城墙，现多指保存完好的京城城墙，是世界最长、规模最大、保存原真性最好的古代城垣，现完整保存 25.1 公里。南京明城墙始建于朱元璋下令开始兴建皇城和扩建应天府城的 1366 年（元至正二十六年，即明朝建国的前两年），全部完工于 1393 年（明洪武二十六年），约 3.5 亿块城砖，历时达 28 年。其营造一改以往都城城墙取方形或矩形的旧制，在六朝建康城的基础上，根据南京山脉、水系的走向筑城。得山川之利，空江湖之势，南以外秦淮河为天然护城河，东有钟山为依托，北有后湖为屏障，西纳山丘入城内，形成独具防御特色的立体军事要塞。其中京城城墙蜿蜒盘桓 35.3 公里，是世界第一大城垣，而京城之外的外郭城墙更是超过 60 公里，为世界历史之最。

6. 朱之蕃，金陵四十景图像诗咏 [M]，南京：南京出版社，2012.

图 5-2. 总体轴测

5-3

图 5-3. 经由喧闹的市井和荒废的民宅，曲折尽致
中，来到一片"桃花源"（李兴钢摄）

林立的高楼脚下漫野的荒草麦田，其实只是大规模开发建设之前暂时的风景。这个地段可以说是整个南京特别是老城区发展变迁的缩影，甚至是典型的当代中国城市景象的标本，这也是一个建筑师要面对的活生生的当下现实（图5-1、5-2）。建筑师第一次来到现场时，一种强烈的超现实之感油然而生；而同时又由那市井到荒野的转合，感受并想象到一种强烈的空间诗意，几乎是迫切想要把这种诗意营造并强化、展现出来，映射于当代的中国现实。

人人都处在深刻的现实之中。"桃花源"的现场必须从一片"现实"中穿越，才能到达，没有那些"现实"，也就没有这个"桃花源"。建筑师试图用自己的方式，来凸显这些"现实"所面临的挑战和矛盾，希望调动起整个场地的历史和现状能量，营造现实中所蕴含的一个理想中的美好世界。

南京，变迁中的老城南一隅。经由喧闹的集庆路，转至鸣羊街，依次经过胡家花园、古瓦官寺和一片未经使用的仿古建筑，周围越来越多城南民宅的残垣断壁，脚下的羊肠小路变得杂草丛生。伴随着犬吠虫鸣，城市的喧嚣渐渐消失，曲折尽致中，一个转身——人们来到一片"桃花源"（图5-3）。

四组小建筑——"台阁""树亭""墙廊"和"山塔"，结合场地中的台地、孤树、水池、废弃厂房、城墙以及大片的荒草麦田而建，依次呈现于眼前，使人们达到一种静谧之境——与纷乱的城市现状对话，

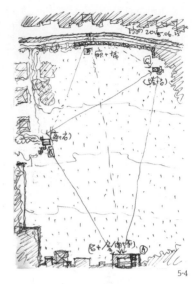

5-4

图 5-4. 总平面草图（李兴钢绘）
图 5-5. 台阁内望向远处的城墙（李兴钢摄）

与场地尘封的历史对话（图5-4）。"它们瞬间的介入，使得诗意浮现，使得永固显形"[7]。

"台阁"，下台上阁，"台"是废弃厂房的台基，"阁"则以施工脚手架形成结构骨架，以黑色的半透明遮阳网布形成围护和屋顶，具有极致的临时感和当代性，台与阁相互依存而生（图5-5、5-6）。与"台阁"相似又不同，"树亭"于场地中荒芜的池边孤树之旁建亭（图5-7），"墙廊"则与长出荒草砖石斑驳的明城墙平行建廊，"山塔"虽是自造"山石"与高塔（图5-8），但登高可与城墙之外的大报恩寺遗迹上的新塔遥相呼应。废弃的台基、荒芜的水池、孤立的大树、沧桑的城墙、寺庙遗迹乃至整个荒草麦田中的苍凉场地都可视为一种"废墟自然"，新建的阁、亭、廊、塔与之共生互存（图5-9）。台阁望远，树亭小憩，墙廊穿行，山塔登眺，人们的身体和精神，在与阔大而寂寥的场所空间之互动中，获得一种久违的诗意情境。

基于脚手架快速施工及拆除的可能性，通过不同的连接和叠加方式，形成阁、亭、廊、塔等建筑"类型化"的结构和空间骨架；而市井常见的遮阳网布又赋予必要的覆盖和围护，形成与坡屋顶形式的似是而非的对话。脚手架与人的尺度关联，以及遮阳网布特有的半透明视觉特性，则赋予这组建筑与体验者之间密切、生动而微妙的身体关联。总计102组标准脚手架和600多平方米遮阳网布的结合，意在通过一种"正

图5-6.台阁、树亭、山塔、墙廊构思草图
（李兴钢绘）

7.柳亦春微信评语。

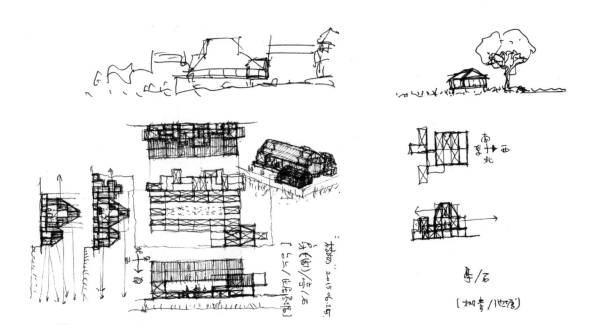

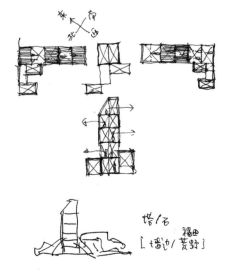

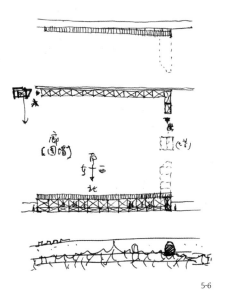

5-7

图 5-7. 西北侧望向台阁及远处的城墙
（孙海霆摄）

5-8

图 5-8. 城墙上俯瞰场地中的树亭、山塔和墙廊
（孙海霆摄）

在建造中"的临时感，映射当前的社会时代特征和城市的快速建造状态；更希望借由这两种人们最为不屑一顾的粗鄙而临时性的建造材料，超越其材料物性和通常市井"美"的限制，营造出一种场地的、内在的"空间诗意"。

标准脚手架的使用，是李兴钢工作室"乐高"系列装置（后文介绍）的建筑化延续和拓展，其中的乐高元素向着人体尺度并进行空间化发展，是一种"新模度"的尝试：意即在不同规模、尺度的建筑及空间中，基于人的身体尺度而构成的模数化控制性工具和手段，并与建筑的空间、结构、形式、材料、建造特别是人的体验密切结合。

这是短时间实施的研究性和实验性项目，也是短暂存在的临时性建筑。施工耗时四天，留存时间不足一个月。拆除那天，南京烈日当空，仅用了不到五个小时四组建筑就已拆解完毕，脚手门架、斜撑、钢板、网布、坐垫以及扎带分别码放，拍照记录并分别保存(图5-10)。最后一辆货车开走的时候，场地又回到了一个月前：巍然耸立的沧桑城墙、颓败倾圮的民房废墟、蔓延疯长的荒草麦田。好像什么都没有发生过一样。

对于这片场地两千年的历史来说，这个"桃花源"不过是一个极为短暂的瞬间，并很快将成为茫茫世界中了无痕迹的记忆——但究竟什么才是持久的存在，什么只是瞬时的云烟？

作为"现实理想空间营造范式"的一个在地实验，

图 5-9. 池塘和孤树旁的树亭
（李兴钢摄）

"瞬时桃花源"是对"空间诗意"的探寻，一种对"房—山"（人工之物—自然之物）这一由山水画式而启发的设计语言的尝试，以及一种基于身体尺度的"新模度"系统之可能性的思考。在南京古老城墙的见证下，这既是一个瞬时存在的"桃花源"，也是一种时代和生活的再建、再现和再见。

当代现实中的"理想实践"

以"瞬时桃花源"为延伸，面对更多样的当代现实"理想实践"，包括了缩微城市、叙事园庭、框界自然、都市聚落、单元群落、结构场域、筑房拟山、宅园一体、废墟自然、山林馆舍十个主题。需要说明的是，项目与主题的对应关系是相对的而非绝对的，某个主题中所列项目只是较为突出体现本主题，而其他主题下所列其他项目也有可能体现了本主题，或者本主题也在其他项目中有所体现。甚至可以说，所有项目对所有主题都有体现，因为它们背后的核心思考是共享的、贯通的。

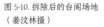
图 5-10. 拆除后的台阁场地
（姜汶林摄）

5-10

缩微城市

"城市"与"建筑"同构、复合及其概念和空间之转化。

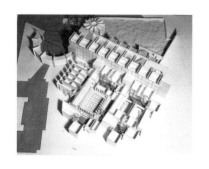

总体模型
（华人学者聚会中心）

华人学者聚会中心：我的本科毕业设计，探讨并设计了"街—庭—堂"这一中国古典城市建筑中具有原型意义的空间模型，并试图以现代建筑语言再现这一系列化的空间关系。中国的传统城市由街道串联起一个个的合院空间而构成，而合院中"堂"和"庭"的空间组合，即"堂前有庭"，是中国人的宇宙哲学和文化精神在生活空间中的独特体现，同时网格式的空间结构也包容着生长更新的可能性。

"街"——"街厅"是建筑中具有最强的公共性和多义性的空间，可以容纳最为丰富的人的活动（表演、聚会、展览等），并具有多样的建筑空间构成要素（台阶、坡道、平台、桥廊），顶部大面积天窗以及由此而来的天空和光线强化了"街"的空间特征，暗示着"街道"的存在，而其中联系上下空间的坡道则是上升的"街道"；"庭—堂"——"街厅"两侧联系着几组"合院"以及由此形成的各种各样不同高度的开敞或半开敞乃至封闭的庭院空间，同时"庭""堂"空间也由古典的平面组成关系向垂直方向发展；建筑外立面好像是由一个个独立的矩形体块水平、垂直组合而成，体块的透明与封闭的变化反映着其内部"庭"空间的变化生成情况，甚至有的体块被抽空，形成了可以窥见建筑内部的平台，合院中安排了建筑的各种主要使用功能，穿越在"合院"中的纵横交错的一道道"游廊"，也像北京城市中特有的"胡同"，纷繁往复，给这个不大的建筑增加了城市般的丰富感，又带来了城市必需的秩序感；"间"——矩形体块的这种重复性实际上隐含了中国古典建筑的基本组合单位即"间"的特征，"间"的另一个特征是通用性，可以容纳似乎无所不包的功能，并且可以在建筑结构、空间、体型不变的条件下进行功能的调整与互换。它是一个建筑，但它更具有城市的特征，或者说，它便是一个"建筑化的城市"。值得回味的是，在"街厅"的一侧，也即当年模仿的"迈耶式坡道"一侧，设计了一个有山坡的花园，似乎在暗示十几年后我的兴趣由中国的城市和庭院建筑转向园林。

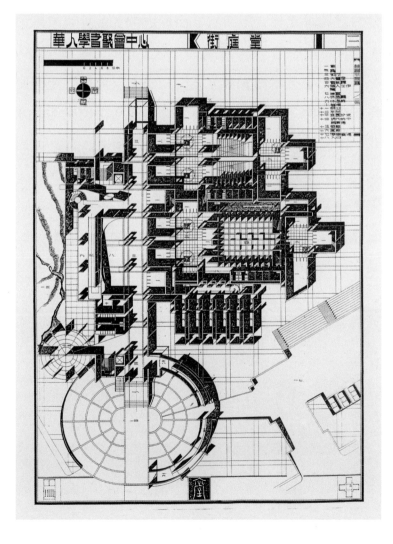

首层平面图
（华人学者聚会中心，李兴钢绘）

学校内部的"街道"空间
（北京兴涛学校，张广源摄）

总体模型
（北京大兴区文化中心）

总体模型
（湖北省艺术馆竞赛方案）

北京兴涛学校和北京兴涛会馆，是华人学者聚会中心在工程项目中的试验和实践，兴涛会馆的施工图设计已完成但因故未能建成。

北京大兴区文化中心，仍然延续了"矩阵式合院组合"的思路，由于其分期建设和功能构成的复杂性，这个建筑所呈现的状态更加接近一个逐步生成、秩序与变化相混杂的微缩城市，并且通过外部重点公共空间的处理，与现实的城市空间及人们的活动发生了切实而有效的关联。

中国海关博物馆，使用了一种具有通用性和重复性的空间单元体，不断组合而形成带有某种城市感的空间和建筑形态，可以视其为一种立体的"间"的语言。

湖北省艺术馆竞赛方案，采用了以弯折贯通的内街所联结的几个庭院来组织和进入不同功能空间的方式，因而具有一种"城市"的特征，而其外部形态则呈现为一个整体完型的建筑体量和连续的临街界面，实现对基地有力的控制，并结合功能、空间、形态、肌理和色彩的过渡和渐变，表达一种称之为"楚器"的、具有当代性的建筑物体感。

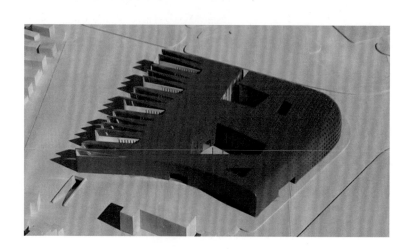

重复的单元体屋面与远处的城市
（中国海关博物馆，李兴钢摄）

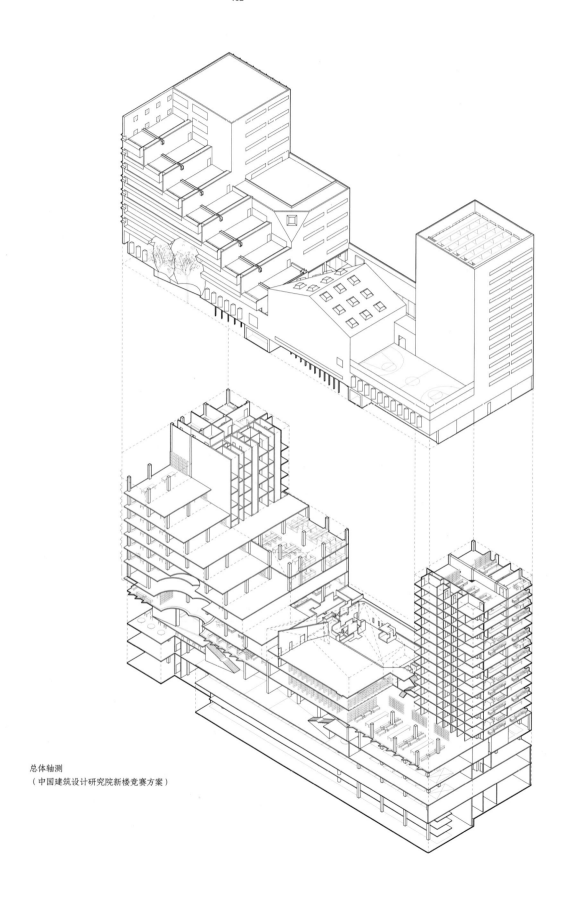

总体轴测
（中国建筑设计研究院新楼竞赛方案）

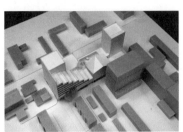

左：总体模型，"剖面式"的东立面
（中国建筑设计研究院新楼竞赛方案）
右：环境模型及前期草图
（中国建筑设计研究院新楼竞赛方案）

中国建筑设计研究院新楼（创新科研示范中心）竞赛方案，在严苛的日照计算得到的极限体量条件下，以群组化的方式，形成了"都市聚落缩微模型"的形态空间意象。建筑由不同高度、样态的建筑单体和庭院、平台、运动场地组合于一个浮起的"模型底盘"之上，是一种当代版的城市与建筑的复合体；表现建筑施工剖面详图的"剖面式"立面设计，展示建筑物本身的构成逻辑和丰富的内部活动，同时也以上述种种方式表达出建筑设计者的工作内容和职业特征。

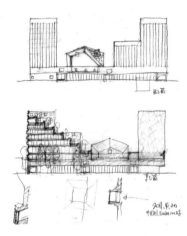

中国国学中心国际竞赛方案，在内部空间中沿着中轴逐渐抬升的步道，设置四组具有礼仪性和文化含义的序列化"中庭"空间，串联组合各项功能，而外部则呈现出完型而自由的形态，表达其当代性和建筑的单体性特征。国学中心的第二轮竞赛方案，在此基础上更加强化了中国传统城市空间营造的原则——"礼乐相成"，强调一种秩序与自由、等级规范与自然欲望的互动相成。

前期草图
（中国国学中心国际竞赛方案，李兴钢绘）

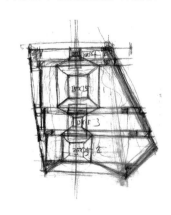

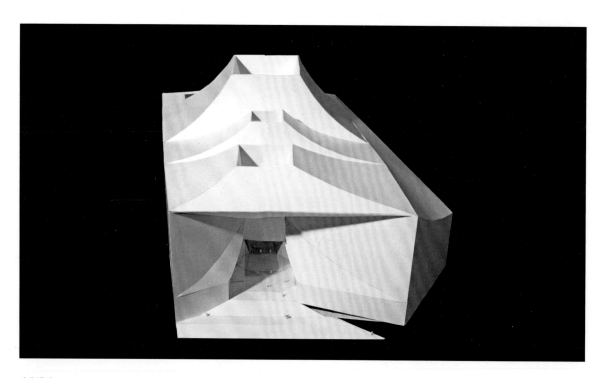

总体模型
（中国国学中心国际竞赛方案第一轮）

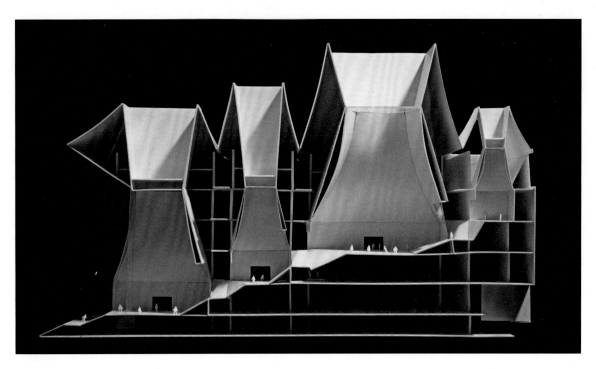

剖切模型
（中国国学中心国际竞赛方案第一轮）

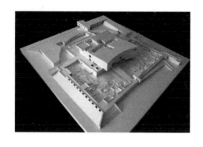

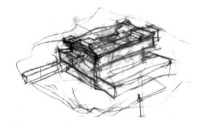

上：总体模型
（商丘博物馆）
下："城压城"的空间结构草图
（商丘博物馆，李兴钢绘）

商丘博物馆：第一个把"微缩城市"意图落地实施的项目，以现存归德古城为代表的黄泛古城形制为蓝本，转化为新建筑的内外空间构成，并借由堤台景观营造回游路径，空间内外观游一体，使这一建筑成为"城—筑—园"的混合体。

商丘位于海河平原和淮河平原之间的黄河冲积平原，地势低平，长久以来形成了典型的"居高筑台、城墙护堤、蓄水坑塘"的洪涝适应性景观和城镇形态。商丘博物馆位于商丘西南城市新区，收藏、陈列和展示商丘的历代文物、城市沿革和中国商文化历史。博物馆主体由三层上下叠加的展厅组成，周围环以景观水面和庭院，水面和庭院之外是层层叠落的景观台地和更外围高起的堤台（下面设室外展廊），文物、业务和办公用房组成 L 形体量，设置于西北角堤台之上，设南、北、东、西四门。建筑的整体布局和空间序列是对以商丘归德古城为代表的黄泛区古城池典型形制和特征的呼应与再现，博物馆犹如一座微缩的古城。上下叠层的建筑主体喻示"城压城"的古城考古埋层结构，也体现自下而上、由古至今的陈列布局。城堤、城墙、城桥、城门、十字街道、台地水面，都有建筑化的特定空间与处理手法相对应，并如同有效运作的城市一样，统合为有机合理的整体。参观者由面向阏伯路的大台阶和坡道登临堤台，沿引桥由中部序言厅凌水入"城"，自下而上沿坡道陆续参观各个展厅，最后到达屋顶平台，由建筑各角不同方向的眺望台与著名古迹——阏伯台、归德古城、隋唐大运河码头遗址等遥遥相望，怀古思今。周围下沉式景观台地对文物现场发掘的模拟，使得建筑主体犹如是被发掘出来的；古象形文"商"字的含义是"高台上的子姓族人"，博物馆所形成的层层高起的堤岸、平台和其之上的参观者组合成为"高台上的子姓族人"意象，真正再现"商"字的古老渊源，将历史和当下绝妙地关联为一体。

上：东南鸟瞰
（商丘博物馆，夏至摄）
下：室内"十字街道"空间及连续的坡道
（商丘博物馆，夏至摄）
后页：南侧堤台、下沉庭院和入口引桥
（商丘博物馆，夏至摄）

左：归德古城航拍图及现状用地
（商丘博物馆）
右：总体轴测
（商丘博物馆）

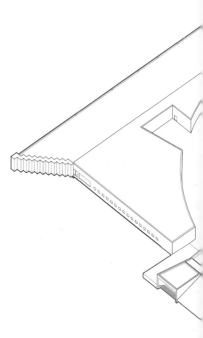

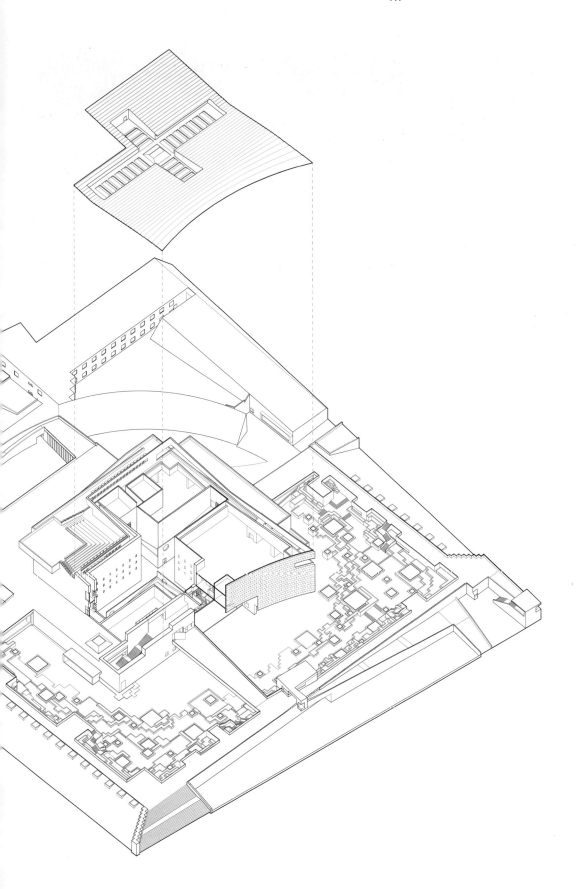

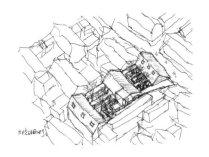

左：前期草图
（大院胡同 28 号改造项目，李兴钢绘）
右：总体模型
（大院胡同 28 号改造项目）

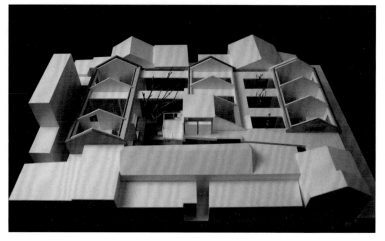

"微缩北京"——大院胡同 28 号院改造项目：这个微小项目是一次结合了旧城更新、院落改造、理想居所研究的设计实践，也是我多年来对以北京为代表的中国传统城市和建筑营造模式的研究实践的一次回归和总结。

大院胡同 28 号院位于北京旧城的西单—丰盛区域，由原来占地面积 262 平方米的普通杂院，在保持基本建筑外观、檐／脊高度不变的条件下，改造为五套带院落居住公寓＋一套咖啡／餐茶公共空间。以研究传统北京的复合性城市结构为基础，认识并运用其结构可延伸、加密的特征，通过分形加密，将大杂院转变为"小合院群"；"宅园"与"公共单元"的设置适应了现代社会结构，将院落转变成"微缩社区"；居所层面极限尺度的技术性设计服务于"宅园合一"的精神性营造，通过空间叙事，将日常诗意与都市胜景的体验带入"理想居所"；以个案回应了北京旧城更新中人口密度、生活质量和风貌传承等"三道难题"，并探讨向更广泛的社区、城市扩展，恢复北京旧城"自生机会"的可能性。

由喧闹的城市商业街区转折进入闲适宁静的胡同区域，再由外部胡同通过一条半室外主巷道和一条再次分支的巷廊，分别进入北侧、南侧不同格局和规模的五套"合院"公寓，几条线型混凝土结构／空间单元构成了内含于整体院落群组建筑的空间架构，内含服务空间、形成主体支撑结构，又成为联系居室和庭园的入口和廊道，并框定园景。每套公寓拥有大小、形状变化的院庭，主要起居空间通透，面向并对景于庭园，庭园内高树之下，混凝土体块取意于抽象山石，又是室外坐具，置于波形立瓦铺地之上，亦可存薄水而成水中树石之景，营造日常诗意；由主巷道继续南行，经过公共的咖啡／餐茶空间单元，抵达后面的小公共庭园，并可沿一侧的混凝土阶梯，上至抬升在庭院上方的亭楼平台，这里是公共巷道在剖面上的延伸，视野变得开阔。夕阳西下之时，游者在此可观想、沉浸于由旧城层叠屋顶、古树、飞翔的鸽群、远方城市高楼群所构成的深远胜景。

上：廊巷联系起五户"宅园"
（大院胡同 28 号改造项目，苏圣亮摄）
下：台上远眺
（大院胡同 28 号改造项目，苏圣亮摄）
后页：南屋大户型北望
（大院胡同 28 号改造项目，李兴钢摄）

左：胡同与杂院
（大院胡同 28 号改造项目）
右：总体轴测
（大院胡同 28 号改造项目）

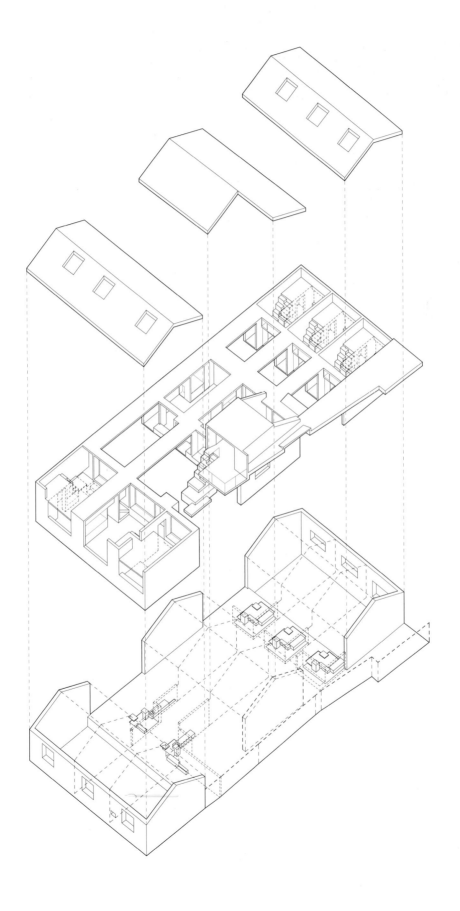

叙事园庭

建筑之园庭，曲折尽致，游观得景。

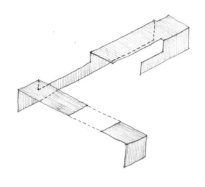

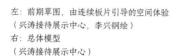

左：前期草图，由连续板片引导的空间体验
（兴涛接待展示中心，李兴钢绘）
右：总体模型
（兴涛接待展示中心）

兴涛接待展示中心：是我第一次借鉴园林的元素并将其引入当代建筑设计的尝试。

墙对空间体验的动态引导性是中国建筑传统特别是古典园林的重要特点之一。在中国园林中，由于连续的墙体所特有的导向性，使身处其中的人不由自主地产生一探究竟的欲望，由此在人的运动中发生丰富的空间体验，使中国园林成了真正的四维建筑。这个小建筑试图将它特有的商业特征与中国传统园林的空间体验和东方意味融合在一起，用一种有趣的、传统的方式来实现商业的、现代的功能，并使用当地的、现时 / 现代的、可操作的技术满足业主的现实需求和低造价下的快速建造。

兴涛接待展示中心位于北京郊区一个正在开发中的商品住宅小区的入口处。包含接待、展示、洽谈、住宅样板间、小区大门及警卫室等功能。设计将整个建筑分为两组体量，分置在狭长的用地两端，中间隔以水池并以一条长长的线型墙 / 廊相连，因展示、接待、参观、洽谈和销售的流程而产生了一种动态的流线，来实现建筑的使用过程，这一流线是由"墙"体要素的延伸变化来引导的。在这里，一片白墙由建筑的入口开始，不断地在水平和垂直方向延伸运动，忽而为垂直的墙，忽而是水平的板，或升或降，或高或低，如此形成了建筑的骨架和内外空间；在这个建筑和空间骨架中再插入透明的玻璃体和玻璃廊、灰砖的样板间单元和警卫室以及一片黑色的浅水池。

室内的家具和展板，室外的景观水面和庭园，乃至小区的建筑风貌，都与建筑的功能流线和使用者的空间体验有着密切的关系。建筑语言和材料的使用力图体现出现代感和某种抽象性，以凸显人在内外空间中的运动、视觉和身体体验。

中关村生命科学园竞赛方案，则尝试在更大规模的建筑组群中，以"造园"的方式进行空间经营，以迂回漫游的、散点透视的、动态的、人正常视点的、自然形态的和片段的，代替开门见山的、固定点透视的、静态的、俯瞰视点的、几何形态的和整体的，营造"生命的絮语"式的空间氛围，使人获得更具叙事性和当代性的体验。

池边入口
（兴涛接待展示中心，张广源摄）

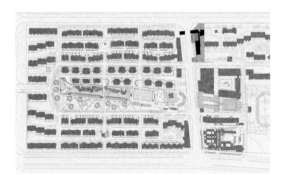

左：开发中的商品住宅区总平面
（兴涛接待展示中心）
右：总体轴测
（兴涛接待展示中心）

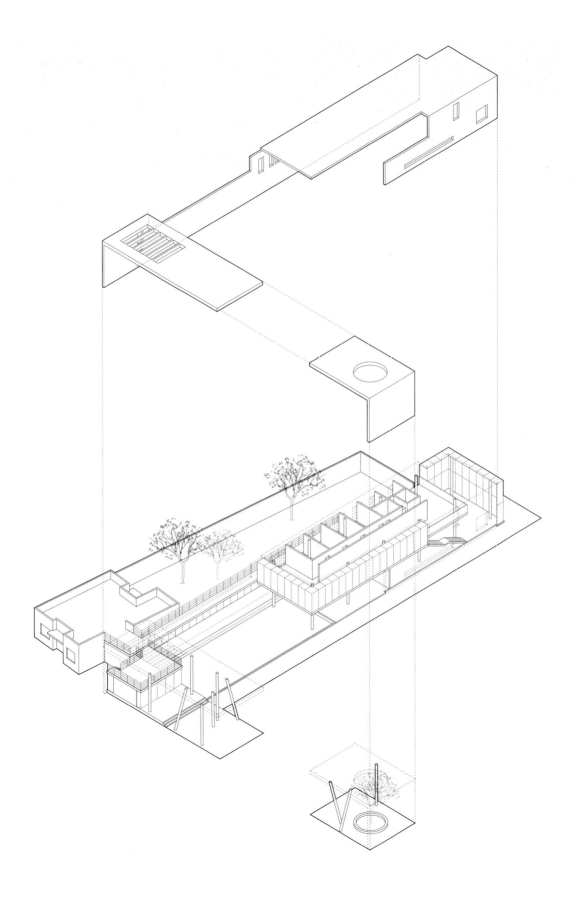

上：总体模型
（舞雩亭）
下：前期草图
（舞雩亭，李兴钢绘）

舞雩亭——衢州生态公厕：将为市民提供城市公
共服务的小型公厕建筑与"游园"和"观景"的身心
体验结合在一起。

衢州是孔氏南宗家庙所在地，被称为"孔子后裔
的第二故乡"。舞雩亭位于衢江南岸带状公园的中心
地段，基地位置视野开阔，距江边直线距离 40 米，公
园地势平坦，植被丰富。建筑设计表达了江边浮起的"甬
路" 意象，通过两段 33 米长的坡路和一段 33 米长沿

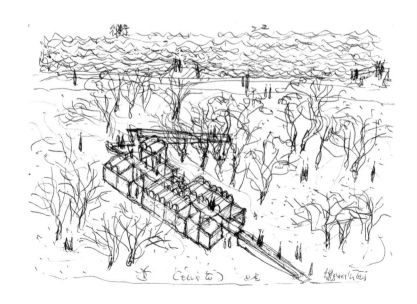

江展开的建筑，建筑成为从城市过渡到江面的一道平
缓界面，取势而不囿于形，使建筑与景观自然地融合
在一起，消解了观者对于建筑的形式化印象。

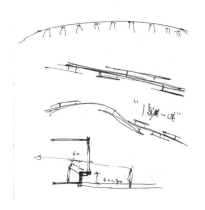

　　人们上坡下坡，乘凉吹风，观景休憩，愉悦如厕
等，"浴乎沂（衢），风乎舞雩，（下而厕），咏而归"
（孔子《论语·先进》）。建筑作为人的背景存在，
成为城市中的"日常建筑"和景观中的"自在建筑"：
如厕行为的"放松自在"与登高吹风的"自由自在"
相契合。既是开放建筑——体现模数化设计与装配式
建造理念，又是可变建筑——基于模块化和装配式设
计的公厕可形成多种变体，以适应城市中的不同场地
形状和尺度的需求。

上：前期草图
（舞雩亭，李兴钢绘）
下：总体模型
（舞雩亭）

左：位于衢江南岸的现状用地
（舞雩亭）
右：总体轴测
（舞雩亭）

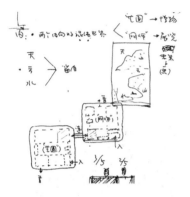

上：总体模型，入口广场人视
（乳山文博中心）
下：前期草图
（乳山文博中心，李兴钢绘）

上：鸟瞰效果图
（武汉市档案馆竞赛方案）
下：总体模型
（上海世博会中国馆竞赛方案）
右页：单体模型
（上海世博会中国馆竞赛方案）

乳山文博中心：在建筑内外空间进行了一系列关于"抽象园林"的实验。

乳山文博中心位于山东威海乳山市新区文化体育公园内，包括博物馆和城市展览馆两部分，采用抹角正方形形态，简洁而宁静典雅，如一对展开的藏宝盒，利用地形中现存的冲沟，设置下沉广场，烘托出建筑物轻盈飘逸的特征。

正面的连桥将参观者引入巨大入口，通过斗形院落，将阳光雨露引入建筑内部，展览空间自成一体，完整、独立，庭院的分割不但没有影响空间的开敞感和流动性，反而增添了空间的多变性和导向性。根据两馆内的展品类型及数量特点，对应不同的内部空间模式，创造出两个并置相连的方形混沌空间，在其内部以两个苏州名园"网师园"和"艺圃"为蓝本，用现代建筑元素模拟"假山假水"（"多宝格"空间和墙地一体化处理），形成各自不同的空间特征和参观、游赏体验，满足各自不同的功能，并完成将园林要素转换为建筑体验的特定空间实验。设计中引入了空间模数，场地中外部水面的设计（引水、现水、藏水）是建筑空间体验的重要组成部分。

上海世博会中国馆竞赛方案和武汉市档案馆暨城建档案馆竞赛方案又分别以不同的方式再现了与乳山文博中心类似的设计理念和操作手法。

李兴钢工作室（2008—2018）室内空间（入口门厅及展廊）的设计中最终部分地实现了"抽象园林"的设计概念。

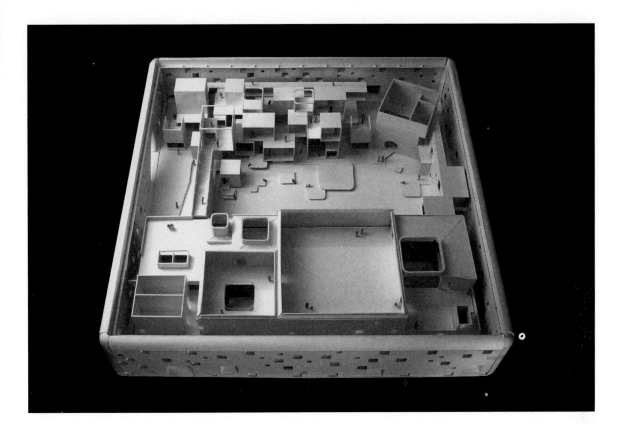

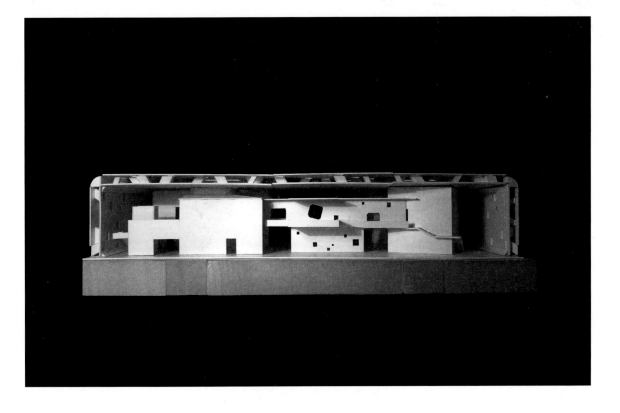

左：用地现状
（乳山文博中心）
右：总体轴测
（乳山文博中心）

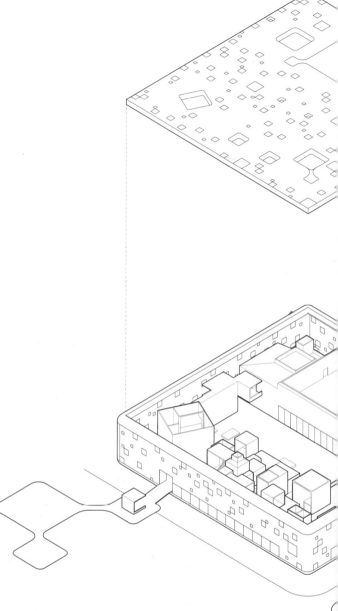

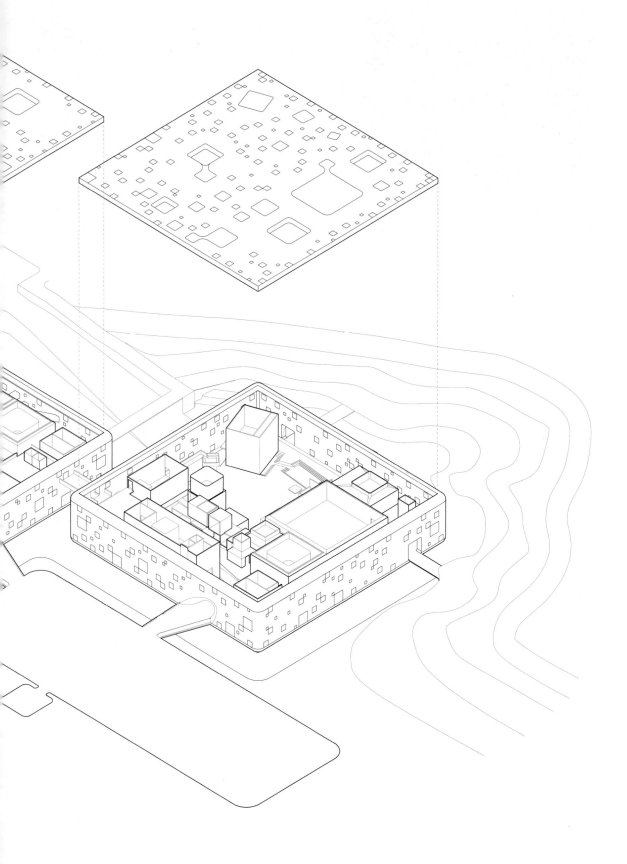

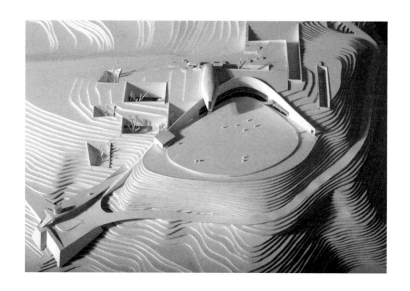

上：总体模型
（郧阳博物馆）
下：前期草图
（郧阳博物馆，李兴钢绘）

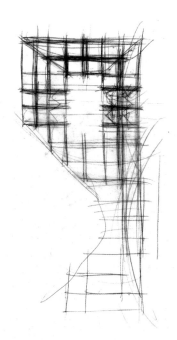

郧阳博物馆：尝试在山地环境中以"藏露"的方式实现"叙事园庭"。

郧阳地区出土的文物几乎囊括了从人类起源到以后的各个历史时期，被誉为"不断代的人类文明通史"。南水北调工程之丹江口大坝建成，郧县老城被淹没。郧阳博物馆选址于长江与黄河流域交汇处的郧阳岛西北侧山顶地，北面和东面面向浩瀚的汉江，与重建的新城隔江相望，用地地势陡峭，从山脚至山顶有近30米高差。博物馆的设计灵感源于这里丰富的考古遗址发掘形成的坑井形态，利用道路与山顶的落差，建筑体量半埋于山体之中，如同被时间埋没的历史，最大程度地减少对山体的影响，与环境融为一体。

通过引桥将游客引导至主入口，展厅空间依据地形山体逐级而上，游客宛如穿行在"历史的隧道"之中。在隐入山体的体量中插入若干庭院，游客一边观展一边攀升，在内外空间转换之中，被逐步引导向顶层的公共大厅和外面巨大的观景平台——砚池广场。其地面平整光洁反射天空，中央阔大浅凹的水体仿佛与江水、远山相接，游人在一线水天之间，形成深远的画境。小部分标志性体量露明于山体最高点处，如同一叶"汉水方舟"，头尾两端指向不同的景观，一端面对郧阳新城为"横卷"，框界绵延的山水；另一端面对山坳的府学宫为"纵卷"，形成公堂隐于层峦叠嶂之中的山水立轴。建筑的屋面依原状山势延伸并覆土，是一个由若干9米见方的倒斗形结构/空间单元组合而成的屋盖体系（相邻单元之间是2米宽的设备服务空间），斗状屋面减少了覆土量和结构荷载，并形成天窗采光和栽植树坑。展厅的无障碍通道形成突出于庭院之中的"游廊"。水库蓄水，县城变迁，历史文物沉入泥土又被发掘，再随博物馆移入山顶和新城相遥望，凝结为这片土地上的绵长历史中人工与自然关系的互成。

总体模型
（郧阳博物馆）

左：东、北面向汉江的山顶用地现状
（郧阳博物馆）
右：总体轴测
（郧阳博物馆）

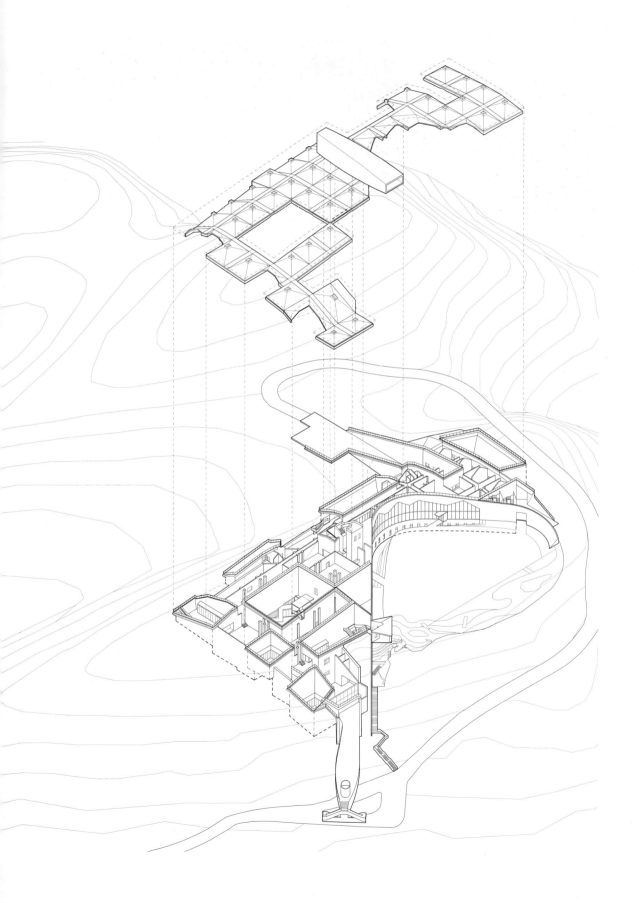

166

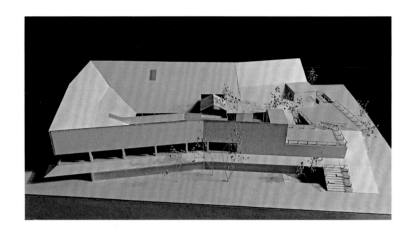

上：总体模型，北侧鸟瞰
（斗园）
下：前期草图
（斗园，李兴钢绘）
右页：东南鸟瞰
（斗园）

斗园——厦门十九集美 C 段 5 号地主题书店：在填海造地形成的城市绿带中营造一处"城"与"海"之间的公共园庭。

斗园位于厦门市"十九集美"环海景观带 C 段正中，南北与临近其他功能地块以树林植被分隔，东侧隔城市道路与新旧错杂的西滨村相望，西侧朝向马銮湾。建筑以形确势，采用开口面西的 U 形布局，既强化了海湾方向的独特性，又为南、北、东三侧提供了一个连续、完整的城市界面。扭折的两翼微妙地平衡了南

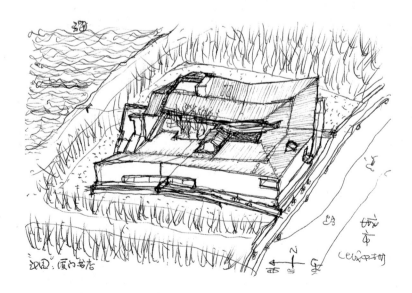

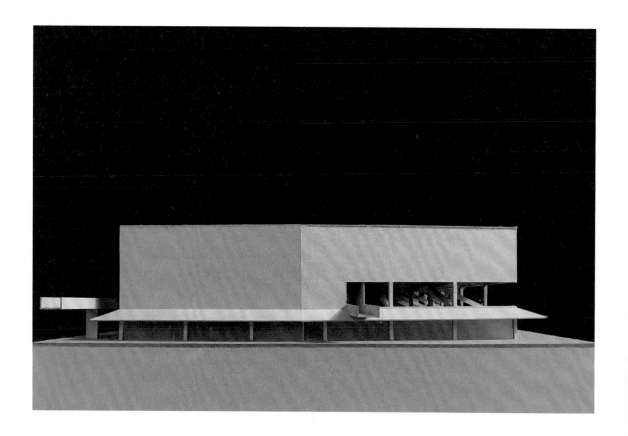

北相邻地块的关系，围合出一个半开放的内院。连续的单坡屋顶坡向内院，为地块内外两侧提供了全然不同的面目：外部高耸、严整，底层外挑的裙廊平衡了体量的封闭感，将建筑与身体尺度拉近；内部三侧面坡，自下而上空间渐显敞阔，形似漏斗，是为"斗园"。

西侧埋地的体量将海景与园景既隔且连，半高的平台将两侧坡屋面相连接，完成了从城市到海边，由"建筑"向"地景"的转化。U 形两翼中部微微收拢，将内院分为前后两部分：前院平幽，压低的檐廊沿浅水徐徐展开，是为"水院"；后院地形崎岖变化，两侧坡屋面形似凹谷，与多个不同标高的平台交错联络，攀爬观游，是为"山院"；从海湾的方向看向建筑，又像是一组渔村民居的抽象组合。底层西北、东南两侧设置的商业步行通道将建筑空间划分为展区、图书售卖区和文创商品售卖区三个区域，二层坡屋顶下的书茶体验空间又将三个区域连为一体，二层之上局部或设夹层，与高处观景平台相连。

室内空间、檐廊、商街、平台、内院相互串联，最终形成一组丰富、立体的游园体验。用地东侧架空的自行车道以一个反向的 U 形与建筑体量交扣，并在二层两翼收拢处设置观景亭，人们可以由城市骑行进出书店。斗园内以台确景，由亭观台，夕阳西下，马銮湾胜景被建筑空间层层收纳推远，深远不尽。

左页上：总体模型，朝向城市的东立面
（斗园）
左页下：总体模型，朝向海湾的西立面
（斗园）

左：用地西侧的马銮湾和东侧新旧错杂的西滨村
（斗园）
右：总体轴测
（斗园）

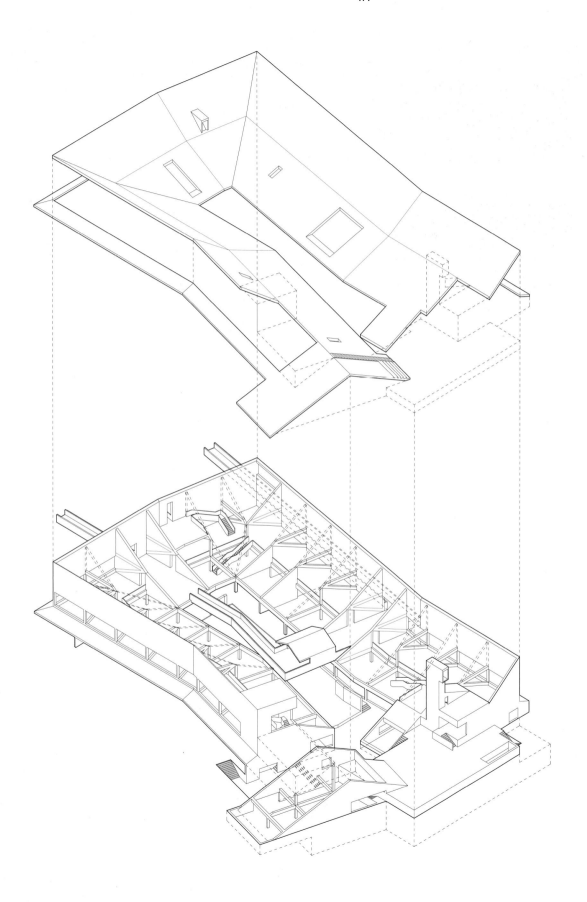

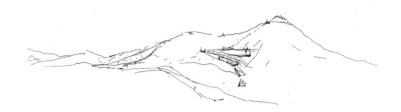

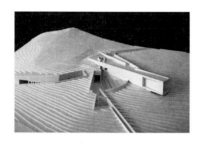

上：前期草图
（元上都遗址博物馆，李兴钢绘）
下：总体模型
（元上都遗址博物馆）

元上都遗址博物馆：在草原丘陵自然地景之上充分利用山体、矿坑、烽火台遗迹等，既形成内向的园庭，又在外部营造出遥对都城遗址的连续绵长的空间体验路径。

元上都遗址是中国元王朝的一座草原都城的遗迹，位于内蒙古自治区锡林郭勒盟正蓝旗五一牧场境内，多伦县西北闪电河（滦河上游）北岸的冲积平地上。这里山川雄固，草原漫漫，层叠深远，尤其适合登高远眺。元上都遗址南向5公里，有一座平地隆起的草原山峰，名乌兰台，相传是当年忽必烈为拱卫元上都而在此设置的烽火台之一，山顶有一座巨大的敖包，由当地牧民长年累月以块石堆垒而成。蓝色的哈达随风飘扬，登上乌兰台顶，顿觉天地的宽广在眼前平铺延绵，而遗址城垣的人工矩形携着巨大的尺度，让人情不自禁地感受自然的广袤永恒和王朝的兴衰变迁。博物馆即选址于乌兰台东侧面向遗址方向的半山腰处，参观者由南而来，绕山而行，通过北侧山脚下的道路进入博物馆区，有豁然出现之感。

设计结合并充分利用废弃的采矿场来布置博物馆的建筑主体，以修整因采矿被破坏的山体。供博物馆工作人员使用的入口设置在现状的一处折线形采矿条坑南端，并将办公用房沿折线凹地布置，且沿山坡形状覆土；保留另一处现状圆形矿坑，经修整作为博物馆的下沉庭院，观众服务区环绕着此庭院。遵循对文化遗产环境完整性的最小干预原则，将巨大的建筑体量掩藏在山体之内，仅半露一小段长条形体，并将其指向都城遗址中轴线上的起点——明德门，使建筑对遗址有理想的视角和轴线关联；而由明德门处看遗址博物馆，建筑则缩为一个隐约的方点，体现出对遗址环境完整性的尊重以及人工与自然的恰切对话和协调。沿着博物馆的内外参观路径设置了一系列远眺遗址和草原丘陵地景的平台，直至到达山顶敖包，长长的路径和不断停驻的平台是博物馆不可分割的组成部分，将元上都的历史、文化和景观在此串联。

西北侧远望乌兰台和博物馆
（元上都遗址博物馆，李兴钢摄）

左：用地现状
（元上都遗址博物馆）
右：总体轴测
（元上都遗址博物馆）
后页：指向远处遗址中轴线的建筑体量
（元上都遗址博物馆，张广源摄）

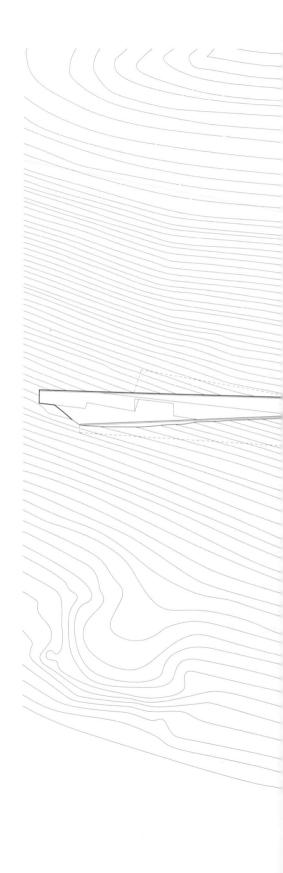

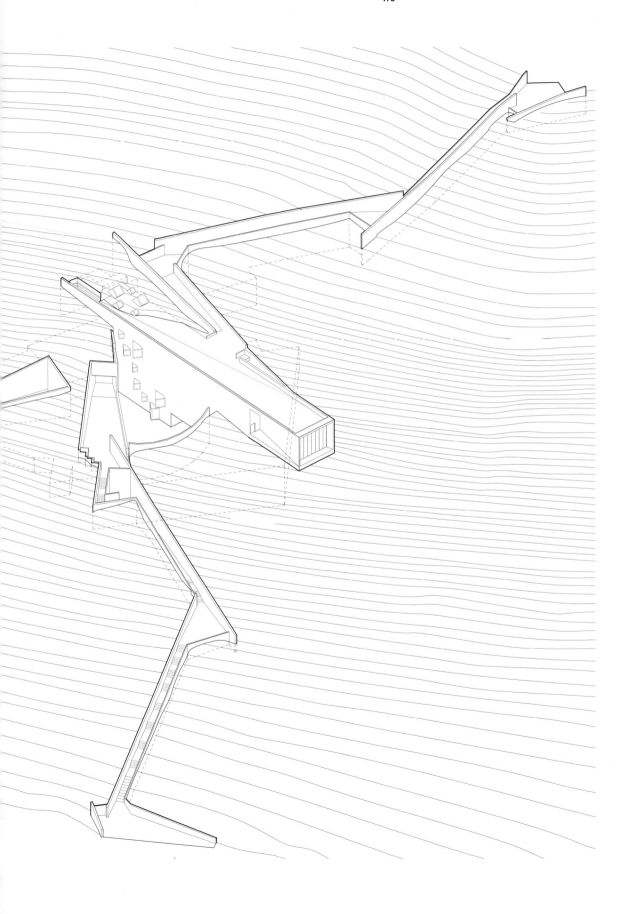

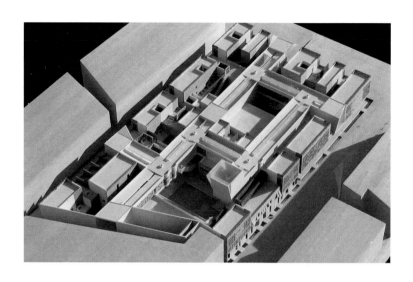

总体模型
（建川镜鉴博物馆）

建川镜鉴博物馆暨汶川地震纪念馆：将商业与文化、生活与纪念结合起来形成小镇聚落高密度街区中的内向园庭，将园林中的"复廊"进行当代化的空间性利用和转化，"游"即参观，"游戏"即体验。

建川镜鉴博物馆暨汶川地震纪念馆位于四川大邑县千年古镇安仁老街区之外，临近郊外河流大堤，现状有多片鱼塘，是占地500亩的建川博物馆聚落规划中的主题博物馆街区（博物馆＋商铺）之一。优先占满街面布置的商业作为某种先在和既定的"现状"构成了立体的博物馆边界，被包裹在街坊内部的空地则可视为一个内向的城市园林，园林的要素和主题在内外空间中被不断暗示和强调，参观展品的过程同时也是游园的过程。

博物馆的主体展厅其实就是一个被包裹于外围商铺之内的、回环转折、游走停留的复杂形状"复廊"式空间，"复廊"在东、南、西、北、上、下的端部"亭台"，则收纳捕获了不同方向的街道及天空和小巷地面的景观；线性的廊式空间中，因在转折节点处加入的"旋转镜门"及其旋转对光线的作用而产生了变幻多端的"虚像"景观；复廊与多个内部庭院之间亦有行动、视线和景观的关联。不同方位的六处"亭台"空间，以长、宽、高均为 5.6 米的空间六面体为原型，朝向所面对的景观进行不同的"张开"动作，形成各具特点的空间界面；"复廊"展厅的潜望镜式筒状空间，及其镜像作用下的虚拟延伸所形成的虚实空间界面，将空间中的现实景象与人的活动以及镜中虚像，捕获于人的视线和心理之中，所有的参观者仿佛同时进入了一场被镜中幻象诱惑的游戏，博物馆变成了游戏场，成为众人参与的对一段逝去历史的巨大模拟体验器，使人们体验虚像与现实之间的行为、心理和情感。

上："复廊"节点处的"旋转镜门"
（建川镜鉴博物馆，李兴钢摄）
下："复廊"与"旋转镜门"草图
（建川镜鉴博物馆，李兴钢绘）

汶川大地震后经设计改造而加入的地震纪念馆与原来的镜鉴博物馆在空间上相互叠加而流线完全独立，地震馆粗砺、具体、真实，镜鉴馆纯净、抽象、虚幻，两者以各自的方式展示和体现人们日常生活中发生的"人祸"和"天灾"两大悲剧，给予后人以亲身的体验、鉴戒、警示和启迪。

外墙的表皮材料由内青、外红两色页岩砖拼砌而成，并特别研发的"钢板玻璃砖"而形成不同通透程度的砖砌"花墙"，红砖用在朝向外部街道的商铺外墙，暗示"红色年代"，而青砖则用于朝向内部庭院的外墙，对应日常生活空间的静谧深沉。

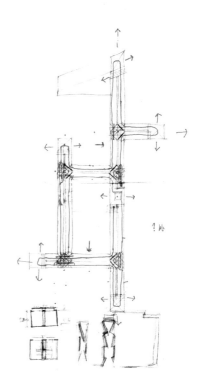

180

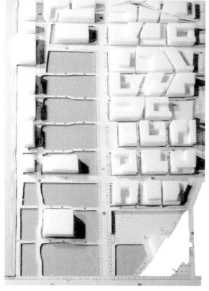

上：空旷的场地和现状鱼塘
（建川镜鉴博物馆）
下：规划中的博物馆群与商业街坊
（建川镜鉴博物馆）
右：总体轴测
（建川镜鉴博物馆）
后页：西北人视
（建川镜鉴博物馆，张广源摄）

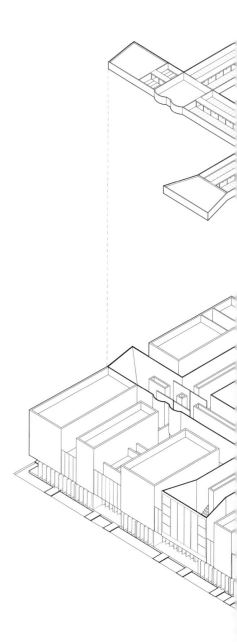

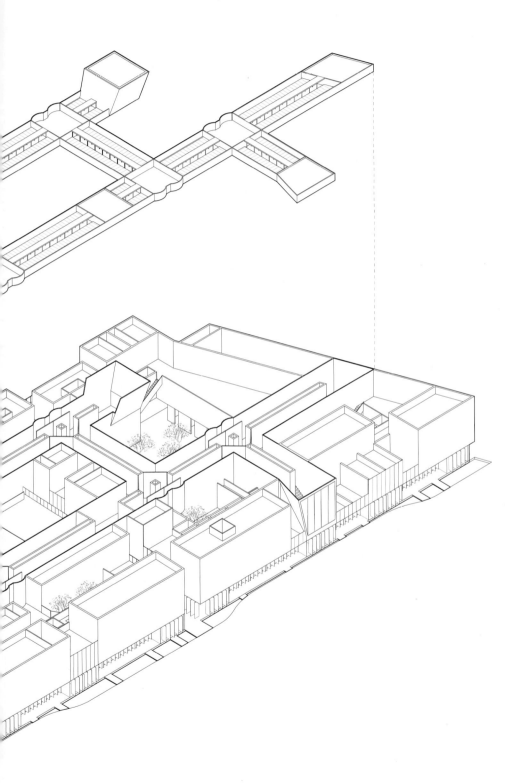

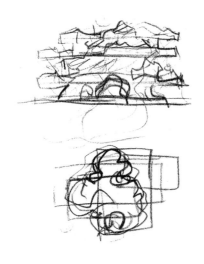

上：总体模型
（上海博物馆东馆竞赛方案）
下：前期草图
（上海博物馆东馆竞赛方案，李兴钢绘）

上海博物馆东馆竞赛方案：将山水图轴衍化为"峰石博古、园庭雅集"的抽象建筑形体，并整合了空间、意涵、观游方式，是"叙事园庭"由特定城乡环境—中小尺度建筑—单一空间格局向当代城市环境—大尺度建筑—立体空间格局延伸的具类型学意义的新探索。

上海博物馆东馆位于上海浦东新区世纪大道南侧，与北侧的东方艺术中心相对而立，一方一圆，一石一花，一静一动，互映对仗，与世纪广场和世纪公园共同形成有机完整的城市公共空间。设计构思聚焦于博物馆主要书画藏品中代表中国古代艺术的"山水"，三层水平巨板"园庭"强有力地介入环境，并引入一种"调节尺度"；既有"对称"的巨板叠置，以强调各个立面的中正端庄；又有"错落"的悬挑方向，以覆盖不同朝向的城市空间。"峰石"堆叠，承托"园庭"。"峰石"与"园庭"在体量与空间上叠置错落，"峰石"是垂直的、动态的、公共性的；"园庭"是水平的、静态的、观览性的，观众行、望、游、观于"峰石"与"园庭"，一动一静，一垂直而上下、一水平而近远，一如山穴透漏玲珑，一似园林宁静幽深。"峰石"与"园庭"的材料和形体处理：采用各自独立但相合的语言，赋予建筑典雅、完整而自立的特征，并暗示博物馆的展览内容与主题。建筑立面覆以预制混凝土挂板，挂板表面制作抽象的山水肌理，板间以精致的铜条镶嵌，有如多联条屏，呈现出"器型"般的精致典雅。"藏宝阁"作为文物库藏、研究、行政后勤部分，自成一体，并在建筑外部形象上与中庭的"峰石"语汇相对仗。

三层"园庭"是由主空间桁架、三角筒形屋面梁、以及边缘刚性墙体所共同构成的巨板结构，由四个竖向筒体及巨板间的"峰石"结构承托，堆叠错落的次级结构犹如斗拱起到辅助悬挑的作用，同时实现了"峰石"空间的无柱化，有利于更加灵活的使用，形成与建筑形体、空间、高度整合的一体化结构体系。

参观者由世纪大道向南抵达北侧礼仪广场，进入"峰石"的中心——中央大厅，自下而上层层参观，是一个山中行游、园内探秘的过程。最后抵达屋顶茶室和庭院，俯瞰世纪公园，遥望陆家嘴三塔，远眺上海博物馆西馆。上海博物馆东馆，其形、其意、其空间、其展陈和观游方式成为对中国古代文化艺术现象与生活的特定表达与体验，与上海博物馆西馆相辅相成。

总体模型
（上海博物馆东馆竞赛方案）

左：浦东新区的轴线与宏大的都市背景
（上海博物馆东馆竞赛方案）
右：总体轴测
（上海博物馆东馆竞赛方案）

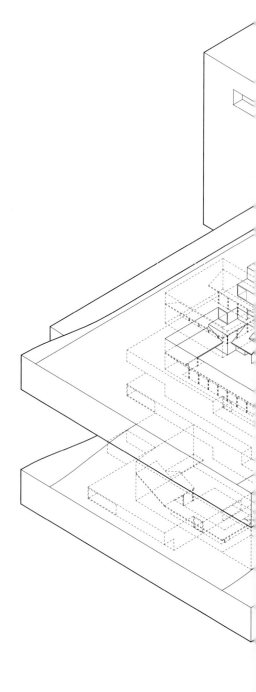

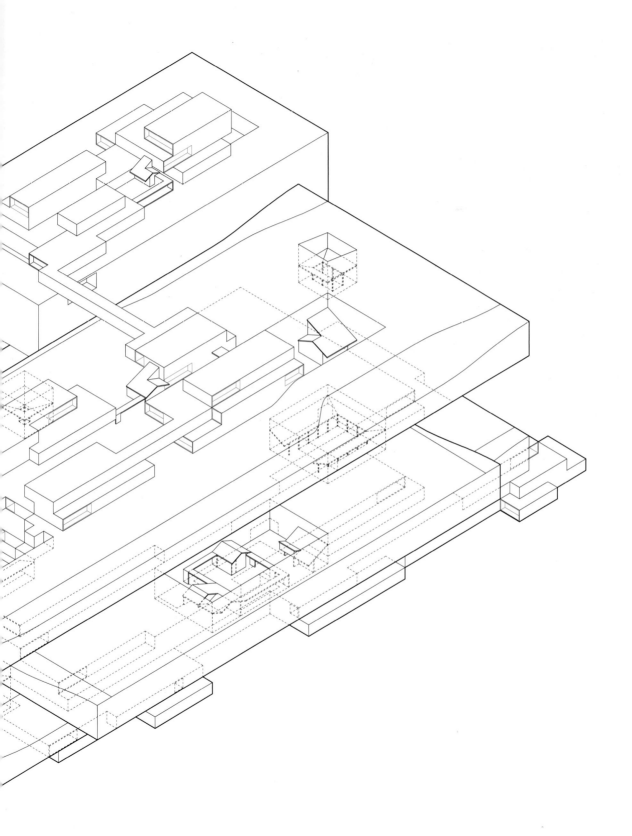

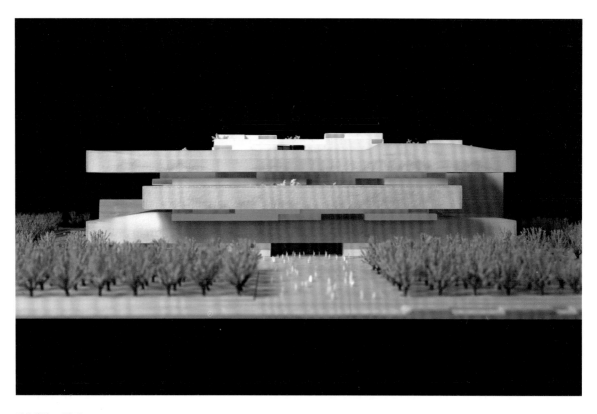

总体模型：西立面
（上海博物馆东馆竞赛方案）

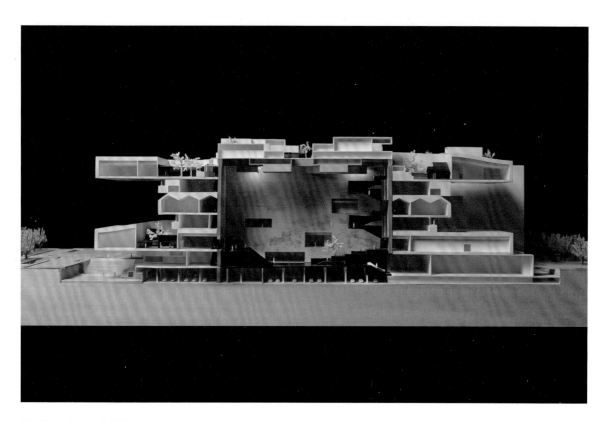

剖切模型："峰石"与"园庭"
（上海博物馆东馆竞赛方案）

框界自然

以空间、结构、材料之界面，营造对城市或山水等各种"自然"的"框景"之体验，与"叙事园庭"密切相关，定是一个精心制作的观游系统之关键节点和高潮。

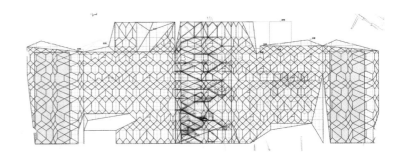

北京复兴路乙 59-1 号改造：在"鸟巢"内部大厅透过钢结构网格形成对外部都市的"框景"体验，我在这个小项目中进行了有意识的复现和发展。赫佐格与德默隆注重研究建筑表皮及内部空间之关联的设计方法，无疑对我有潜在影响，但我在设计中加入了一直以来感兴趣的"园林式"空间漫游系统，通过对外部表皮结构与材料界面特征的强化，使得空间内外的观景与截景成为体验的主题，同时景观画面的形成则因表皮所形成的界面及其透明度而有丰富的变化。

项目位于北京长安街西延长线复兴路北侧，原是一幢 20 世纪 90 年代初期设计建造的 9 层钢筋混凝土框架结构办公和公寓混合建筑。作为对旧建筑的改造设计，基于对原建筑较无规律的结构体系的仔细观察和研究，我们将其转化为外加的幕墙结构网格，作为立面及内部空间的控制系统，貌似不规则的幕墙网格实际是原有建筑结构框架的体现和强调，既符合改造加建的结构逻辑，天然地反映着原建筑的基本状况，又形成了有自身独立特征的结构、形式和景观。其核心空间是一处自下而上垂直延伸的游园式空间，楼梯、台阶、平台、"亭榭"、"游廊"，人在空间中漫步观览，看似随意实则具有严密几何逻辑的幕墙网格和镶嵌其

上：表皮展开草图
（北京复兴路乙 59-1 号改造，李兴钢绘）
下：立体画廊空间模型
（北京复兴路乙 59-1 号改造）

上的各种不同透明度的玻璃，构成了安置在空间中的观览者眼前的人工界面，将外部乏味喧嚣的城市街景裁切成一幅幅别有意味的静谧画面。

　　不同透明度的幕墙玻璃既对应内部空间中人的行动、视线和外部的景观，又使城市中这个不大的建筑呈现出深邃、平静而丰富的气质。

西南侧街景
（北京复兴路乙 59-1 号改造，张广源摄）

左：改造前原状
（北京复兴路乙 59-1 号改造）
右：总体轴测
（北京复兴路乙 59-1 号改造）

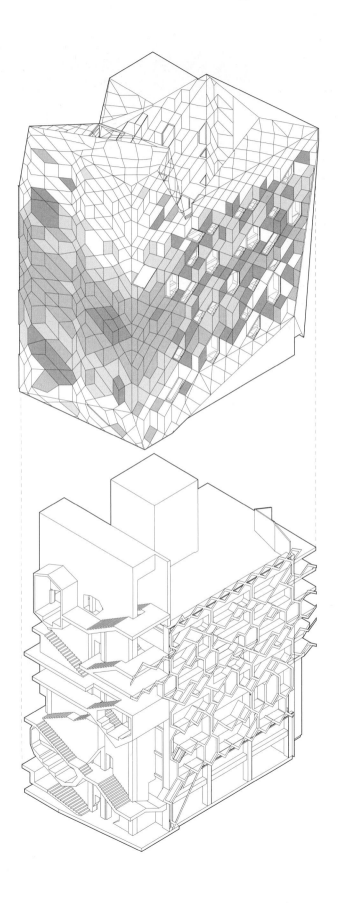

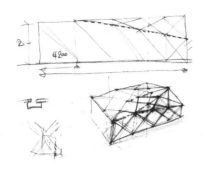

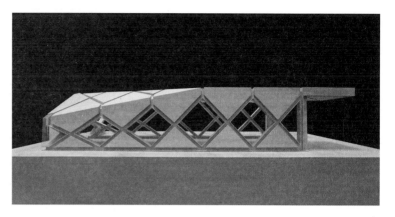

左：前期草图
（北京地铁 4 号线及大兴线地面出入口及附属设施，李兴钢绘）
右：单体模型
（北京地铁 4 号线及大兴线地面出入口及附属设施）

北京地铁 4 号线及大兴线地面出入站口及附属设施：则是利用建筑结构和材料，将框界"城市自然"所带来的特定体验进一步延伸到日常生活中的城市基础设施（如地铁站）中。

地铁 4 号线是北京市轨道交通网中由南至北穿越了新旧北京城区的轨道交通线，全程设 24 座车站，其地面出入口及附属设施的设计需要面对城市空间的特殊性、地面设施类型的复杂性、地下预留站体的结构多变性以及紧张的工期等诸多前提条件。利用钢结构便于标准化、模数化、预制化的特点，将全线出入口站亭设计为在一定模数控制下 4 种不同规格的系列化网格状钢结构，以适应复杂的地下站体结构尺寸，并在工厂预制标准化的钢结构网格以及与之对应的屋顶和外墙板块单元，进行现场拼装。在建筑预制板块设计中引入"城市画框"的概念，运用金属板、彩釉印刷玻璃和透明玻璃的不同组合，对变化的城市环境进行多样性摄取，使用者可以透过取景窗辨识出入口所处城市空间的典型特征。建筑形体采用了坡形山墙断面和矩形断面过渡的基本形式，凸显地铁出入口的功能性与标识性，同时呼应了 4 号线串联旧城和新城的文脉关系，使地铁出入口站亭成为市民了解城市和体验城市、从小建筑中见大意境的城市公共空间。

地铁大兴线作为 4 号线的南延线，处于由现代城市景观向郊区自然景观过渡的特定城市空间之中，其地面出入口及附属设施依然延续了 4 号线的基本形式，为了突出本线的地理文化特征，引入了"城市画卷"的概念，采用现代彩釉玻璃丝网印刷技术，将元代画家倪瓒的《山水图》和宋代画家王希孟的《千里江山图》经过抽象后拓印于玻璃幕墙之上，唤起对大兴地区自古而成的自然山水格局的回忆。整幅画面采用 5 种不同透明度的白色釉块组合抽象表现，虚实相间，并利用白天自然光线和夜晚室内光线的变化，形成对玻璃幕墙画面多角度、多时段的不同解读，同时也表达与中国传统山水画相对应的远观其势、近观其质的视觉传承。乘客穿越出入口站亭空间出入城市，视线会被玻璃帷幕的光影变化吸引，从而获得历史与现代时空交织的独特体验。

上：大兴线天宫院站出入口
（北京地铁 4 号线及大兴线地面出入站口及附属设施，张广源摄）
下：4 号线国家图书馆院站出入口
（北京地铁 4 号线及大兴线地面出入站口及附属设施，张广源摄）

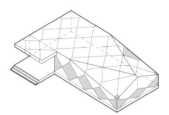

左：纵贯南北，串接新旧城区的地铁 4 号线及大兴线
（北京地铁 4 号线及大兴线地面出入站口及附属设施）
右：通过模数控制的系列化的单体轴测
（北京地铁 4 号线及大兴线地面出入站口及附属设施）

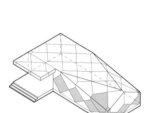

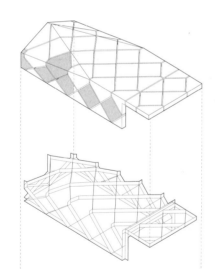

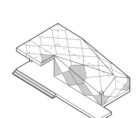

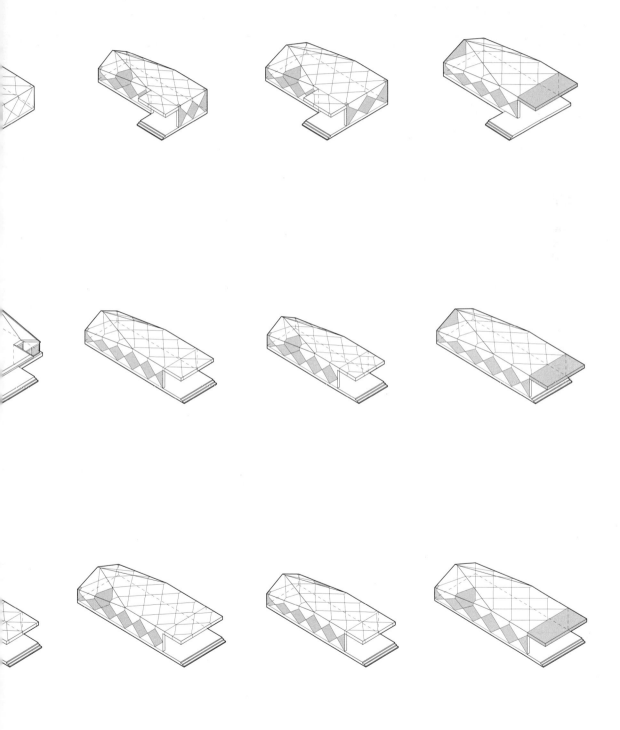

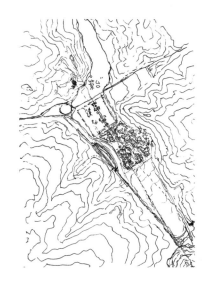

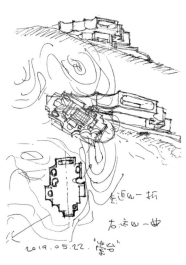

前期草图
（崇台，李兴钢绘）

崇台——北京冬奥会张家口赛区奥运展示中心：由框界"城市自然"转为框界"山地自然"。

"崇台"位于崇礼太子城区域群山环抱之中，北侧邻接自然山体，南侧远眺太子城遗址及冰雪小镇，由南北两座山体所定义的遗址中轴线穿越下方的雪花小镇，由一栋未完成的现状建筑改造而成，从遗址和小镇看场地，建筑呈现出过强的实体感和竖向性特征，在周围山势和自然环境中显得突兀。设计立意"崇台"，即崇礼之台也，宗山之台也。"崇"，以"山"为"宗"，表达了对自然的尊敬和礼仪的传承，冬奥会运动应山体而生，崇礼群山所形成的宏大中轴，揭开太子城历史遗迹。

"崇台"，将竖直向的建筑体量转变为水平向的景观平台——现有建筑台基水平延伸、融入自然山体，并加设观景步道；打开部分现状闷顶，削减建筑的实体感，形成屋顶观景平台；在建筑原主体结构梁处，均匀地挑出大梁，并在挑梁之间布置水平联系结构板，根据建筑距离周边山体的远近等环境特征，增加局部曲形与矩形的挑板，与立面墙体和屋顶连为整体，形成连续的建筑边界；依据流线、视线以及光线的具体需要，相应布置不同属性的屋顶和外墙洞口，形成一系列面对不同方向的观景平台，可俯瞰和远观遗址轴线、雪花小镇及远山近峰的"框界胜景"，并与屋顶平台和台基平台上下连通，由此营造出一系列独立于建筑内部展示功能之外的大众性公共开放空间，成为冬奥会主题山地冰雪运动公园的一部分。

　　建筑由深灰色的基座部分与白色的水平悬挑部分组成，台基锚固于山地环境，"悬浮"的景观平台水平打开，以此应对特殊的场地特征，减小建筑实体对于环境造成的压迫；既赋予建筑镶嵌于山地之中的"台"之形象特征，又为人们提供连续的山地公共观游空间；游客既可进入建筑观展，又可通过外部步行系统游览到达屋顶景观平台，内外观游系统在地面和屋顶交汇连通。

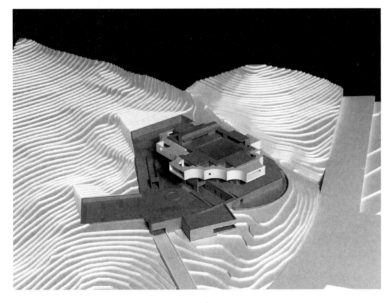

上：总体模型，西南侧鸟瞰
（崇台）
下：总体模型，西南侧人视
（崇台）

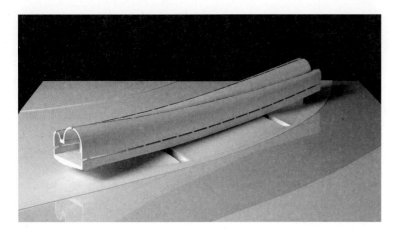

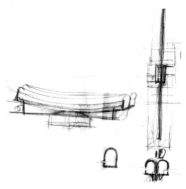

左：总体模型
（通辽美术馆）
右：前期草图
（通辽美术馆，李兴钢绘）
左页：体量端部的"复廊"断面
（通辽美术馆，梁旭摄）

通辽美术馆和蒙古族服饰博物馆：采用特定的结构和空间界面形成对不断扩展中的城市与自然之景的框界。

通辽美术馆和蒙古族服饰博物馆是具有科尔沁文化特征的功能复合型文化公园中的两个公共项目，位于通辽市孝庄河岸边的狭长绿地内，美术馆在东侧北岸河道转弯狭窄处，服饰博物馆位于西侧北岸最宽处。时间发展、历史更迭、文化进步，而自然和气候特征始终维持在一个稳定的状态，使得不同的地域及人群的特征具有了识别性。蒙古人的气质深沉厚重，而其人造物（如蒙古包、勒勒车）则便携轻盈，服饰博物馆和美术馆分别对应"厚重"和"轻盈"，呈现出蒙古文化的不同侧面。

美术馆西北侧紧邻城市道路，南侧紧邻河岸，用地狭长弯曲，首层建筑体量采用覆土的方式隐藏在一个小丘之下，并局部切削下沉形成入口广场；双筒状长线型的主体建筑体量轻轻置放在山丘之上，两端微

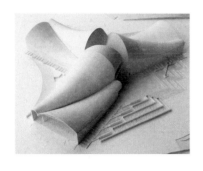

上：总体模型
（蒙古族服饰博物馆）
下：前期草图
（蒙古族服饰博物馆，李兴钢绘）

微上翘，形成单纯而富有弹性的形体曲线，悬挑凌驾于河湾之上，指向河道的东北和西南两端，中间轻触大地，呈现出一种最小限度介入自然的轻盈姿态；建筑纵向总长度达到100米，两端最大悬挑8米于空中，采用了钢筋混凝土剪力墙和钢结构组合体系构成平行并渐变的"复廊"空间，两端部形成不对称的双拱组合立面及室外平台，以中间双墙作为主要结构构件悬挑，同时也是垂直交通空间和设备空间；内部连续、渐变的空间所带来的开放性、多义性替代传统美术馆"白立方"空间的封闭、固态和单一；双长筒空间的两端，是游客参观的间歇空间，可在此透视大小双拱的空间框界中东北和西南两方向的河道及两岸景观；建筑采用覆土种植屋面、清水混凝土、直立锁边金属幕墙等材料做法以凸显建筑的"轻盈"状态。

服饰博物馆处在河道北岸由阔至窄的变化区域，采用三个相同尺寸的体量分别面向河流、广场和城市，先呈等边三角形放射状排布，再将面对东侧的体量旋转10度，形成主入口前的广场；建筑主体下沉半层，降低地面之上的体量，可由三个方向的下沉空间进入建筑内部；采用大跨无柱混凝土马鞍形薄壳结构——三组高低组合连续渐变的拱形薄壳单元整体浇筑在一起，薄壳单元的曲线截面舒展开阔，形成空间的张力，隐喻了蒙古族服饰的厚重特征；每个方向的薄壳单元在端部开放并形成双拱组合立面及室外平台和公共空间，呼应和框界不同方向的内外景观，三个单元交汇的地方作为公共交通空间，中央上方采用半透明的膜结构把三个薄壳屋顶连接起来；面向河岸的单元作为观演厅和公共活动空间，展示空间地面标高阶梯状升起，串联形成连续环状参观流线，线性的展陈组织是在同一空间之下不同时间展览的并置，回应人—服饰—地域 / 时空的主题；采用碎拼彩釉面砖屋面和墙面、钛锌板直立锁边金属屋面、膜结构屋面系统。

美术馆和服饰博物馆采用了相似的几何构形单元和空间体验模式，并对几何构形和空间界面进行精细化控制，通过不同的结构体系和框界图景，呈现出不同的形态特征和空间氛围，回应地域文化的不同主题。

上：施工中的博物馆室内
（蒙古族服饰博物馆，李兴钢摄）
下：轻架于地形之上的狭长体量
（通辽美术馆，梁旭摄）

左：狭长的河滨公园与空旷的城市新区
（通辽美术馆和蒙古族服饰博物馆）
右：总体轴测
（通辽美术馆）

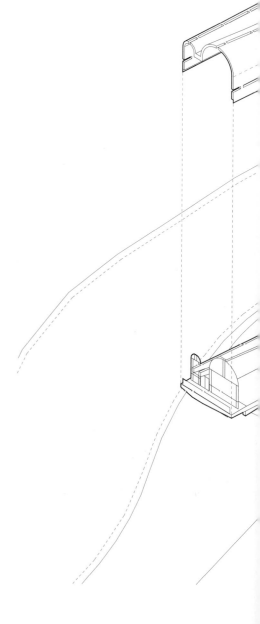

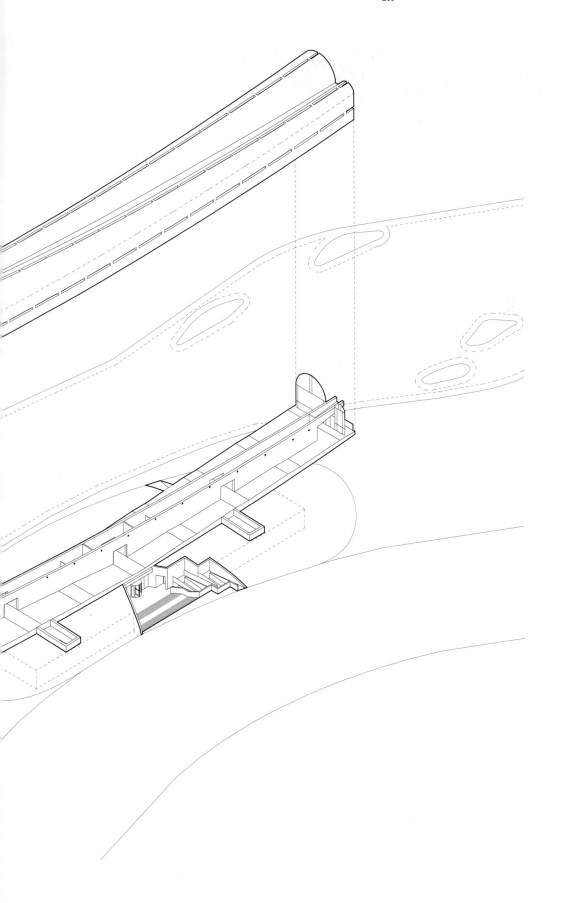

上：总体模型
（中国驻西班牙大使馆办公楼改造）
中：前期草图
（中国驻西班牙大使馆办公楼改造，李兴钢绘）
下：连续的楼梯和景墙模型
（中国驻西班牙大使馆办公楼改造）

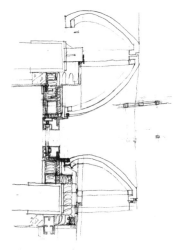

中国驻西班牙大使馆办公楼改造：利用立体"景窗"代替建筑主体结构和空间界面，形成对日常"都市自然"立体陈列式的"框景"。"窗"件是建筑，"造物"亦"造景"。日常生活中最微观的空间片段，却可以像微小的房子般容纳着具体的人之个体身心和诗意。

中国驻西班牙大使馆位于马德里东北部市区馆舍区内，是一座在20世纪80年代设计建造的东西向普通办公楼（现状包含部分住宿功能），现状庭院较小，缺乏层次，入口大厅局促，小开间办公，走廊一通到底，缺少公共空间，东西日晒问题对馆舍办公人员有不利影响，外观陈旧开裂，无法体现国家使馆建筑应有的气质。改造设计通过整合环境，在有限的基地内创造出丰富的景观层次和宜人的休憩场所，并重塑了内部空间，一个自下而上的完整公共空间系统，以精心设计的楼梯、廊道和"景墙"为焦点元素，串联各层，并可通达屋顶庭院和观景平台。

景墙采用当地的石材马赛克传统工艺，以像素化手法再现中国山水长卷，引导人的视线和行动，将空间上下贯通，并营造出不断变化的光线和场景。在内部改造和结构加固的基础上，由内而外更新了建筑外观。

为解决现状办公楼东、西晒问题而悬挂覆盖在原建筑立面外的一整套预制 GRC 立体构件，它的三维几何形态基于结构模数和开窗尺寸，由电脑在窗内外矩形界面之间自动生成最简曲面，形成团扇形状的"框景"，以现代手法为在办公空间内工作的人们呈现中国传统"景窗"画意，并向西班牙天才建筑师高迪致敬。

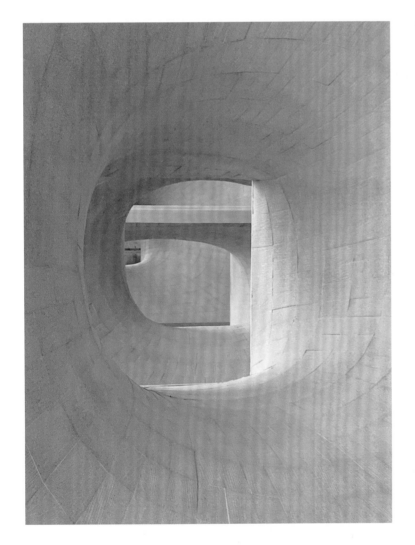

预制 GRC 立体遮阳构件
（中国驻西班牙大使馆办公楼改造，邱涧冰摄）

左：改造前原状
（中国驻西班牙大使馆办公楼改造）
右：总体轴测
（中国驻西班牙大使馆办公楼改造）

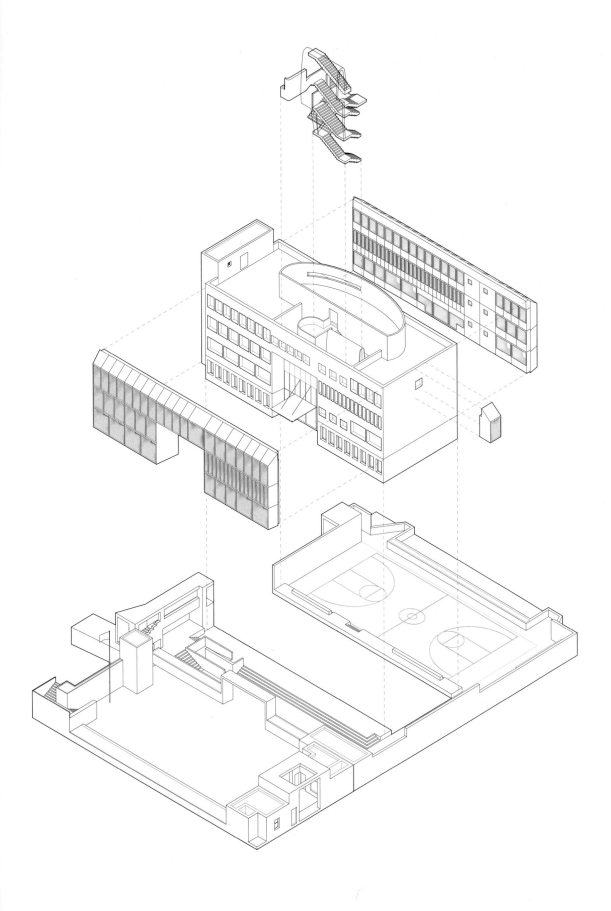

都市聚落

都市人居空间的高密度水平生长和垂直生长，立体聚落与超级城市。

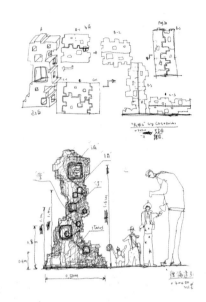

上：前期草图
（乐高1号，李兴钢绘）
右页：局部
（乐高2号）

乐高1号＋乐高2号：既是抽象化的石品，也可被视为建筑模型，甚至可模拟为超级尺度的立体聚落和垂直城市。

乐高1号于2007年完成，并参加了当年的北京大声艺术展、宋庆龄基金会主题展览及工作坊和"城市：开门！"第一届深圳城市建筑双年展，以及2008年在美国纽约的展览及公益拍卖。乐高2号是2008年德国德累斯顿"从幻象到现实：活的中国园林展"应邀参展作品，展览在德累斯顿著名历史建筑皮尔内茨宫（Pillnitz）举办。乐高1号和乐高2号均选用了中国传统中著名的太湖石作为蓝本，并以"瘦漏透皱"为主题。乐高1号以苏州名园留园中的实物"天下第一峰"——"冠云峰"为蓝本，先将实物图像扫描，调整变形，然后设计建造电子模型，最后制作乐高模型，使用了7450个乐高颗粒。乐高2号以明《素园石谱》中的"永州石"图为蓝本，先制作立体的泥塑，之后将其三维扫描，在数字图像基础上设计建造电脑模型，最后制作乐高模型。

"瘦漏透皱"通常被作为中国古典园林中至关重要的太湖石的评判标准，其实也完全可以构成对现代建筑质量的评判："瘦"描述了建筑的外形或形体，"漏"描述了内部的空间变化，"透"描述建筑中的取景，而"皱"则可描述材料和肌理。这两个作品介于人工和天工、建筑和非建筑之间，表达了中国文化中人与自然融合相通的哲学和生活理想。

左：留园中的冠云峰

右：乐高1号

左：《素园石谱》中的"永州石"

右：乐高 2 号

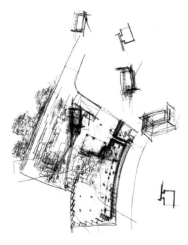

上：下沉庭院
（鸟巢文化中心，孙海霆摄）
下：前期草图
（鸟巢文化中心，李兴钢绘）

鸟巢文化中心：抽象的乐高标准砖块向更大尺度的建筑性构件延伸和转化，营造出特征明显的"人工山体"和建筑空间。

鸟巢文化中心是一个在保护奥运遗产的前提下，对"鸟巢"体育场局部空间的赛后改造项目，构建以"服务创意文化产业、弘扬奥运体育精神"为主题的文化艺术交流平台。由外部的下沉庭院及入口引道和内部的零层及地下一层多功能空间组成。"鸟巢"的整体设计中存在一个对应外立面和屋顶钢结构的不规则轴网和对应内部圆形看台和混凝土结构的放射状轴网，新的设计引入了一个黄金分割比矩形格网体系，叠加在原有"鸟巢"的结构主导轴网之上，并进一步扩展为模数控制下的矩形板块系统，同时作用于平面和立面，建立起一套新的语汇，将室内外空间元素（墙、地、顶）一体化处理，并保留和强化空间中原建筑极具表现力的不规则钢结构斜柱结构构件，生成与"鸟巢"形象空间协调又并置和凸显自身特征的室内空间和庭园景观。

在下沉庭院起造抽象的山景水景，竖向层叠的"片岩"假山和水平拼合的水面、池岸、浮桥、平台、亭榭均由模数控制的清水混凝土矩形单元板块堆叠成形，与爬藤、花草、树木相结合，营造出兼具古意和当代感的山水园林。"片岩"假山与乐高2号类似，其形亦抽象自明代《素园石谱》的"永州石"，其峰一主两次，并向上延伸至下沉庭院顶部及外侧的"鸟巢"

基座景观区，与之游线连通，并设置由基座下行进入文化中心的独立入口。混凝土假山层叠所形成的空间中设有多条阶梯登道，可攀爬、登临，亦有平台、景亭，可驻留、凝望。

水平拼合的混凝土单元板块地面继续向室内空间蔓延，形成连接两层空间标高的叠落状混凝土台地，兼具展示和观演功能；并在上部形成由外向内逐渐抬升的木制板块单元吊顶，和四周的板块单元式墙体及楼梯。空间最内侧是一列由上部建筑延伸下来的"鸟巢"主次钢结构柱，犹如巨大的钢制雕塑装置，尺度撼人。由两端的楼梯上达钢柱内侧的弧形走廊，透过斜钢柱体形成的巨型网格，视线聚焦于眼前一片由上方叠落而下的混凝土台地"山坡"，再透过大厅入口的通长玻璃，延伸至下沉庭院的混凝土"片石"池岸与假山，可望空间、意境深远。原设计中曾在钢结构网格外面再附加一层细密的钢网，形成半透的帘幕，更增视线中空间的层次感，惜未实施。

"台地"大厅
（鸟巢文化中心，孙海霆摄）
后页：下沉庭院与"片岩"假山
（鸟巢文化中心，孙海霆摄）

左：“鸟巢”与改造前的下沉庭院
（鸟巢文化中心）
右：总体轴测
（鸟巢文化中心）

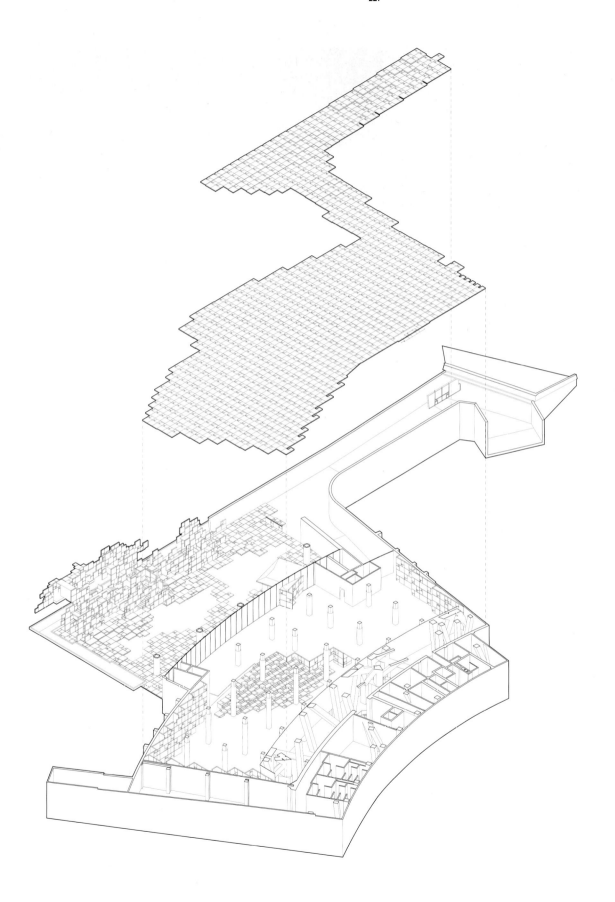

上：总体模型，北立面
（隆福寺项目）
下：前期布局草图
（隆福寺项目，李兴钢绘）

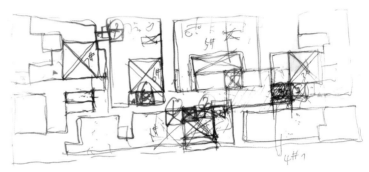

隆福寺项目（地铁六号线东四站织补工程）： 在北京旧城著名历史街区中，以"水平聚落"的空间构成方式，将历史延续至当代。

隆福寺项目位于北京市东城区东四路口西北角，周围既有高大的现代建筑，又有多层和低矮的胡同平房区，并紧邻历史上著名的隆福寺商业街区和历史保护建筑东四工人文化宫等，用地内原为低层民房和沿街商铺店面，有三条步行胡同穿越连接，已建地铁站的风道、紧急疏散口等地面建筑，与之对应的地下设备用房和换乘通道及出入口，需与商业用房统一合建，场地环境及设计需求异常混合、多样、繁杂。

旧城区域的改建，需要在历史中寻找和发现脉络，"市"的历史可以追溯至《周礼·考工记》对都城制度的主张，东四、西四作为北京传统商业区的地位自营城之时便已确立，《乾隆北京全图》中，本项目所处位置正是原东四牌楼的西北角，紧邻当时的繁华集市，被商铺所围绕，其间散布着数个可辨识的完整院落，构成地块蕴藏的历史记忆。设计捕捉了历史记载中的院落内容和组织意向，形成七个大小、内容、设计风格和开放程度不同的立体四合坡顶院落（其中沿东四西大街的三个院落分别邀请另外三位建筑师设计，以强化形成商业街区的多样性），配合现代的"文化商业综合体"运营模式，与其中再现的连通街巷共同组织，形成独特的空间特色，集展览、售卖、创作、体验于一体，使用者可以在内部街巷中穿行，体验集市般的喧嚣，也可步入独立院落，感受难得的一片静谧。

登顶俯瞰，建筑的院落、街巷、屋面、植物与远处连绵的胡同瓦顶建筑相接，古老都市的深远胜景再现于现代的城市。

总体模型，南侧鸟瞰
（隆福寺项目）

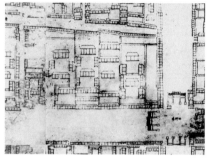

左：用地原状及清乾隆时期用地平面
（隆福寺项目）
右：总体轴测
（隆福寺项目）

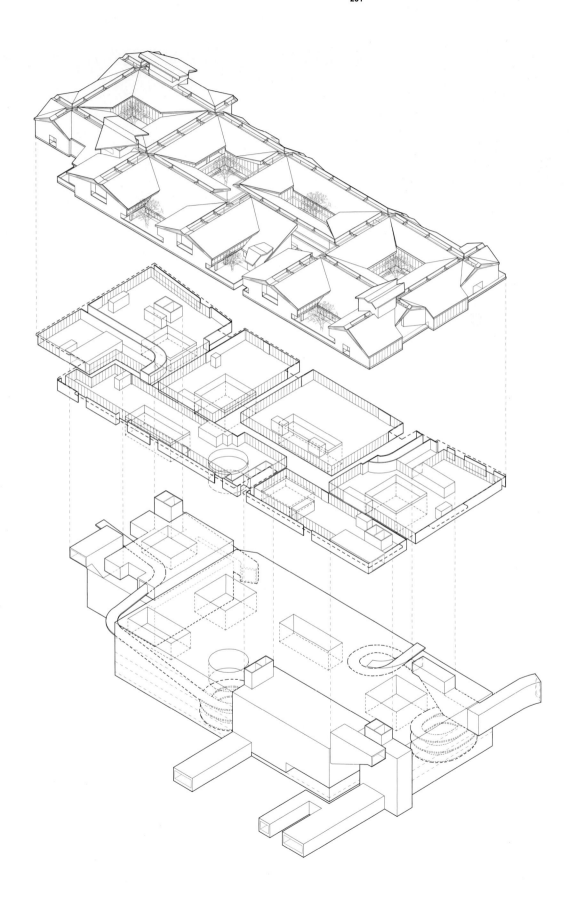

安仁里（安仁金井小镇与廖维公馆改造）：在川西平原现代生活小镇规划设计中，"水平聚落"营造呈现为对这一地域特有的"林盘"式邻里生活空间构型的当代延续和发展。

安仁里位于四川省成都市大邑县安仁古镇的外围、迎宾大道的南侧。用地上现存的廖维公馆是一组独具安仁特色的公馆建筑群落。位于农田之中，掩映于乔灌之间，亦形成了颇具川西特色的林盘聚落，是彼时隐居田园生活的呈现。"安仁里"的总体规划设计以廖维公馆为核心和出发点，以林盘聚落作为类型参照，以其格局所在的轴向向四周延展，形成建筑、街道、田埂、水系与植被。较高的单元式住宅和商业建筑坐落于地块四周，环抱中心低矮的合院与叠拼别墅，形成四周向中心高度逐渐叠落，密度逐渐降低的"缩微林盘"。穿行其间的街道、田埂联系了"彼时"的林盘公馆，"此时"的"林盘小镇"与城镇公共空间，共同描摹了一幅汇聚了安仁聚落文化特质的、寄情田园农耕的生活场景。

安仁游客中心是廖维公馆的改扩建工程，在狭小异形的剩余用地内，沿原有自西向东不断升高、尺度不断变大的三进宅院格局的东、西两侧各扩建一进宅院：西侧，以平缓低矮的坡屋顶体量与"林盘小镇"次入口广场相对，形成尺度亲切的界面和社区公共空间；东侧，坡屋顶自与老建筑贴临处始，环绕庭院以歇山制式渐次抬升，在主入口处形成巨大的坡屋顶入口形象面向城镇空间。三合宅体量被用地红线切割，形成似山墙与正檐交替出现的、兼具传统坡屋顶形制与当代抽象感的多面体量。坡屋顶下组织了游客中心或高敞或狭闭的多样功能空间，游客拾级而上，在与坡屋顶时而亲近时而疏离的流线中到达制高点的观景亭，可以向西俯瞰廖维公馆与扩建部分层叠的屋顶，以及与整个"林盘小镇"连绵铺陈的场景，将游客中心的新老部分、"林盘小镇"与廖维公馆通过视线联系在一起。

廖维公馆西北侧人视（安仁里，李兴钢摄）

左：林盘与公馆旧貌
（安仁里）
右：总体轴测
（安仁里）

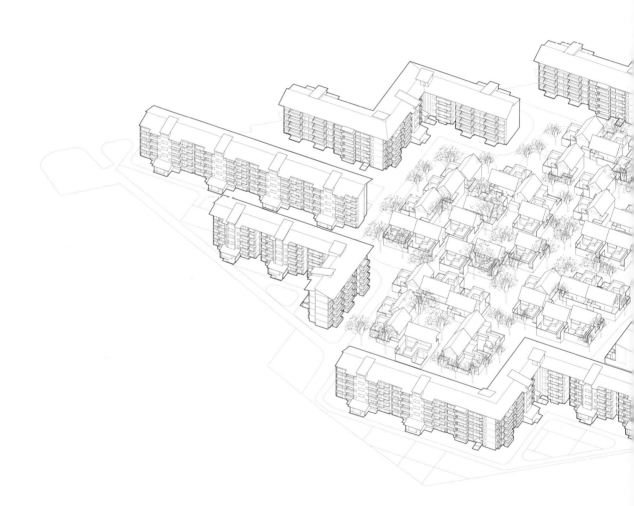

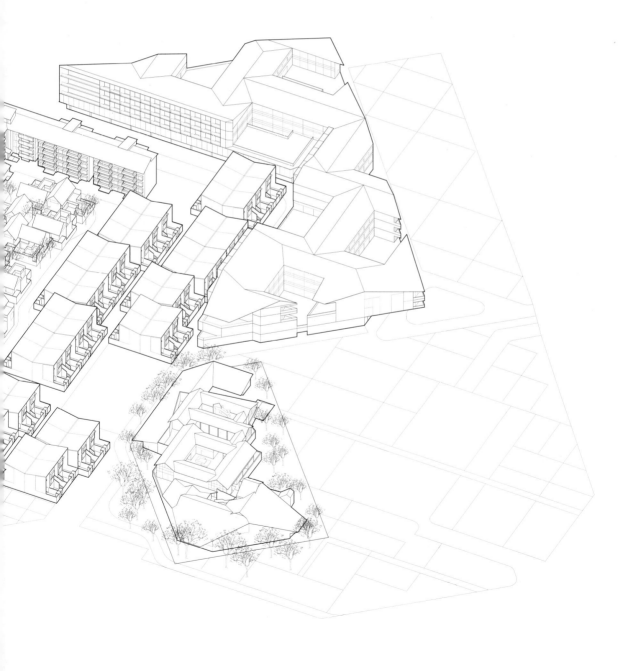

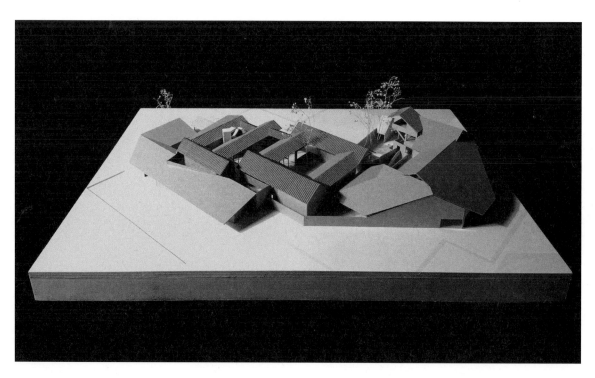

左：公馆模型
（安仁里）
右：公馆轴测
（安仁里）

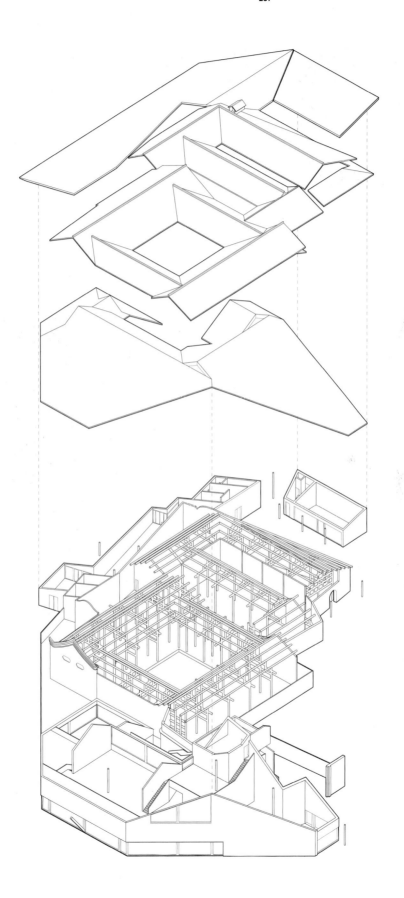

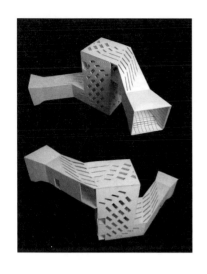

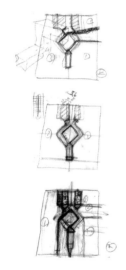

上："风径"模型
（威海"Hiland·名座"）
下：前期草图
（威海"Hiland·名座"，李兴钢绘）

威海"Hiland·名座"：当代城市高密度环境中"竖向叠摞"式聚落营造的试验。将人居单元之间的"空隙"利用为公共休闲、交流、观景空间，并与独特的自然通风系统——"风径"的设计和组织密切结合。

"Hiland·名座"位于山东半岛上威海城市干道海滨路和渔港路的交口处，临近东部海滨，是一座以SOHO办公为主、兼具商业功能的房地产开发建筑。设计根据当地的主导风向（夏季以东南风、南风为主，冬季以西北风为主），利用气流的基本原理（对流、气压差、热压"烟囱"效应等），以低技的、简单直接的自然通风方式，在建筑内不同高度设定了多组下进上出、南进东出的"西南—东北"走势的"风径"，从而有效引入夏季风穿过建筑内部以降温除湿，同时最大限度地回避冬季风对建筑的不利影响，并在设计过程中使用了CFD计算机模拟技术对风速、温度、湿度等进行舒适度模拟验证和校核，使建筑内尽量多的房间能够在夏季通过自然通风的方式降温，从而减少空调设备在夏季的使用。"风径"口部设置了可密闭的旋转门，根据外部天气的变化调节门的开闭情况以产生舒适的建筑小气候，实现建筑室内外空间的自然转换。这是一幢被动式节能的绿色生态建筑，无须采用昂贵复杂的技术，具有良好的推广性，是对当代可持续发展建筑理念的较早的尝试。"风径"的设置不仅可以有效地改善建筑内部小气候——降温除湿，也形成了积极的空中邻里交往空间和面向大海和城市的观景平台，使自然环境和人的活动在建筑中交融共存，也使建筑以一种开放的姿态和形象存在于城市之中。最为重要的是，通过"风径"的引入和设置，这一原本普通的高层建筑成为几组以各自的"风径"为核心空间的"城市聚落"，向着天空垂直延伸、叠摞。

　　建筑立面块体图案的划分依据了原有周边的小尺度城市建筑，并暗示内部"聚落"空间的构成，形成新、旧建筑之间的对话和延续。

上：前期草图
（威海"Hiland·名座"，李兴钢绘）
下：西北侧街景
（威海"Hiland·名座"，李宁摄）
后页："风径"内部人视
（威海"Hiland·名座"，李宁摄）

左：威海湾
（威海"Hiland·名座"）
右：总体轴测
（威海"Hiland·名座"）

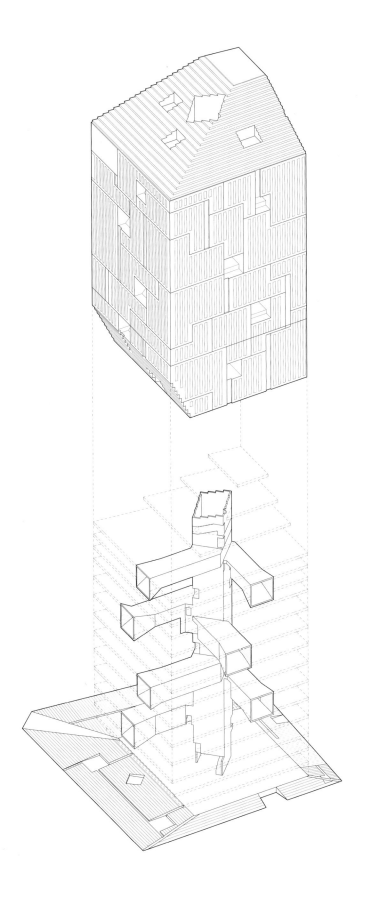

唐山"第三空间"：当代都市高密度环境中的"垂直聚落"营造。

"第三空间"位于繁华而"单调乏味"的唐山市中心建设北路，其用地东侧紧邻一片南北向平行排列的工人住宅。建筑朝向、布局和塔楼及裙房的体量、形状几乎完全由日照计算得出，以满足严格的日照法规要求：两栋平行的百米板状高楼顺着西南阳光的入射方向旋转了一个角度，朝向东南方向，裙房的屋顶也被"阳光通道"切成了锯齿形状，东侧留出一个带状的庭园空地。

"第三空间"居住综合体试图表达这样的意象：一个向高空延伸的立体城市聚落，城市中垂直叠摞的76套"别业"宅园。"标准层"中惯常平直的楼板被以错层结构的方式层层堆叠，形成每个单元中连续抬升的地面标高，犹如几何化的人工台地，容纳从公共渐到私密的使用功能，使人犹如在山地上攀爬穿行，在不断的空间转换中形成静谧的氛围。收藏及影音空间被塑造成"坡地上的小屋"形态，大小、形态、朝

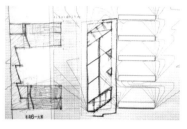

上：总体模型
（唐山"第三空间"）
中：由日照计算控制的布局草图
（唐山"第三空间"，李兴钢绘）
下：单元剖切模型及草图
（唐山"第三空间"，李兴钢绘）

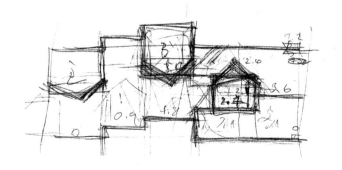

向各异的"亭台小屋"被移植于立面，以收纳城市风景，并且就像敞开于都市的一个个生动的生活舞台，成为密集分布的垂直"城市聚落"的象征；顶层单元中，则凭借屋顶之便，引入真正的葱郁庭院，与通常的别墅相比，这里的高度大不相同。

所有复式单元在垂直方向并列叠加，对应的建筑立面悬挑出不同尺度及方向的室外亭台，收纳下方和远处的城市及自然景观，自身也成为城市中的新景观。

西南侧街景
（唐山"第三空间"，张广源摄）

左："单调乏味"的平行城市
（唐山"第三空间"，张广源摄）
右：总体轴测
（唐山"第三空间"）
后页：北立面夜景
（唐山"第三空间"，张广源摄）

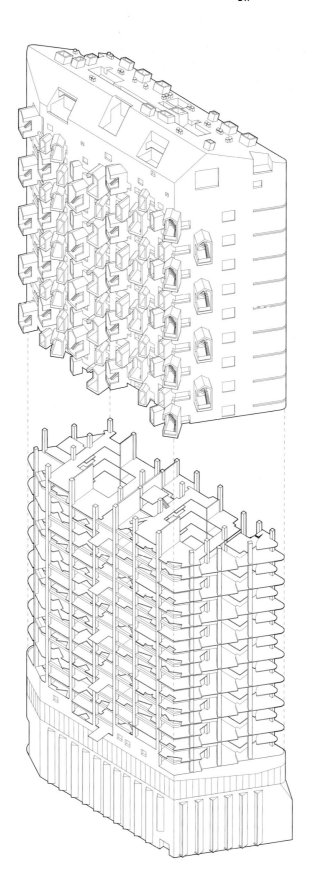

单元群落

结构 / 空间单元组合而为建筑或建筑群落 / 聚落，并在空间组构中自始至终体现出对各种"自然之景"的朝向、框界、聚焦和诗意之关照与体验。

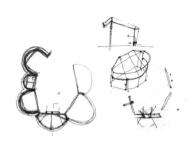

左：前期草图
（元上都遗址工作站，李兴钢绘）
右：总体模型，南立面
（元上都遗址工作站）

元上都遗址工作站是第一次对"单元群落"模式的探讨和尝试。无论传统还是当代，聚落的营造都天然需要由人居性的单元进行不同方式的组合而成，我称之为结构／空间单元，它们既是结构性也是空间性的，还是对应人们各种生活需求的使用性或功能性的。

元上都遗址工作站位于世界文化遗产——元上都遗址的入口处，是锡林郭勒大草原上的一个小建筑，但被进一步化整为零为大小不一的若干圆形和椭圆形坡顶的小小建筑，又按使用功能被分类组合及相互连接，形成一群彼此呼应的小小聚落。这组小建筑朝向外侧的连续弧形界面，罩以白色透光的 PTFE 膜材，带来轻盈和临时之感，似乎随时可以迁走一样，暗合草原的游牧特质，同时表达了对遗址的尊重；而建筑朝向内侧的部分，其坡顶弧形体量在严密的几何规则控制下被连续剖切，形成连续展开的、呈曲线轮廓起伏波动的折线形内界面，并暴露出膜和混凝土两种结构，以这样具有强烈动感和自由感的人工界面，对话于苍茫的自然草原和静谧的遗址景观。游客向着古老的遗址行进，远远辨认出一组洁白的"小帐篷"，似乎与周边的传统蒙古包并无太大差异；走近它们，会发现这些"小帐篷"似乎有些不那么一般：朝向外侧的连续弧形膜表面，与朝向内侧庭院的转折而连续的墙面和屋檐形成了强烈的对比；进入室内，外窗和天窗勾勒出方形的草原和天空画面；到达遗址区，站在高处回望，工作站又变成了茫茫草原上的一簇白色的圆点。由远及近，又由近至远，这组貌似却不同于通常印象的草原建筑给造访的人们带来小小的戏剧性。

微小与宏大、轻盈与厚重、临时与永固，建筑在跟环境对照之下的呈现，既有对自然、人文和历史的充分尊重，也有自身分寸恰当的存在感。

基地北侧看工作站
（元上都遗址工作站，张广源摄）
后页：从半围合庭院看远方遗址
（元上都遗址工作站，张广源摄）

左：广袤的草原和远处的元上都遗址
（元上都遗址工作站，李哲摄）
右：总体轴测
（元上都遗址工作站）

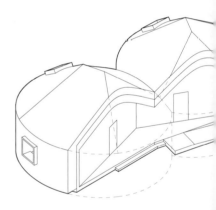

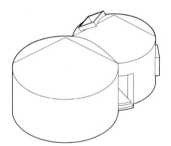

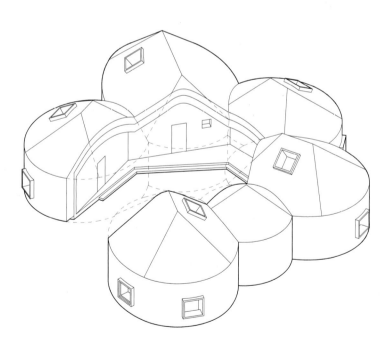

上：结构模型，反向悬挂实验
（吕梁体育中心）
下：起伏的屋面与连绵的远山
（新疆第十三届全国冬运会冰上项目场馆竞赛
方案）

吕梁体育中心：遵循着与元上都遗址工作站的结构 / 空间"单元群落"的相似逻辑，可以看作是元上都遗址工作站的放大版，也是另一个重要设计项目——**新疆第十三届全国冬运会冰上项目场馆竞赛方案**失利后的延续之作。

作为"造城运动"的一部分，吕梁体育中心位于规划中的新城中心区域，两侧分别是因少水而近乎干涸的河流和黄土高原的丘陵山脉。巨大体量的"一场两馆"和体育运动学校，以著名的"反向悬挂实验"辅以数字扫描找形、并以严密几何方程计算确定，生成一组彼此自由聚合、连接的大型抛物面拱壳结构，形成群组开放式围合的界面和广场，作为广大市民室

内外体育运动和观演集会活动的公共空间，可以容纳一个标准足球场及 400 米环形跑道兼作训练场地，周围是由位于高起基座之上各场馆的入口台阶所构成的室外看台，宏大而亲切，人们可以从多方向进入这一既围合又开放、具有吸引力的中心场所。建筑群组合中心广场与用地内保留的余脉山体相插接，并将外部雄浑、连绵、壮阔的山脉与大地景观因借收纳于巨大的外部广场空间。整个建筑群体共同构成具有张力的建筑形态，如山脉一般连绵起伏，也形成未来城市中与自然景观相呼应的人工地景。

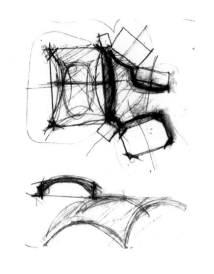

上：前期草图
（吕梁体育中心，李兴钢绘）
下：总体模型
（吕梁体育中心）

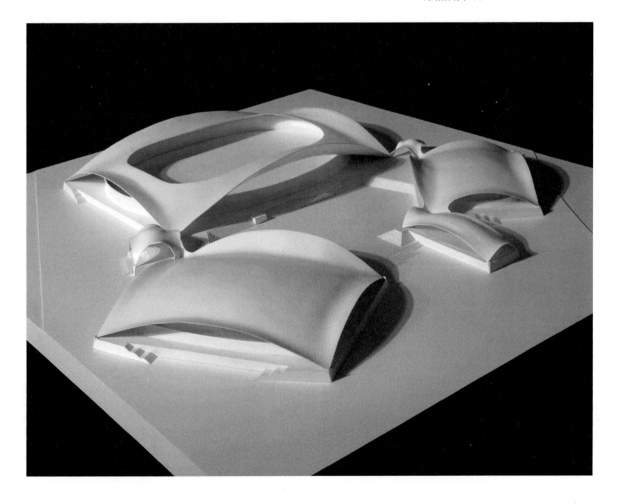

左：黄土高原上连绵起伏的地貌
（吕梁体育中心）
右：总体轴测
（吕梁体育中心）

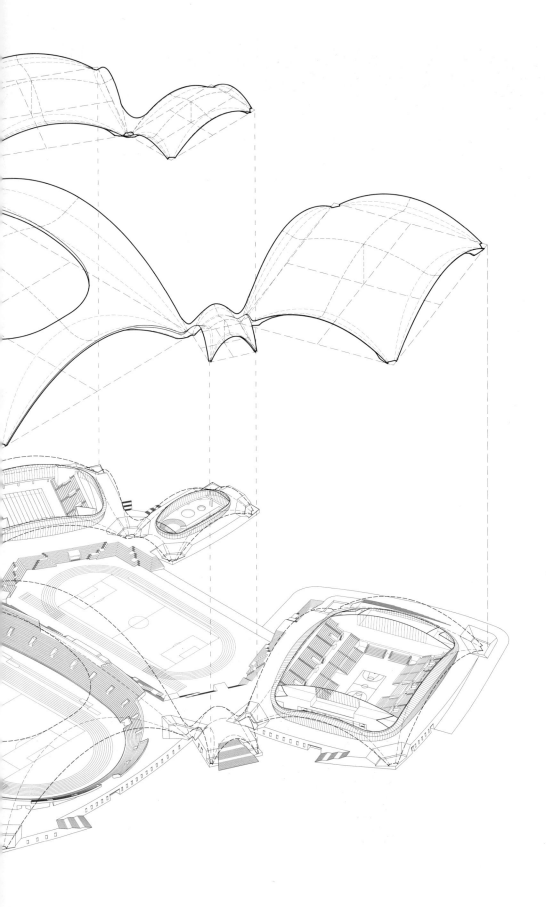

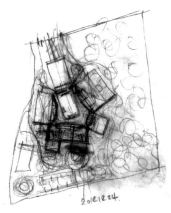

2012.12.24.

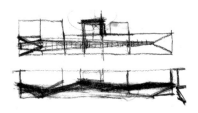

左上：总体模型
（中国驻爱沙尼亚大使馆）
左中：前期草图
（中国驻爱沙尼亚大使馆，李兴钢绘）
左下：总体模型，面向树林的东立面
（中国驻爱沙尼亚大使馆）
右页：总体模型，新老建筑屋面形式相呼应
（中国驻爱沙尼亚大使馆）

中国驻爱沙尼亚大使馆：超越建筑类型和地域、文化的限制，继续延伸和呈现"单元群落"的理念逻辑。

中国驻爱沙尼亚大使馆位于爱沙尼亚首都塔林新城卡德里奥公园保护区内，北临波罗的海，森林植被茂密，基地内有一处被当地列为历史保护建筑的独栋别墅和附属石造建筑。将单一的大体量分解为四个跟保留历史建筑相当的中小型体量，分别容纳活动、办公、辅助用房等不同功能，使得新建体量与周围住宅和保留建筑在尺度上接近。四个体量角部相接，以环绕的方式形成一个半围合的庭院，庭院开口则朝向场地东侧坡地上一片密林。一个条形的公共空间将四个分离的体量联系起来，呈现出一个外部相互分离、内部连为一体的姿态。朝向树林的一侧，切削屋顶并降低檐口高度，以减小对树林的压迫。几个突出的建筑体量在高度、檐部以及屋顶形式的处理上跟历史建筑相协调，凸出的景亭与历史建筑屋顶老虎窗在形式上呼应。

屋面和墙面通体采用暗红色清水混凝土材质，坚实封闭，既适应当地长冬寒冷的气候特征，又赋予建筑一种当代的抽象性形式特征，并与以内向对景庭园为核心的"中国式"抽象性空间形成对应。

左：场地中的树林及现状馆舍
（中国驻爱沙尼亚大使馆）
右：总体轴测
（中国驻爱沙尼亚大使馆）

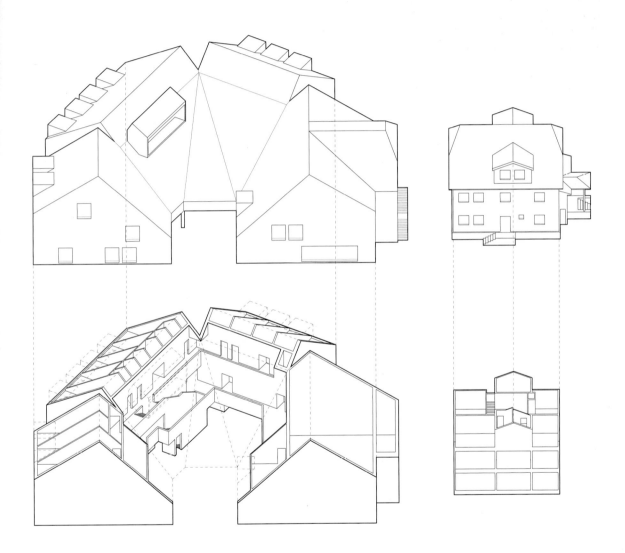

左上：单体
（"聚落"卡座）
左中：前期草图
（"聚落"卡座，李兴钢绘）
左下：制作模具
（"聚落"卡座）
右页：正视和背视
（"聚落"卡座，李兴钢摄）

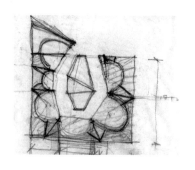

"聚落"卡座：名为"聚落"（set-all）——聚而落座，是"单元群落"在家具尺度上的再现。

这组为上海虹口区 1933 老杨坊附近的"旮旯"酒吧设计的限量版坐具及茶几，将内蒙古锡林郭勒大草原上元上都遗址工作站的建筑空间构成，转化为高低错落、具有空间感的椅子群。它们既可以或紧凑或散漫地聚合布置，也可以或三两或一二地分散而独立存在。实木框架 + 实木生态板材，椅子的木框架朝外露空，而朝内的靠背扶手座面铺为实体，不同角度虚实互映。配有木质台灯，制造氛围及方便阅读。椅子大小、高低、单双、深浅不一，造成坐者的多样坐姿，人和椅一起形成内聚的图景。

椅子是最微观的建筑物，作为生活中最小的载人单位，是对设计中生活逻辑的探究，如建筑支撑城市文明一样承载着人们的日常起居。在中国的传统中，家具更是城市和建筑系统的延伸，一件家具，与西班牙使馆的遮阳"窗件"类似，是日常生活中的微观空间片段，但又从来不是可以随意放置在任何空间的配搭物件，而是像一座微小的房子，容纳着具体的人的身心和生活，于细微日常中呈现个体的诗意。

左：卡座，作为城市中的"建筑"
（"聚落"卡座）
右：卡座，作为酒吧中的"器物"
（"聚落"卡座）

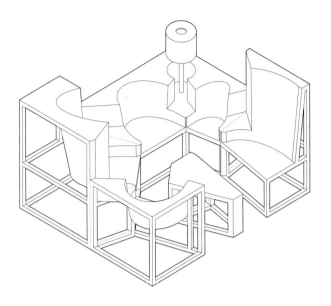

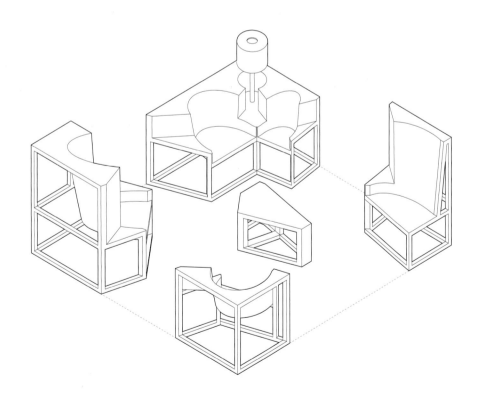

结构场域

以建筑结构或"结构聚落"重塑地形，建立秩序，构建场域，
引领叙事。

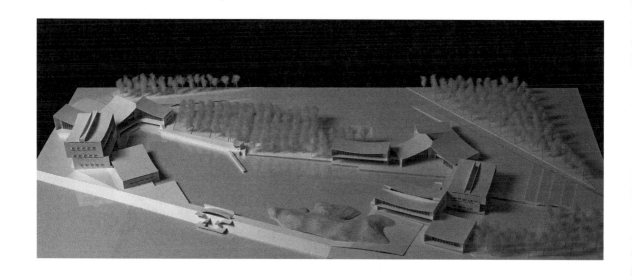

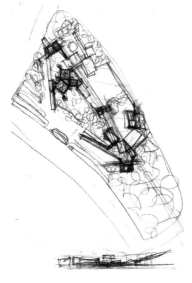

上：总体模型
（玉环县博物馆和图书馆）
下：前期草图
（玉环县博物馆和图书馆，李兴钢绘）

玉环县博物馆和图书馆：再次探讨了对建筑基本单元及其组合以生成建筑和组群空间的研究。

玉环县博物馆和图书馆位于浙江省台州市的海岛县——玉环的填海新城开发区，玉环老城的坎门一带空间极具特色，以隧道—山—港—湾—海峡—对景岛的元素，构成了极具本地渔港特色的空间形态。在新区两馆的设计及其所在城市公园近乎"荒芜"的环境中，移植了坎门渔港的空间形态，并使将两组建筑结合其间的广场和水景设计共同形成"山水之势"，在形成两馆独立使用流线的同时，营造了具有空间层次的整体环境空间。

由一种反曲面的混凝土悬索结构和一种类似形式的大跨度鱼腹梁结构作为基本结构和功能、空间、形式单元，在水平和垂直两个方向被反复组合、变异、连接与围合，以对应功能、行为、地形、观景的需要，两组"结构聚落"营造出独具特征的场域氛围，在形成室内无柱空间和室外群组空间的同时，将一处全无特征的填海区域自造成建筑与水景及建筑之间互动互成的、世外桃源般的"人工山水",并因借远处的自然山水,合之以为"胜景"。

博物馆和图书馆均为由曲面屋顶建筑单元组构而成的现代"渔村聚落",两组建筑群置放在巨大的石砌基座之上,分别经由长长的坡道或台阶抵达,人们"穿山入港"——穿越隐藏着建筑入口的"隧道"式架空空间,进入门厅或其后半围合的内庭,建筑的空间单元之间相互咬合,串联或叠摞成不同的使用空间。两组建筑的内庭相对遥望,并由长长的景观水面连通起来,相互形成彼此的对景,加上其间的"渔亭""码头""堤坝"、台阶、树林等景观元素,共同构成玉环老城的"渔港"意象。

模型,单元内部
(玉环县博物馆和图书馆)

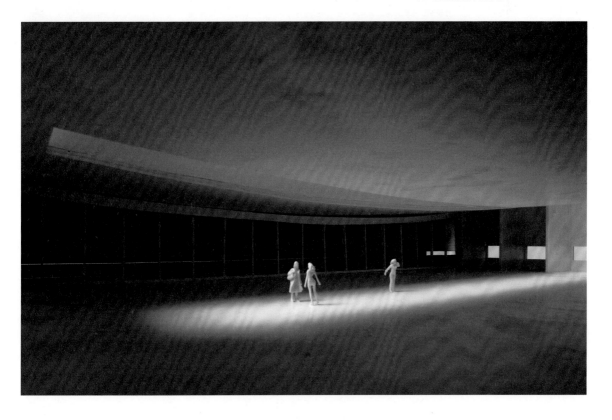

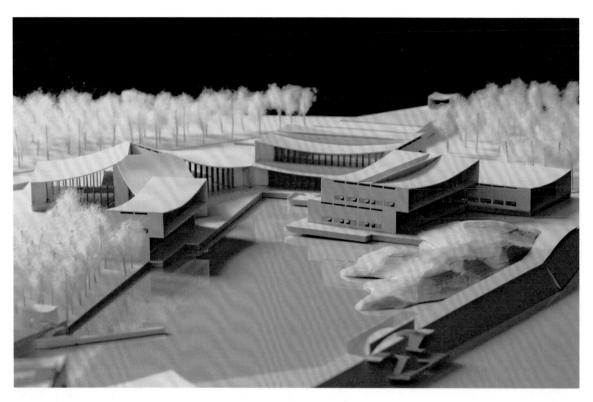

总体模型，图书馆
（玉环县博物馆和图书馆）

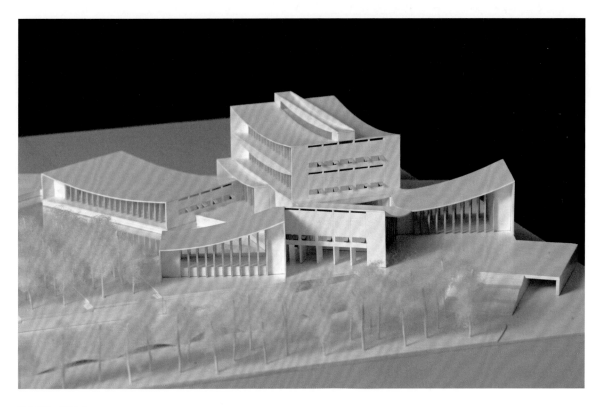

总体模型，博物馆
（玉环县博物馆和图书馆）

276

左：玉环新区城市公园
（玉环县博物馆和图书馆）
右：总体轴测
（玉环县博物馆和图书馆）
后页：施工中的图书馆
（玉环县博物馆和图书馆，李季摄）

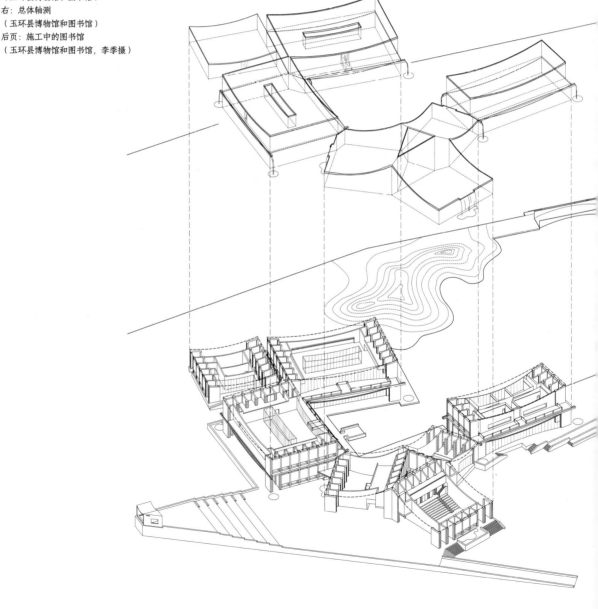

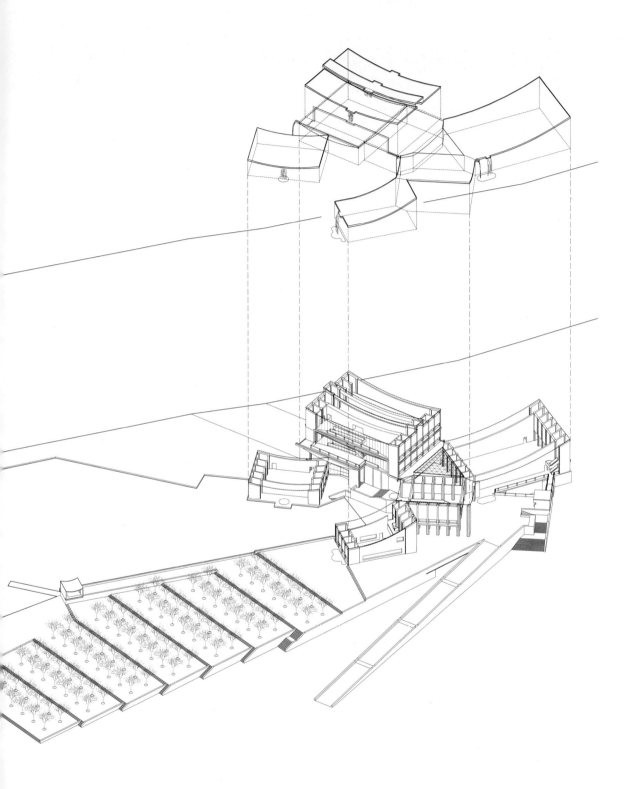

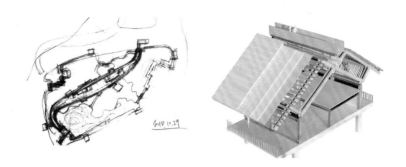

左：前期草图
（济南小清河湿地垂钓中心，李兴钢绘）
右：双屋架交错结构模型
（济南小清河湿地垂钓中心）

济南小清河湿地垂钓中心：架设在湿地小岛上的一个廊式建筑中的 44 榀钢木复合门架，双屋架交错，同构变形，适应柱跨的缩放变化，构成单纯的坡屋顶形态，覆盖"复廊"式漫游空间，并自然形成屋顶的通廊和景亭，可观拂柳漫漫、蒹葭苍苍。

垂钓中心所在的小岛偏在济南小清河湿地东侧一隅，小岛方圆三十余亩，西南以桥连接陆路，东北角设码头沟通水路，小岛四面环水，草木葱茏，环境幽僻。湿地湖泽历来是泛舟垂钓佳处，意属此岛为"钓岛"，建造一处兼具文化与休闲的垂钓中心，或独钓寒江或渔歌唱和，且游、且憩、且钓、且饮……环岛驳岸滩台，细经整饬，设十余个钓台，并设置景观小径，依山就势，曲折尽致；掇山理水依据小岛原始地形，岛内引水，挖土堆山；设置一条主路径将西南的陆路登岛点与东北的水路登岛点相连，路径迂回避让高地，产生弯折，逶迤贯穿全岛，岛内主建筑沿主路径安置，贯穿水陆两入口；路径南侧高木葱茏，北侧蒲草匍匐。钓台、浮桥、曲径、亭榭……可游可憩；采薇、揽月、扶风、观丘……处处皆景。

来兮，去兮，曲折迂回的路径转化为建筑的廊式体量，体量端部收缩，中部扩大，建筑中部引入一道连续的墙体，形成"复廊"空间，引导"归去来兮"的流线，墙体回折，形成大小、方向不同的功能空间，折墙立体延展，引导出结合楼梯、屋顶长廊、屋顶休息亭、水榭等一系列连续多变的空间体验。建筑轻触自然，以匍匐呼应地形变化的架空平台，承托上部轻巧的木廊，平台微微下弯，贴合地形；长廊屋脊上弯，适应内部功能空间，木廊的内、外、上、下对环境做出反应，形成一个立体的体验系统。

　　建筑以木、石、苇为主要材料，辅以木模混凝土和少量金属材质，景窗也以自然的叶、花、果为形。

上：总体模型，长立面
（济南小清河湿地垂钓中心）
下：总体模型，短立面
（济南小清河湿地垂钓中心）

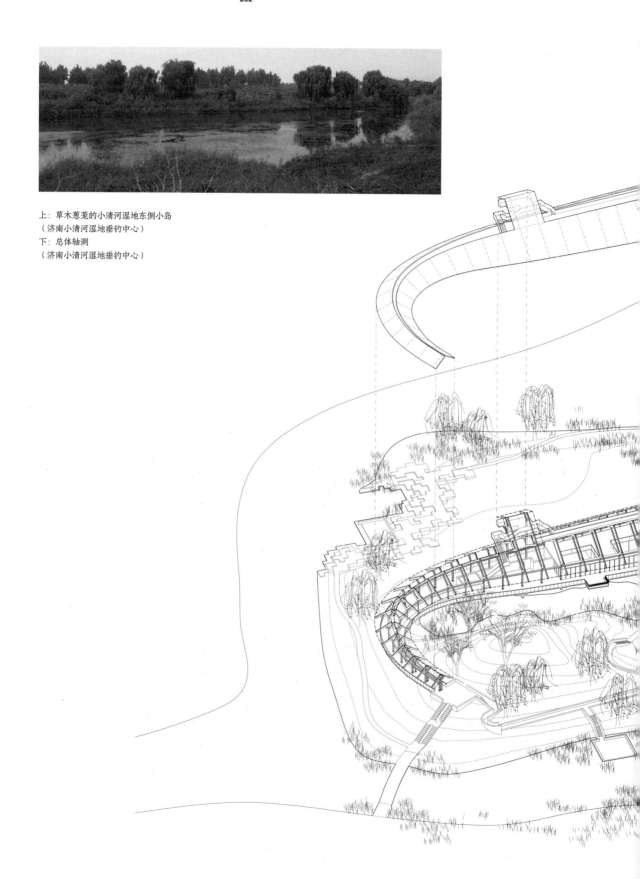

上：草木葱茏的小清河湿地东侧小岛
（济南小清河湿地垂钓中心）
下：总体轴测
（济南小清河湿地垂钓中心）

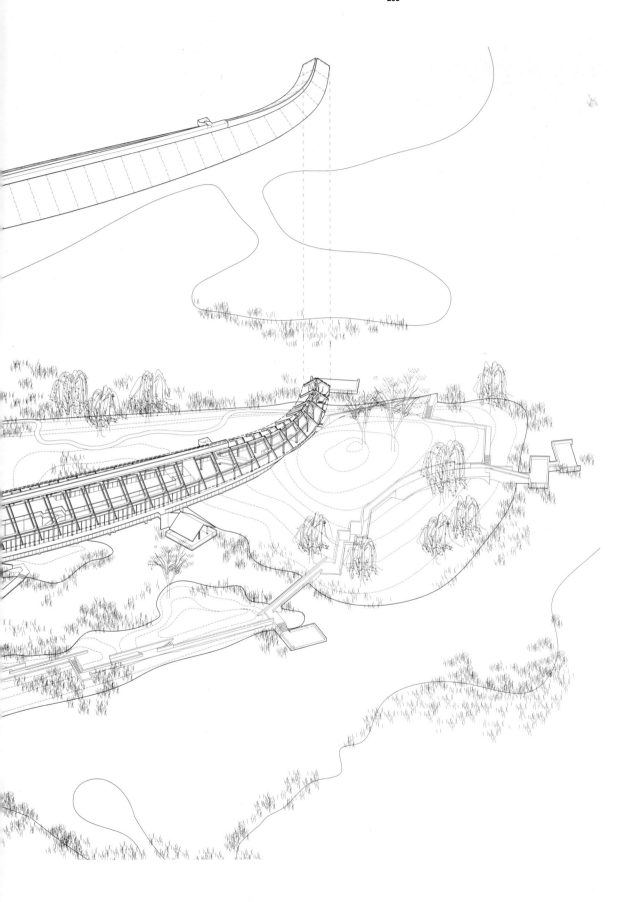

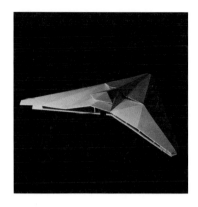

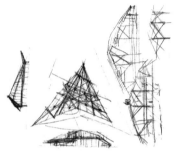

上：总体模型
（第 15 届世界田径锦标赛注册中心）
下：前期草图
（第 15 届世界田径锦标赛注册中心，李兴钢绘）

第 15 届世界田径锦标赛注册中心： 具有城市历史遗产性质的大型标志性建筑的附属建筑，在国际事件和快速设计建造背景下，特定结构形式适应特定的建筑形态，构造特定的内外空间场域和氛围。

世锦赛注册中心位于国家体育场即"鸟巢"用地内的室外热身场北侧，服务于 2015 年 8 月在国家体育场举办的第 15 届世界田径锦标赛，赛后按商业办公功能预留。项目最大的挑战是，从设计到建成使用仅有三个月的时间，需要选择合理的设计和建造方式，以控制建设周期和保证建筑品质。为满足面积要求及高度限制，在基地内除道路及停车区域之外，建筑尽量平展，占满基地。建筑整体北低南高，中部微微隆起，低调地匍匐在国家体育场北部，完好保持了原有的国家体育场的周边视野和环境氛围，同时为所在场地赋予新的特质。

采用了变化的坡屋面形式来尽可能降低建筑高度，弱化建筑体量，建筑的坡屋顶在各个方向形成不同的立面形态回应建筑周边的场地特征。为了能同时适应赛时的大量人流以及赛后的商业运营，室内为大空间，中间隆起部分形成变化净高的室内空间，中部屋面翻折形成高侧窗，为中间较暗的区域提供采光，并为将来设置局部夹层预留了条件，南部屋面突起的亭子平台形成朝向国家体育场的观景视野，东西两侧周边高起的台基与挑出压低的屋面檐口共同形成了一圈近人尺度的漫步檐廊；采用特殊的"伞"形钢结构支撑起伏的屋面，并以预制拼装的方式满足快速施工的要求，屋顶采用 2.6 米的正交网格体系减小屋面的跨度，下部结构柱并不直接接触屋面，而是通过斜向支承屋面的重量——斜撑连接屋面的网格体系的交点与柱子，每根柱上的斜撑分布在两个不同的标高位置，形成伞柱结构，"伞柱"斜撑顺应屋顶标高变化，自然形成了各组斜撑间的标高起伏。室内的柱子在 8 米 × 8 米的网格体系内形成了有致的序列，柱子顶部支出的斜撑延伸顶向起伏的屋顶，由于屋顶的标高起伏，斜撑因此是 8 米柱网和 2.6 米网格间的自然过渡，斜撑的角度与长度的变化与柱子的秩序形成了对比。

场地北部临近区域的绿地内现存几棵大树，并放置着国家体育场基座上的景观条石，于是在建筑屋顶留出了洞口让树木主干可以穿过，条石则作为公共休息座椅的同时也起到了界定入口空间的作用。

总体模型
（第 15 届世界田径锦标赛注册中心）

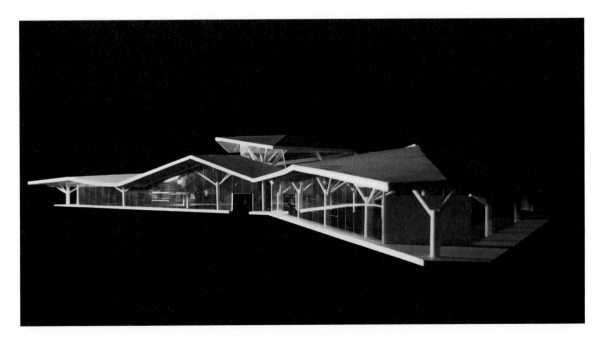

左：基地位于"鸟巢"以北的室外热身场北侧
（第 15 届世界田径锦标赛注册中心）
右：总体轴测
（第 15 届世界田径锦标赛注册中心）
后页：室内人视
（第 15 届世界田径锦标赛注册中心，孙海霆摄）

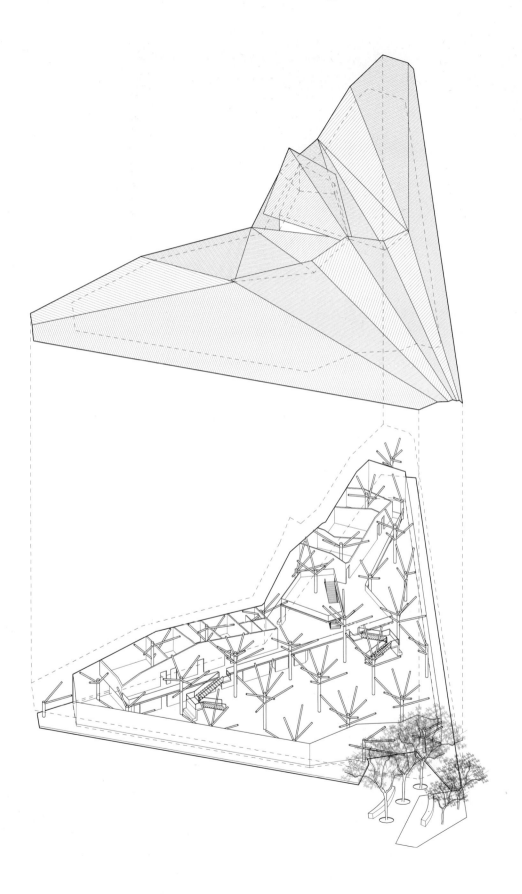

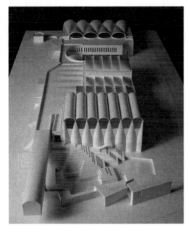

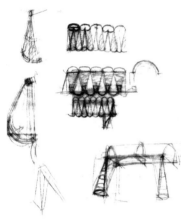

上：总体模型
（天津大学新校区综合体育馆）
下：前期草图
（天津大学新校区综合体育馆，李兴钢绘）

天津大学新校区综合体育馆：在空白之地，就像人类聚居之初，以"结构聚落"的方式，在外建立建筑及其场所的沉静场域之存在，在内形成建筑及其内部空间的动人场域之氛围。

综合体育馆位于天津市区和滨海新区之间的海河教育园区里的天津大学新校区，毗邻海河中游，周边都是从零开始快速建设的新城场地，对于来到这里生活、学习、工作的人来说，充满断裂、荒芜和空白，缺乏归属感和场所感。综合体育馆是一个室内与室外、地面与屋面一体的"运动综合体"。将各类运动场馆的空间依其平面尺寸、净高及使用方式，以线性公共空间串联，一系列使用于屋顶和外墙的筒拱、直纹曲面、锥形曲面的混凝土壳体结构单元及其组合，带来适宜跨度的运动空间、高侧采光和热压通风，并形成沉静而多变的建筑轮廓，犹如多簇运动空间组合而成的密集"聚落"，"从复数出发，实现一个单体"[8]。在几何逻辑控制下对建筑结构／空间单元的探寻和运用，对话和呼应于由于快速建设而呈现断裂感的新校区场地的"空白自然"，建立起建筑及其空间的存在感和场所感；同时，空间中结构的不同尺度和形状呼应着人的身体及其运动所产生的不同延伸状态，与这些充满生命活力的特殊"人体自然景观"互动互成，

---

8. 窦平平. 多义的结构：关于天津大学新校区综合体育馆 [J]. 时代建筑，2017, No. 161(03): 86-95.

9. Eduard Koegel 在 world-architect.com 上关于天津大学新校区体育馆的评论文章中写道："The calm appearance to the outside and the strong atmospheric space inside are like two sides of the same coin." 网址：https://www.world-architects.com/en/architecture-news/reviews/sports-on-campus?from =timeline&isappinstalled=0.

10. 同 8

来自游泳馆侧上方的自然光不仅照亮了结构，也映射着波动的水面和游动的身体，人们在空间中既能意识到人工结构的存在和庇护，同时又强烈地感受到"自然"的围绕和笼罩，从而形成强烈的空间场域并唤起一种使人沉浸其中的诗意情境，"沉静的建筑外观与强大氛围感的内部空间，是一币之两面"[9]。结构成为建筑处理及存在于环境、功能、空间、形式、建造、人、风景诸要素之间的中介物，如同物理学中的"介质"一样，结构的形状、质地和状态决定了建筑各种其他"能量"的传递方向和强度。"以结构发端，建立最初的秩序……以结构的形态重塑地形，以结构的组群建立关联，以结构的定位构建场域，以结构的物化引领叙事。"[10]

北侧半鸟瞰
（天津大学新校区综合体育馆，孙海霆摄）

公共大厅人视
（天津大学新校区综合体育馆，张虔希摄）

游泳馆人视
（天津大学新校区综合体育馆，孙海霆摄）

左：从零开始快速建设起的新城区
（天津大学新校区综合体育馆，张虔希摄）
右：总体轴测
（天津大学新校区综合体育馆）
后页：从2号馆看1号馆
（天津大学新校区综合体育馆，张虔希摄）

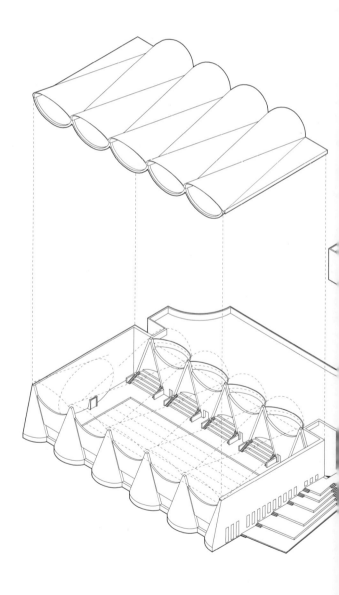

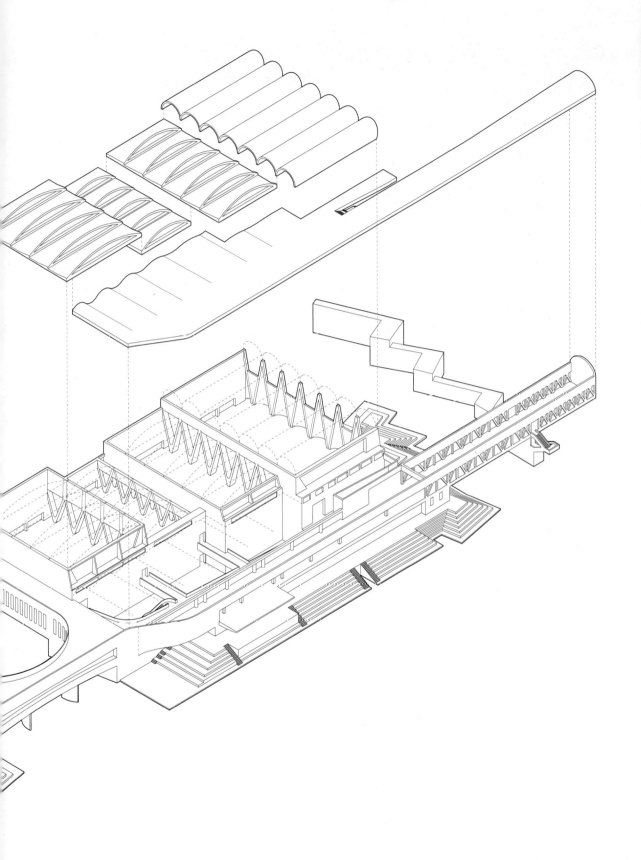

筑房拟山

折顶拟山，山房成园，丘山栈道，人工地形，以房现山，以房为山，唤起自然之物与人类居屋、人造山水与身体心灵的因应关联。

左：前期草图
（绩溪博物馆，李兴钢绘）
右：总体模型
（绩溪博物馆）

绩溪博物馆：用恰当的结构组合、排列和延伸方式，使建筑屋面起伏如人工之山，呼应于山水自然，因应于体验者的身体和心灵。

绩溪博物馆位于安徽黄山东麓、山水环绕的绩溪县城，是一个有千年历史的华阳古镇中心，周围是密集的民居，还有商铺、中学和街道、城市小广场。"留树做庭"：保留用地内的四十多棵现状树木，设置多个庭院、天井和街巷，水圳汇流于前庭，作为公共空间成为绩溪的城市客厅；"折顶拟山"：整个建筑覆盖在一个连续的屋面下，起伏如山的屋面轮廓和肌理仿佛绩溪周边的山形水系，又与整个城镇形态自然地融为一体，按特定规则组合布置的三角形钢屋架结构单元（其坡度源自当地建筑），成对排列、延伸，既营造出连续起伏的屋面形态，又直接暴露于室内，在透视作用下，呈现出蜿蜒深远的内部空间。

一条全天候对市民开放的室外立体观游路线，将观众缓缓引至建筑东南角的观景台，俯瞰建筑的屋面、庭院和远山，人工的建造、历史的古镇与自然的树木、远方的山水相互对话、应和的空间诗意，便在行望观游者的心中浮现。"因树为屋随遇而安，开门见山会心不远"，胡适先生青年时代手书的这副诗联，恰与绩溪博物馆的设计理念不谋而合，"树"与"屋"，"门"与"山"——自然之物与人类居屋之间的因果关联，"随遇而安，会心不远"——自然与人工之交互契合所引导的自然景观与人的身体、生命和精神的高度因应，心中理想的生活居所和人生境界因此被营造而成。通过营造物质实体和空间并与那些久已存在的山水树木自然相关联的方式，触碰敏感的生活记忆和理想，抵达人的内心世界；并作为一种见证和媒介，把过去、现在和将来联系起来。

水院人视
（绩溪博物馆，李兴钢摄）

左：山水环绕的绩溪县城
（绩溪博物馆，李哲摄）
右：总体轴测
（绩溪博物馆）
后页：鸟瞰夜景
（绩溪博物馆，夏至摄）

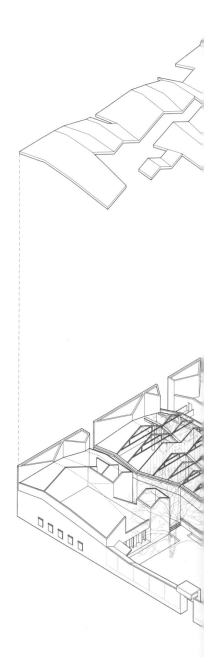

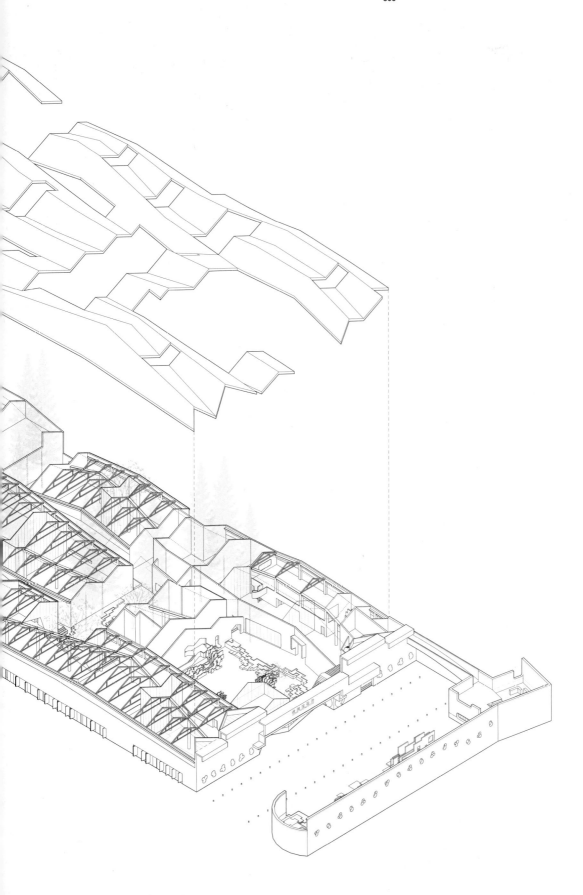

树院人视
（绩溪博物馆，冯金龙摄）

屋顶及远山
（绩溪博物馆，冯金龙摄）

水院通往树院的折桥
（绩溪博物馆，夏至摄）

屋顶及远山
（绩溪博物馆，夏至摄）

左：前期草图
（华夏幸福幼儿园，李兴钢绘）
右：总体模型
（华夏幸福幼儿园）

华夏幸福幼儿园：模块化表现的"山"与"房"两种元素抽象演绎了传统之园，并分别对应于人工化的"自然"与人工化的建筑。

华夏幸福幼儿园位于河北省廊坊市香河县城乡接合部区域，是一个大型商业开发居住区的配套幼儿园。幼儿园之"园"是儿童生活、游戏的乐园，将幼儿园的功能分为两大类：以班级（活动用房）为单位的单元空间和包含办公、设备、后勤厨杂（供应用房）在内的非单元空间，分别对应"房"的空间（坡顶）和"山"的空间（台地）。公共空间形成基座，六个分班教室作为独立的体块，均质地分布在基座的不同标高，场地和平屋面形成连续抬升的游玩动线。

以"园"的概念经营"山""房"的位置关系，"房"或居于"山"腰，或位于"山"谷，或被群"山"环抱，或"山""房"咬合，"山""房"互望，"山""房"成园。结合围墙、台阶、坡道、庭院、架空等，形成丰富多变又趣致盎然的室内外空间；高低错动的屋面平台，其不同标高自然形成类似于丘陵台地的多变空间，与平地、沙坑、水池等一起构成对大自然环境的抽象模拟，吸引孩子们的体验和探索欲望。

"单元空间"通过模数化的控制和错层、跃层等的组合使单元之间既保持相似性，又能灵活拼接和"生长"，以应对未来不同的用地和规模。采用钢结构屋面和外挂预制混凝土板体系墙面，实现装配式建造——工厂预制化生产＋现场拼装。

上：总体模型，西北立面
（华夏幸福幼儿园）
下：总体模型，东侧鸟瞰
（华夏幸福幼儿园）

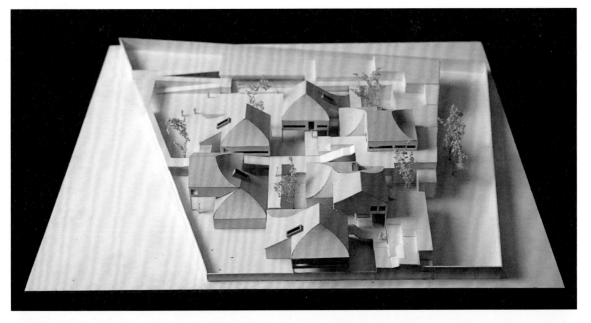

左：用地现状
（华夏幸福幼儿园）
右：总体轴测
（华夏幸福幼儿园）

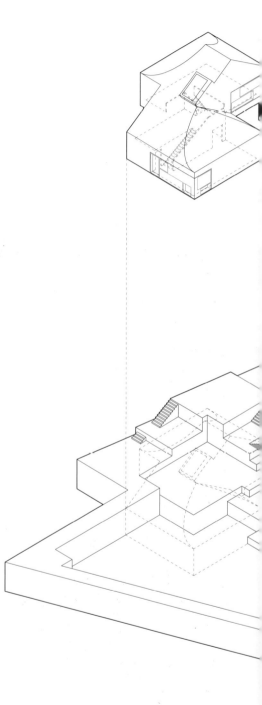

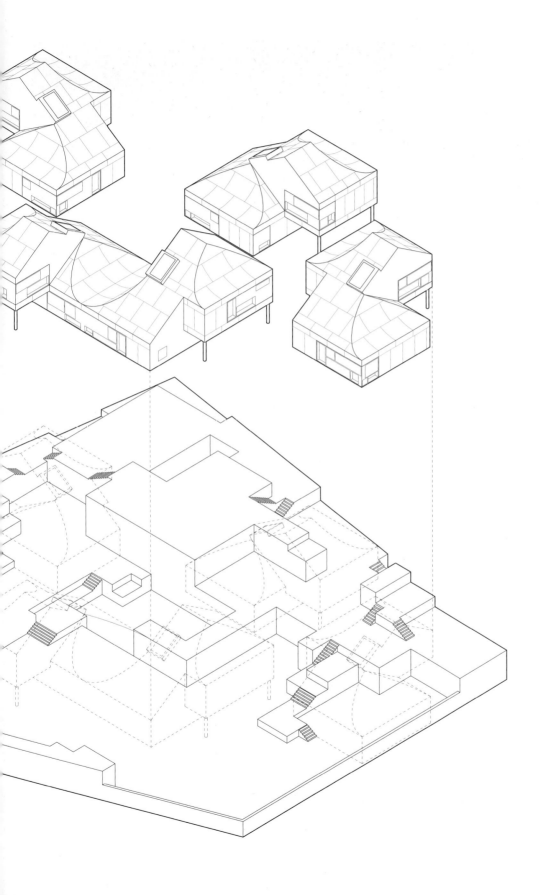

左：前期草图
（延庆世园会国际馆竞赛方案，李兴钢绘）
右：总体模型，盘绕屋顶间的栈道
（延庆世园会国际馆竞赛方案）

延庆世园会国际馆设计竞赛方案：反曲四坡屋面组合拟为"丘山"，漫步栈道、亭台廊阁穿梭分布于起伏的层层屋面"丘山"之间，使建筑群成为与地面景观联系于一体的立体漫游公园。

延庆世园会国际馆位于延庆 2019 北京世界园艺博览会园区内，十字正交的田间漫步路径穿越现状用地，自然井田肌理南北正交，自东向西南沿几级驳坎降低，可遥望海坨山、冠帽山，视线开阔。设计根植于土地脉络，保留原有地形、驳坎、路径、树林，与建筑体量形成错动的复合景观，场地井田肌理形成景观网格，望山轴线偏转形成建筑网格，体量被化整为零，又聚零合整，形成"分合布局"，以对应不同规模的展区。

各个建筑单元体的反曲四坡屋面组合高低错落，大小相间，犹如"丘山"起伏，建筑"丘山"与内部引水叠石、钻山凿壁的"合园"构成有机整体，与大体量集中布局的中国馆遥相呼应。公共栈道与园区漫步路径相连，自"山门"而上达"丘山"谷间，经由亭、阁、廊等登上"山顶"，在层层屋面与远山交叠中远眺海坨山，体验人工"丘山"与自然景观的壮美；中央内院将延伸至此的屋面切削形成崖壁并与叠石相连，创造丰富的路径体验。基本单元的地形化处理，增强了屋面的整体性，并通过层叠渐变的屋面挑板使得屋面轻盈化，层叠的遮阳板由顶端直檐口逐渐闭合，成为展厅天窗的补充采光，使得展厅室内的光线更加明亮柔和，屋面与基座间形成一道透明玻璃幕墙空隙，使屋顶"丘山"宛若飘浮空中。内庭院由屋面延伸切削形成的崖壁和叠石结合，通过对小尺度"假山"空间的营造，强化了与大尺度的建筑山形意向和远处海坨山脉的关系，"房"与"山"在此交融为一体。

上：单元模型，反曲四坡屋面
（延庆世园会国际馆竞赛方案）
下：总体模型
（延庆世园会国际馆竞赛方案）

左：用地北侧的妫河及远处的海坨山
（延庆世园会国际馆设计竞赛方案，李兴钢摄）
右：总体轴测
（延庆世园会国际馆设计竞赛方案）

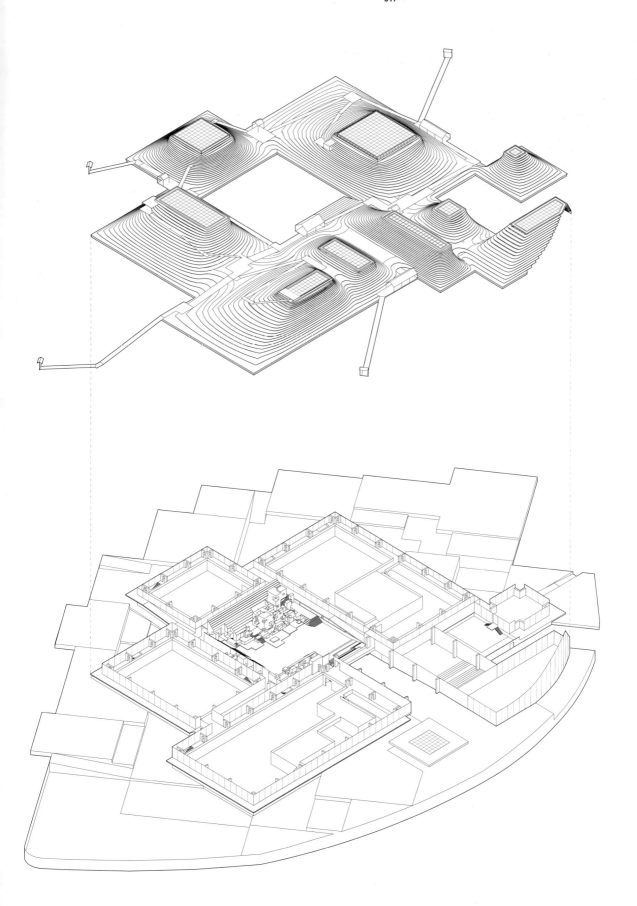

前期草图
（深圳万科云城北绿廊 05-03 地块中区，李兴钢绘）
右页：总体模型
（深圳万科云城北绿廊 05-03 地块中区）

深圳万科云城北绿廊 05-03 地块中区：将绩溪博物馆"折顶拟山"的屋面系统落地和抬升，成为可望可游的"人工地形"城市公园。

项目位于深圳市南山区西丽街道留仙洞城市绿廊区域，既是城市中的开放绿地公园，又是新兴的创新科技与创意办公基地，并承载服务市民的商业活动等功能。建筑以南北贯通的结构控制线定义出屋面起伏的几何形态，并与周边道路衔接，由南至北逐渐从地面抬升至屋面的布局，呈现从整体连续到局部分离的形态，形成由"自然到人工"的过渡。

通过起伏曲折的屋面结构和种植屋面的方式呈现出有识别性的城市公园属性和特征，局部向下形成台地式"绿坡"与地下一层的下沉广场相连，并与地下一层通道相连，形成整个地块最具开放性和城市性的核心公共空间；建筑内部强调空间、结构的秩序和商业空间特征，具有良好的采光通风条件，并与屋顶公园有紧密的联系；沿屋面南北向波谷设置钢结构栈桥，褶皱屋面所形成的不同坡度，采取平坡及台地等不同的构造措施，并给人带来静态和动态不同的行走体验和上下部空间的变化；屋面建筑兼作通往下部空间的出入口和采光口，以小尺度分散布局，散落在绿地之中，与"屋顶公园"融合为一体。在屋面以上与屋面以下之间，公园休憩与功能服务之间，人工与自然之间，以连续的屋顶绿地为主体，步行路径、栈道、廊桥连接景观平台、地景建筑和下沉广场，成为繁忙都市中"立体"地服务于大众的独特公共城市空间。

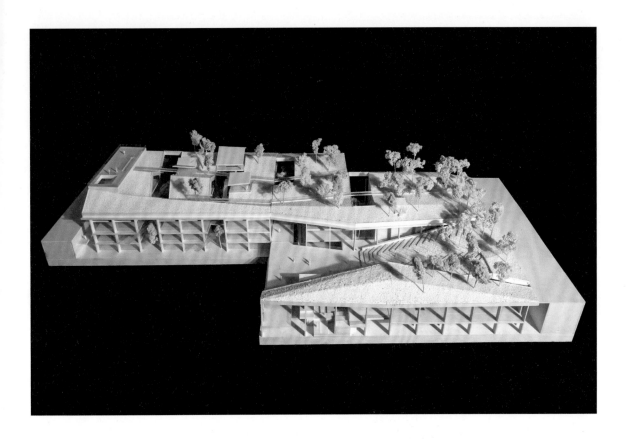

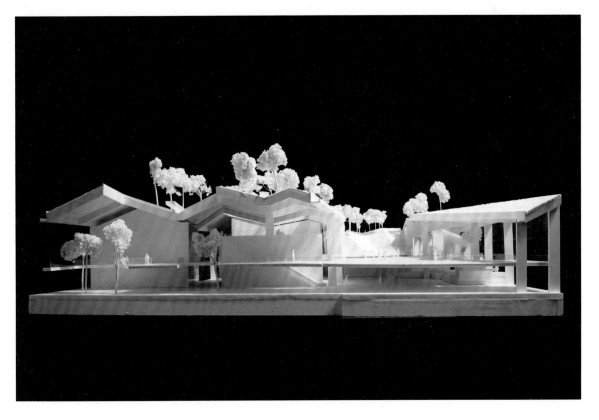

左：用地现状
（深圳万科云城北绿廊 05-03 地块中区）
右：总体轴测
（深圳万科云城北绿廊 05-03 地块中区）

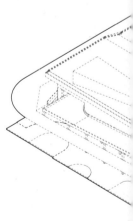

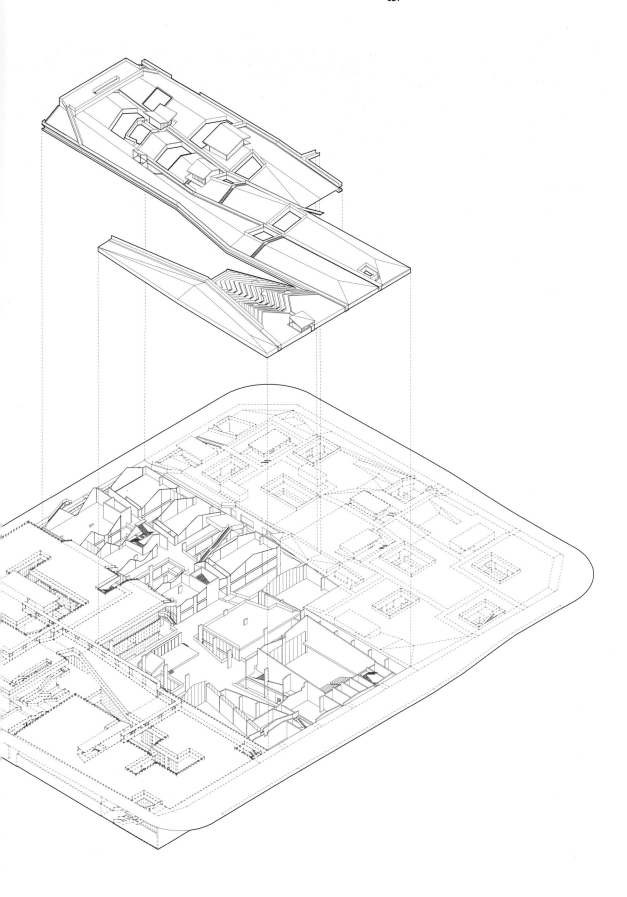

左：前期草图
（屺园，李兴钢绘）
右：总体模型，西北人视
（屺园）

屺园——延庆园艺小镇文创中心："筑房拟山"，以"房"现"山"，"房"以"山"为对景，形成自我对仗的内向叙事空间。

屺园位于延庆 2019 北京世界园艺博览会园艺小镇西南角，场地东北是模仿传统风貌的特色小镇和花田，其南侧与独立体量的植物馆相互遥望，其西侧不远处为明烽火台遗址。通过半分散、半围合、多入口的布局，减小建筑的单一体量对环境造成的压迫，并化整为零，由四个单坡屋顶两两组合形成的两个 L 形建筑体量围合而成，一条内巷将两个体量区隔开来，半高的基座又将彼此连缀，内巷在西北、东南对角方向设置公共出入口，成为园区公共游览系统的一部分，游客经由内巷上达平台，攀至屋顶，赏望远景。

开放性之余，又希望建筑能实现某种内在叙事，从而跟周边环境中那些非自然的布景式建筑或景观保持适当距离。将建筑进行两分，"架房筑山"，单坡屋面赋予建筑以强烈的方向性和识别性，同时也完成了象征自然物的"山"与象征人工物的"房"之间的连接和互成："房"以"山"为对景，位于东北侧；"山"与"房"的基座相连，位于西南侧。相似的坡顶形式，在室内分化成两类不同特征的空间：西南侧体量趴伏，空间呈现出洞穴般的模糊性；东北侧间架清晰，自下而上形成"台基—立柱—屋架"的水平空间，暗合了传统建筑的空间特征；半高的平台将"山"与"房"既隔且连，使西南坡顶成为东北侧"房"内特殊的人造"山"景，谓之以"房"现"山"。"山""房"、檐廊、梯步、廊道、阁楼、亭台共同构成一个立体的观游系统，一步步将视线引导至远处的烽火台遗迹和自然林山，故名"屺园"。

"山"的部分采用全现浇清水混凝土墙体承托斜屋面，强化"山穴"的空间特征；"房"的部分采用钢筋混凝土框架与木屋架复合的结构体系，象征传统的木作屋架，"木屋架采用正交木桁架，等截面的木杆件通过预制的多向钢构件连接，形成既现代高效，又与传统榫卯木作有所关联的复合式节点。

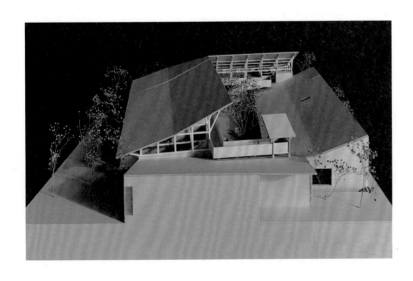

总体模型，西侧鸟瞰
（屺园）
后页：植物馆北望
（屺园，张广源摄）

上：空旷的用地与远处的山水自然
（屺园，李兴钢摄）
下：场地西南侧的明代烽火台残迹
（屺园，李兴钢摄）
右：总体轴测
（屺园）

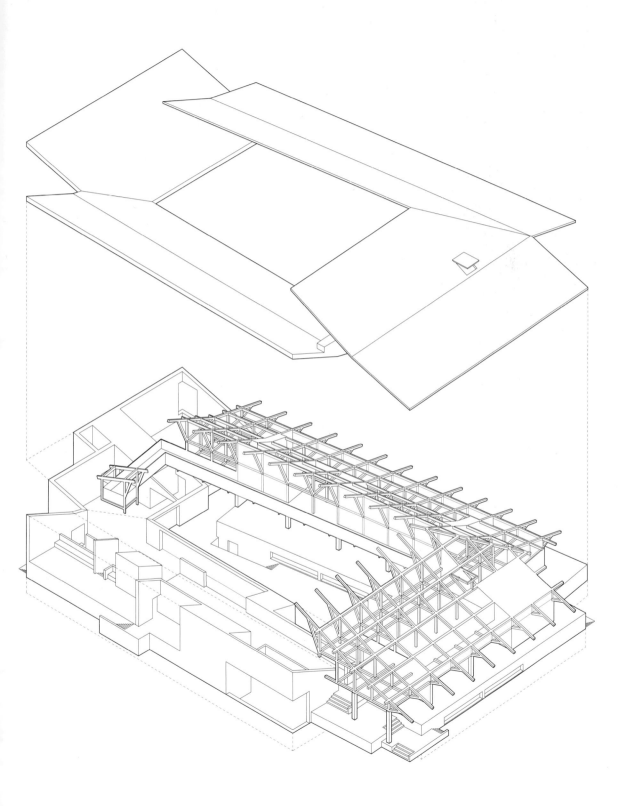

"山"内的洞穴空间
（屺园，姜汶林摄）

以"房"现"山",透过木屋架西望瓦屋面和景亭
（屺园，张广源摄）

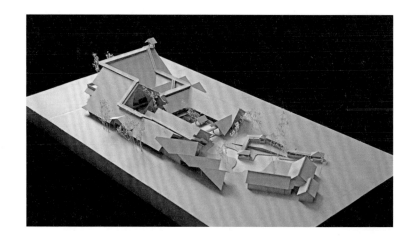

上：总体模型
（安仁文化产业中心）
下：前期草图
（安仁文化产业中心，李兴钢绘）

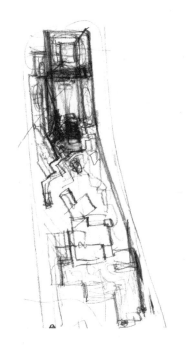

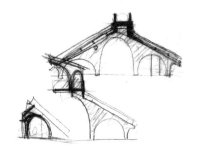

安仁文化产业中心：以"房"为"山"，并设置屋面公共栈道、廊亭与地面"山水"园庭相连，以供人们观游体验。

安仁文化产业中心位于四川成都大邑县安仁古镇树人街的南端，以安仁古镇独有的公馆建筑类型作为历史参照，以西侧现状的陈月生老宅的肌理与尺度作为起点，塑造了一组自西向东逐渐升高的坡屋顶群，以"房"为"山"，借"房"起势，又赐"房"以"山"势。由老宅南侧庭院依顺建筑向东延伸，形成文化中心连绵不尽的深远庭院。

由庭院至屋面设置了一条供游人攀游的栈道系统（栈道在屋脊处形成供室内展厅采光的高侧窗），或在假山之间，或在屋面谷地，或在屋脊之上，强化了屋面群作为"群山"的意向，形成"山"中漫游的体验，游人到达制高点的顶亭，可以俯瞰文化中心层叠的屋顶与远处的老宅、老街连绵铺陈的场景，与古镇中的水塔制高点相呼应，将整个安仁古镇通过视线联系在一起。建筑体量和屋面形态不断转折变换如绵延群山，

安仁镇建筑折中风格的入口或山墙及中西合璧的装饰，

被抽象为混凝土片拱结构，而以木屋架完成屋面建造，

试图重构一种既有当地性又有当代性的空间氛围。

总体模型
（安仁文化产业中心）

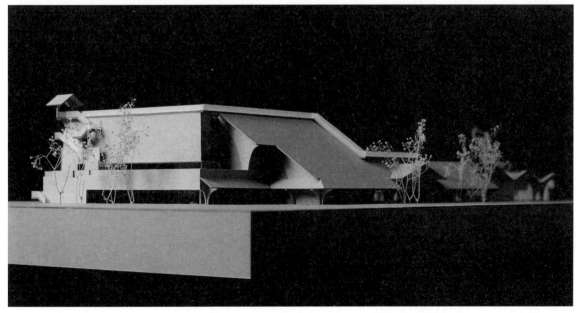

左：用地现状
（安仁文化产业中心）
右：总体轴测
（安仁文化产业中心）

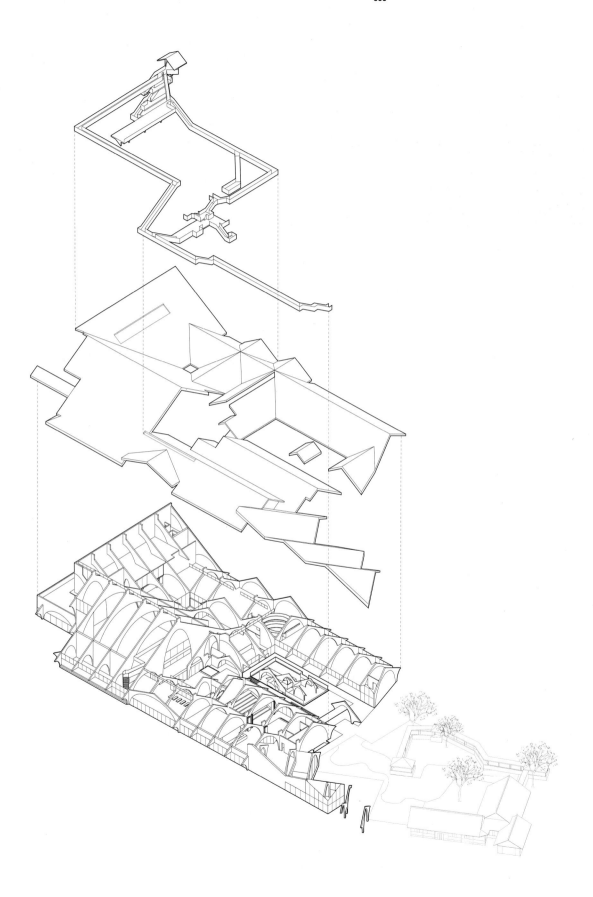

宅园一体

由宅园并置转为宅园合一，园中有宅，宅中有园，居游一体。

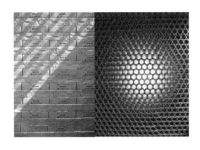

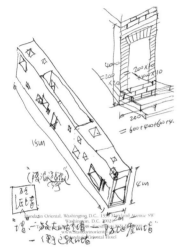

上：基本材料——纸管与纸箱
（纸砖房）
下：前期草图
（纸砖房，李兴钢绘）

纸砖房：40平方米的极小"宅园"。

纸砖房位于意大利威尼斯军械库（Arsenale）处女花园，是应第11届威尼斯国际建筑双年展中国馆策展人邀请设计建造的参展作品。中国国家馆的主题是"普通建筑"，相对于公共建筑乃至明星建筑对应的公共活动和特殊事件，普通建筑所对应的是广矣普矣、推而行之的大众日常生活。中国城市和建筑的传统和历史中，固然将庙堂建筑推至无上的高度，但普通的城市民居、乡土建筑、私家园林等构成大量的、朴质无华却动人的深度。如果前者是"丽且弥"的天，后者就是"普而深"的地；两者相得益彰，共同构成壮美而深邃的城市。中国当代的迅速城市化导致了大量的、快速的建筑和城市建设，"量大面广"的普通建筑缺乏应有的设计与建造质量，缺乏源于日常生活的丰富性和民间智慧，甚至缺乏建筑师的真正关注；同时，当代的中国城市特别是普通建筑渐渐失去与自然之间的合理关系，四川的大地震也以特殊的方式提醒人类需要充分认识大自然的威力和人与自然相处的方式，否则，人们最有安全感的家园在某一时刻将迫使他们迫不及待地逃离。

以建筑师所在的大型国有设计院日常装输出图纸的纸箱作为"纸砖"砌筑"纸墙"，以日常打印设计图纸剩余的打印机用纸轴（纸管）作为"纸梁"搭建门窗过梁和楼板、屋顶，从而用纸材料建造起一座可供坐卧起居、游戏会客、阅读静思等日常生活的房子，内向性的庭院空间是建筑的核心，这来自中国的传统；同时建筑也加强了与街道及相邻建筑的关联，并提供外部行人停留休息使用的"亭榭"和"室外座椅"，使其具有了更多的公共性。

一方面，纸砖房是对大地震中钢筋混凝土建筑及其质量问题使其成为埋葬活人之坟墓的悲剧的直接反映——为什么建筑不能轻一些而安全一些呢？这也许意味着应对自然的不同方式和建筑另外的发展方向：以柔和的方式应对自然的轻型建筑。另一方面，纸砖房使用了令人目眩的大量图纸箱和打印纸轴，暗示着当下中国生产式输出的建筑设计状态，提示中国建筑师和在中国工作的外国建筑师在应对大量、高速建设的同时，必须面对的是来自质量控制的挑战。

内部人视
（纸砖房，李兴钢摄）
后页：长立面
（纸砖房，李宁摄）

左：静谧的意大利威尼斯军械库处女花园
（纸砖房）
右：总体轴测
（纸砖房）

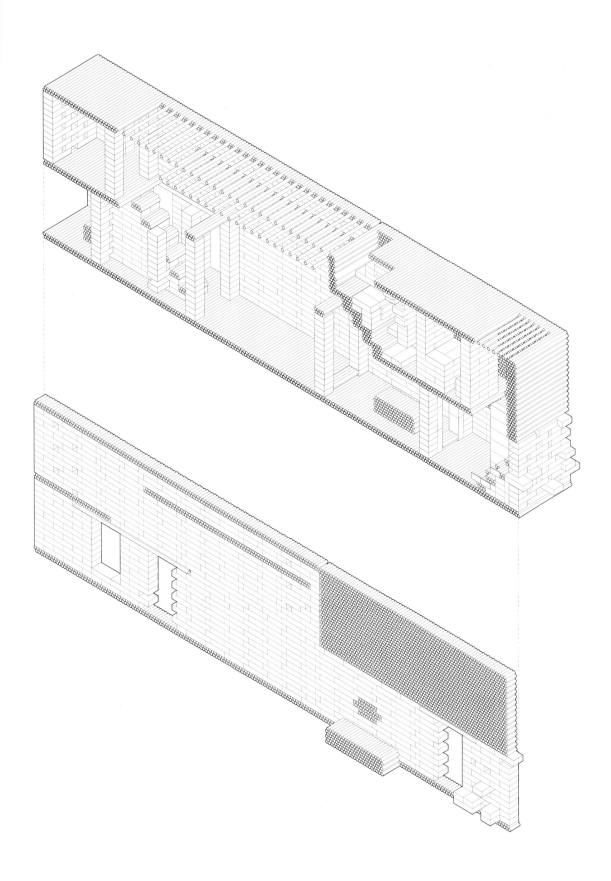

岢园: 宅园一体, 园中有宅, 宅中有园, 园中有园。

岢园位于广西南宁西江畔的八大处 10 号宅园。依用地内的平地、池塘和小山橘林分别安排为宅、池、山三区。设计因山思变, 或降水面或堆土增峻, 故得园名。

可山、可池、可林为园中三可之景。池区南北设复廊、半涉轩、两可厅、回音阁; 池西半山可水堂面山而坐; 山区南部设又羽山房, 东部有客房及竹园, 并与东北角主入口相连; 山区西北部由一道石墙分为内外两园, 外 (西) 以挖地填土后植树为主, 内 (东) 侧则以橘树为主, 依原守园人房舍偏南位置设"蹈林虚杪阁"凌空于橘林之上; 东向半廊与他园交接, 西北道路转角设半亭。

岢园采用了最简的人工"界面"与自然山水对仗, 犹如平地上的巨型盆景、"截景"抑或框景, 空间嵌套"园中园", 容纳园主及其亲朋访客的日常生活, 犹如进出于一幅巨大的实景山水画, 人在与山水自然的交流中境心相遇。

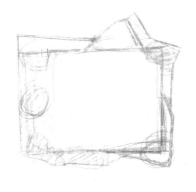

上: 场地现状
(岢园)
下: 前期草图
(岢园, 李兴钢绘)
右页: 总体轴测
(岢园)

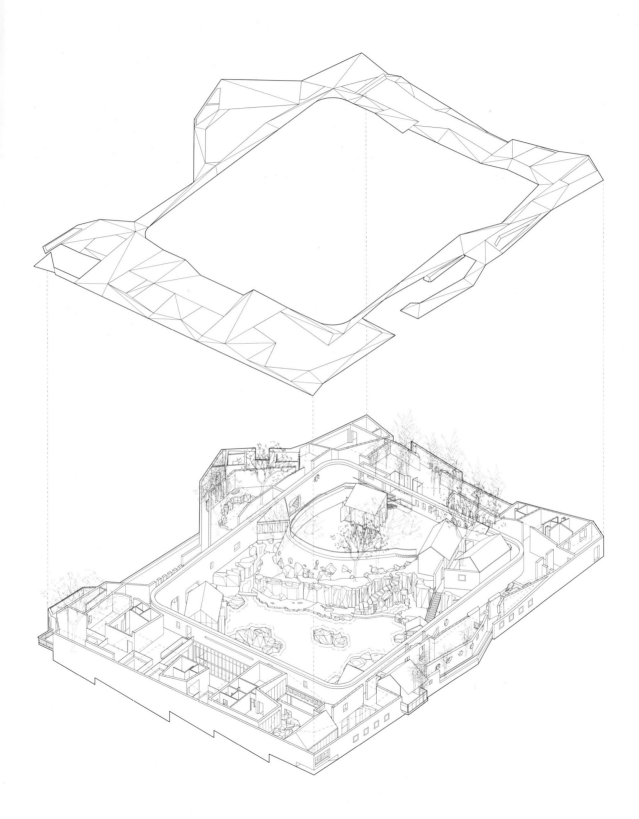

上: 场地现状
（藕园）
上: 水边别墅区总平面图
（藕园）
下: 前期草图
（藕园，李兴钢绘）
右页: 总体轴测
（藕园）

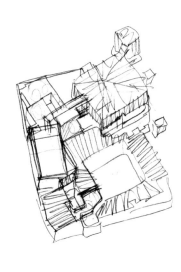

藕园: "双拼别墅"不做对称而对仗成偶，相反相成，各居"宅园"之自我生活空间。

藕园位于广州番禺新光城市花园内的水边园墅。借鉴岭南园林"可游可居，在拥挤中求疏朗，在流动中求静观，在朴实中求轻巧，在繁丽中求淡雅"的特点，又借用苏州"耦园住佳偶，城曲筑诗城"的典故，"藕"生于水，意将房地产开发项目中常见的双拼别墅设计为"对仗成偶"的水边园墅，分为居于北的"汝园"和居于南的"吾园"。

借宅旁之水而养园，两园因水而生，又还之于水。宅得水而活，水得宅而媚。一阴一阳，一园中阳实而做房为亭，四周环以池水假山，曲水围宅；一园中虚空而为山水园庭，周遭环以房廊，曲宅围水。汝园内藏一小吾园，吾园内藏一小汝园。我中有你，你中有我。处处对仗，景景相"孖"。

听风观雨，居于藕园，游于孖宅，宅园合一，生活空间与精神空间一体，营造日常生活中的诗意与精神性。

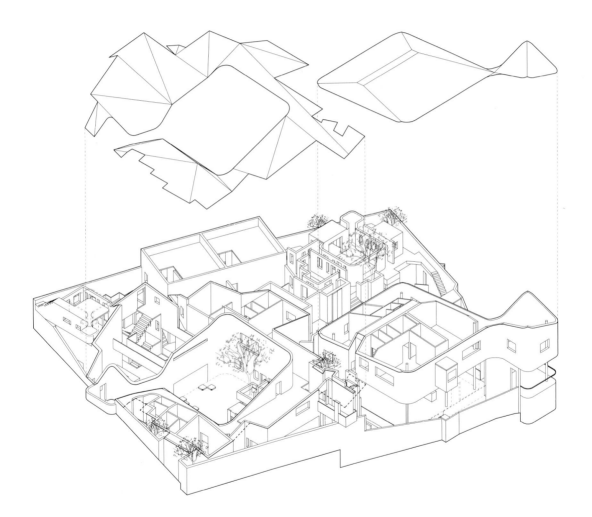

上：场地模型
（叠合院）
下：前期草图
（叠合院，李兴钢绘）

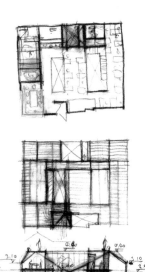

叠合院——护国寺西巷 37 号院改造：北京旧城中连续叠层的"立体宅园"，居住与漫游、生活与诗意相叠加。

叠合院位于北京旧城历史文化保护区——什刹海区域护国寺西侧，附近的小杨家（羊圈）胡同是著名作家老舍先生的出生地，也是《四世同堂》等著名作品中的故事发生地，是这个区域现存的大量胡同 "杂院"之一——"杂院"之所以产生，是因为随着人口增加，原本标准四合院的模式不足以容纳大大超额的生活人口和内容，空间密度严重不足，胡同杂院中的各种加建改造，随着人口的大量增加而发生，使原来的合院呈现出一种高密度的复杂状态，不同的材料和体量在垂直向和水平向叠加，产生了丰富的空间关系，呈现出某种特殊的居住方式，暗示出丰富的生活内容、新空间原型的可能性以及其中蕴含的特殊诗意。

受此启发，在保留小院原有建筑现状尺度、限高的基础上，往地上和地下扩展，设定几处不同的标高，以一种连续"叠层"的方式，加大空间的密度，形成一种新的立体合院，使院落和人的活动向天空延伸，同时也形成了多样而不断连接的视线和空间、路径和景观——行、望、居、游，院、廊、亭、台，与什刹海街坊、古老的护国寺和整个北京旧城对话。这种"居住+公共（商业）空间"的模式，并且具有可转换功能的结构和空间骨架，试图为旧城街区更新提供一种具有启发性和普适性的样板。外侧延续原有建筑的轮廓，但使用较具当代感的材质；在内侧形成延伸交合的连续屋顶，但铺设较为传统的屋顶瓦材，并暗示立体分布的各层院落仍然是一个整体。

"叠合院"所营造出的空间丰富性与生活多样性，使它不仅可以安逸地居住，也可以进行漫游和体验，使得园林的动态体验方式可以叠加到合院这样的静态空间之中，它既是为北京旧城街区的改造与激活而呈现的一种生活方式，同时也是一个具有启发性的空间模式和设计实验，是旧城更新中"诗意和生活的叠加"。

总体模型
（叠合院）

左：场地鸟瞰及周边的"杂院"形态
（叠合院）
右：总体轴测
（叠合院）

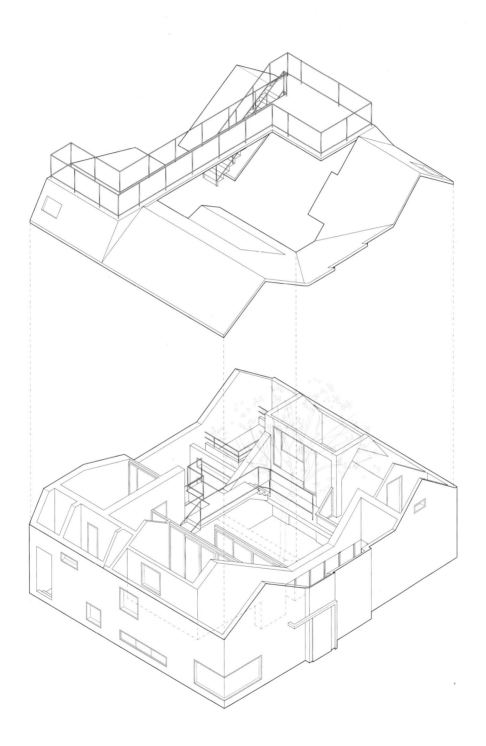

上：总体模型
（南京安品园舍）
下：前期布局草图
（南京安品园舍，李兴钢绘）
右页：屋顶航拍
（南京安品园舍，LSD 提供）

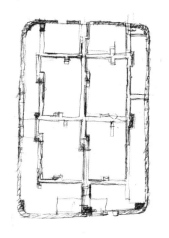

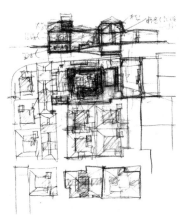

南京安品园舍: 低层高密度的"宅园聚落"和街区，宅园合一，游居一体。

安品园舍位于古都南京老城南历史城区的安品街，是一个在喧闹的"城市森林"中间由独户住宅组成的新建居住街区，用地周边被 8—15 层的住宅所包围，在南北两侧还各有一栋约 80 米高的高层住宅，对用地内的住宅形成极为不利的视线干扰，基地东边不远有甘熙故居，北边是著名的朝天宫。总体布局上延续安品街片区原有"八爪金龙"的历史街巷格局，形成"街—巷—院—井"的传统街区空间组合，并借鉴传统民居宅第类建筑采用"多进 + 多跨 + 园宅组合"的构成模式，采用体量类似的建筑群体构成了整体统一而丰富多变的城市肌理，围合式院落沿南北主街和内环小巷错落布局，尽可能减弱周边环境对本区住宅私密性构成的天然不利的影响。

四类基本户型——"合园""筱园""中园""岢园"，构成了整个街区。以"合园"为例，宅地尺度上接近

上：处于"城市森林"中的场地
（南京安品园舍）
下：总体轴测
（南京安品园舍）

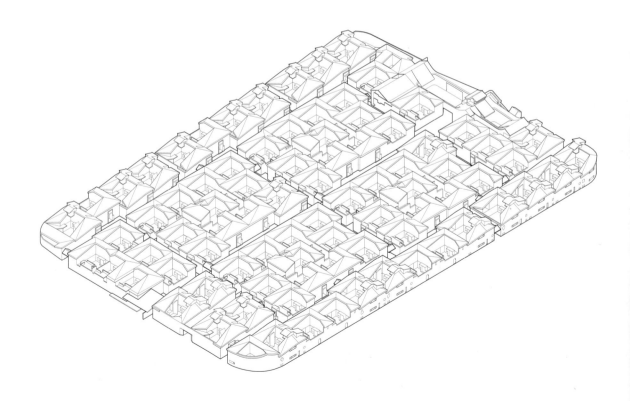

面积仅 140 平方米最小的苏州园林——残粒园，借鉴其环绕中心拾级而上的游园模式组织空间，并将宅园并置的空间模式，转化为宅园合一、可居可游、游居一体——游园和居住一体的内向生活空间，使得在闹市中拳石勺水也能寄情一片自然天地，"合园"不断抬升的地平标高正是对"残粒园"拾级登高的抽象转化，而屋顶制高点的观景亭也正是对残粒园"栝仓亭"登高远望之意象的向往与回应。凸形阳台又提供了观"亭"之仰视点，"望"与"被望"的内向空间在主人幽居生活的游走间被动态地生动起来。整个户型布局紧凑，开合有致，庭院中人工山石与自然花木的相互映衬，再点以休憩坐榻，舒适恬静的环境与外界喧闹的城市背景形成鲜明的对比。

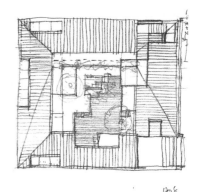

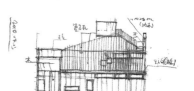

合园草图
（南京安品园舍，李兴钢绘）

"岢园"位于社区主入口处，取曾存于安品街的"可园"之谐音，又意为可山可池。东西两翼以环绕主庭院的廊道相连，形成有高差的、连续的漫游路径，将各功能空间串联，部分节点放大变形为亭、台、楼、阁，获得了一种在剖面与空间上的"曲折有致"。纵墙区分了主院、廊子与边院，园内的"自然物"和边界的"园墙"清晰区分：前者柔软、自然，具有生长性，后者则以抽象的几何化方式对前者进行烘托、悬置，形成对比，自然物在人工界面之中，仿佛盆景、画作。游者穿梭于"园墙"界面内外，入画出画，获得丰富的空间知觉体验，漫游路径的终点是屋顶的观景廊亭，登高观望整个社区连绵起伏的坡顶屋面以及背景中的城市景观，获得深远不尽的平远图景。

左页：合园轴测及模型
（南京安品园舍）
右页：岢园轴测及模型
（南京安品园舍）

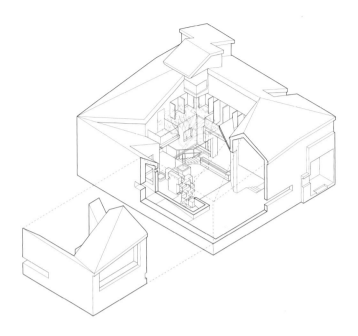

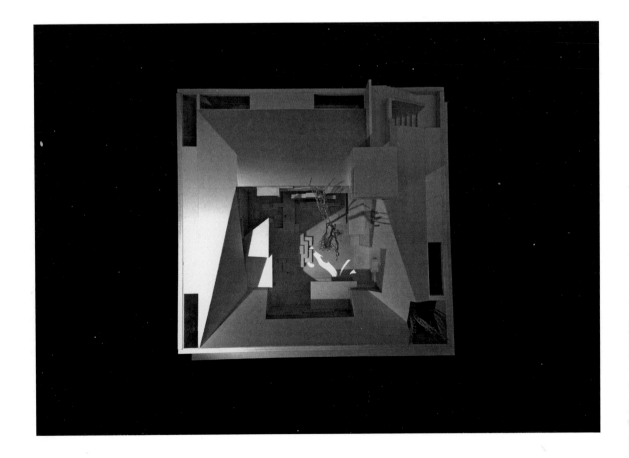

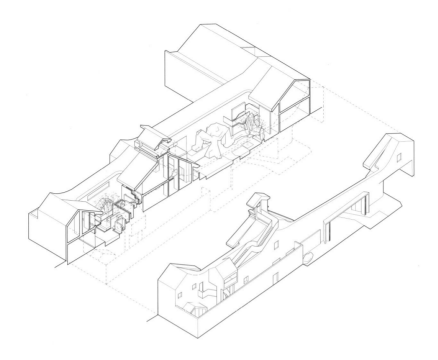

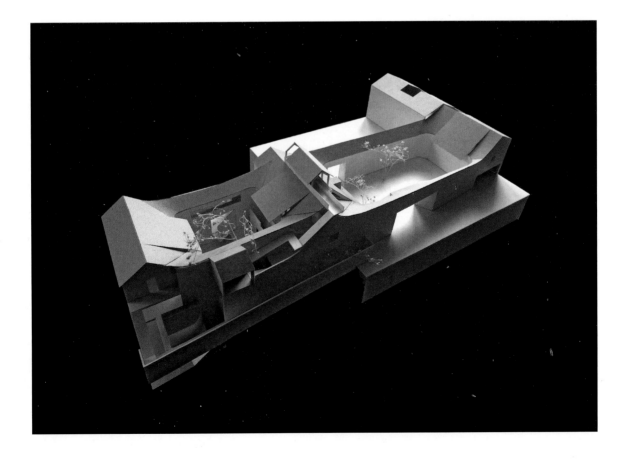

废墟自然

视人的生活遗迹之废墟为可珍视的特殊"自然"，新旧叠加，

结合共生。

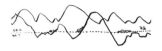

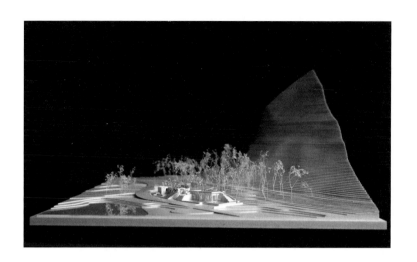

左：前期草图
（楼纳露营服务中心，李兴钢绘）
右：总体模型
（楼纳露营服务中心）
右页：南侧山腰鸟瞰
（楼纳露营服务中心，张广源摄）

楼纳露营服务中心：以村民迁离后的房屋遗迹为可因借的"废墟自然"，营造相生相融的内外生活空间。

楼纳露营服务中心位于贵州省兴义市东部山区的楼纳村大冲组"建筑师公社"——群山环绕下的一块闭合盆地的西南部，西侧靠山，东侧临路，场地内原有两户相邻的院落民居，拆除后遗留下房基和部分石墙，植被快速遮盖了它们的痕迹。新建筑被视为老宅的延续，房子压根不是从头开始的，而是带着场地环境和其中老房子的先天基因——保留老宅房基、轮廓尺寸和石墙遗迹，设置火塘、院落及"寨门"，让过去的空间与尺度随之在场地中延续，小溪接通山泉，保留场地中的老井，采集天然水资源为景观和生活所用，整个建筑犹如巨石匍匐于当地特有的喀斯特"馒头山"脚，与楼纳的独特地景融为一体，当人从田埂间望去，所见既是大地向山林隆起的一部分，又是一个可以自由登高观景的平台，亦是一个温馨的居所。

现代公共功能的置入顺应原有老宅的位置关系，

左页上：东侧屋顶北望
（楼纳露营服务中心，张广源摄）
左页下：南侧火塘北望
（楼纳露营服务中心，张广源摄）

以院落的方式围合，同时将两个宅基之间的空地设置为第三个内院，一侧向阴翳的自然山林敞开，当人们从开阔地带逐步进入安静的院落及屋后绿荫下的廊道，一种在公共环境下的私密感被逐渐诱发。层层石阶时而隆起、时而下陷的起伏形态是对楼纳大尺度喀斯特地貌、地质环境的象征性重现，各个房间的屋面通过平台和阶梯连接成一体，丰富的可达性增强了建筑的公共性，石阶将火塘、广场、庭院、水池等地面的多样活动引向屋面，拾级而上，整个大冲组的山水地景尽收眼底。当地人在不断的自发实践中，将混凝土与多种当地材料（尤其是石材）相结合，形成墙角、门头、挑檐、挑台、楼梯，服务于在地生活的空间创造，并因其跨度及可塑性，极大丰富了民居的空间类型。在构造设计上沿用这些做法，并改良其工艺，发掘其塑造空间的潜力，使之为现代空间服务。餐厅使用的混凝土十字柱是当地石砌十字柱的改良，较大的支撑跨度为室内使用创造了灵活性，同时解放了建筑立面，使其如同一个漂浮在水上的亭榭。

保留一种当代的视角，创造一种"熟悉的陌生感"，而非将视线局限在所谓的"传统"，楼纳露营服务中心的实践在空间记忆、地理环境、在地建造三个层面上做出了回应，探索一种包含隐喻的、在土地中自然生长的现代性。

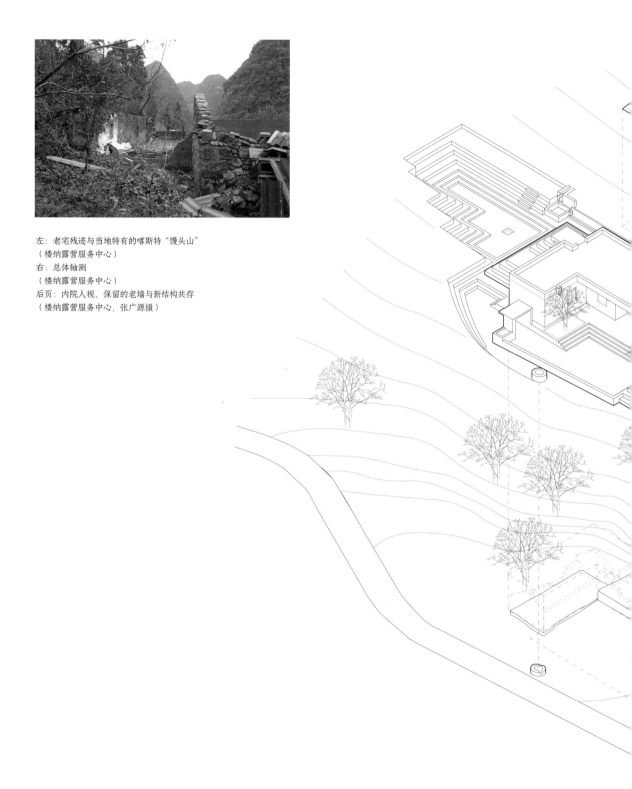

左：老宅残迹与当地特有的喀斯特"馒头山"
（楼纳露营服务中心）
右：总体轴测
（楼纳露营服务中心）
后页：内院人视，保留的老墙与新结构共存
（楼纳露营服务中心，张广源摄）

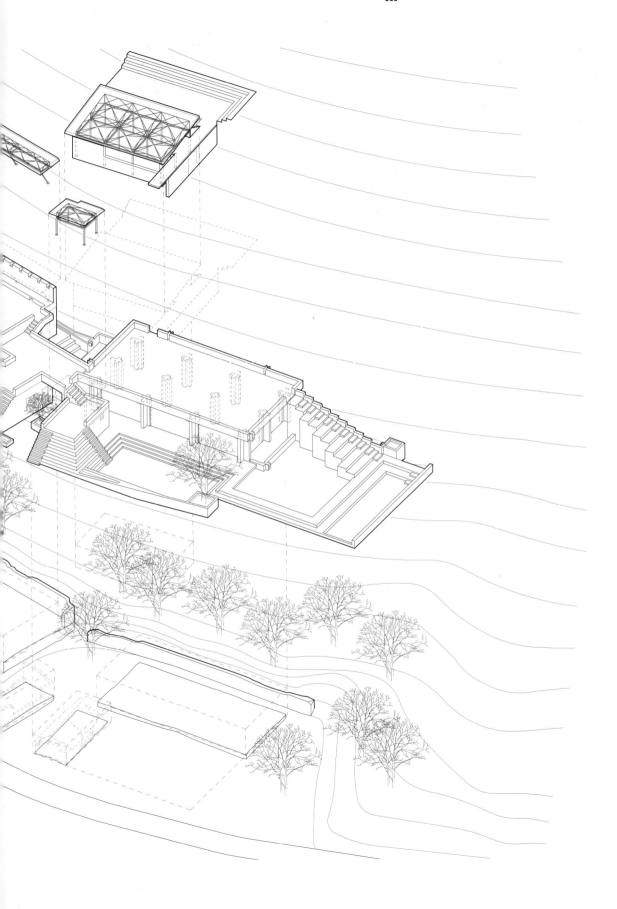

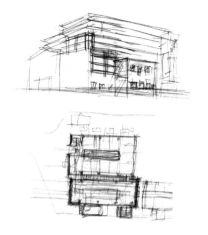

左：前期草图
（首钢工舍智选假日酒店，李兴钢绘）
右：剖切模型
（首钢工舍智选假日酒店）

"仓阁"——首钢工舍智选假日酒店：珍视并因借被废弃的工业建筑遗迹为特殊的"废墟自然"，新旧叠加，并置共生，激发空间的张力和场所的诗意。

"仓阁"（首钢工舍）位于首钢老工业区西十冬奥广场冬奥组委办公区东侧，原址为三高炉空压机站、返焦返矿仓、低压配电室、N3-18转运站四个工业建筑，在首钢停产搬迁后已被长期废弃，几近成为将被拆除的废墟。改造设计最大限度保留原工业遗迹的空间和形态，将新结构见缝插针地植入其中，以容纳新的使用功能，改造后作为冬奥组委的员工倒班公寓，远期则成为对外经营的特色精品酒店。

下部的大跨度厂房——"仓"作为公共活动空间，上部的客房层——"阁"飘浮在厂房之上。被保留的"仓"与叠加其上的"阁"并置，形成强烈的新旧对比，使新旧建筑相互穿插创造出一个令人兴奋的内部世界。"仓阁"北区由原三高炉空压机站改造而成，原建筑的东西山墙及端跨结构得以保留，吊车梁、抗风柱、柱间支撑、空压机基础等极具工业特色的构件被戏剧性地暴露在公共空间中。新结构则由下至上层层缩小，形成高耸的采光中庭。"仓阁"南区由原返焦返矿仓、低压配电室、N3-18 转运站改造而成，三组巨大的斗状金属料仓被别出心裁地改造为酒吧廊，客人穿梭其间，将获得独一无二的空间体验。新"阁"的层层客房出檐深远，形成舒展的水平视野，登临阳台，凭栏而望，眼前可见"钢景"林立的首钢高炉等钢铁工业遗迹，或眺望厂外毗邻的石景山，乃至远方的西山自然景观。

上：全日餐厅人视
（首钢工舍智选假日酒店，陈颢摄）
下：西侧人视
（首钢工舍智选假日酒店，陈颢摄）

　　"仓阁"是西十冬奥广场各单体中旧建筑保存最完整的一座，尊重工业遗存的历史原真性，通过新与旧的碰撞、人工建造与"废墟自然"的互动共生，使场所蕴含的诗意和张力得以呈现，在工业与居住、历史与未来之间实现一种复杂微妙的平衡。它曾经是首钢生产链条上的一个不可或缺的节点，今天则是城市更新的一次生动实践。

左：改造前儿近废墟的首钢工业区及建筑内部
（首钢工舍智选假日酒店）
右：总体轴测
（首钢工舍智选假日酒店）
后页：西南侧人视
（首钢工舍智选假日酒店，陈颢摄）

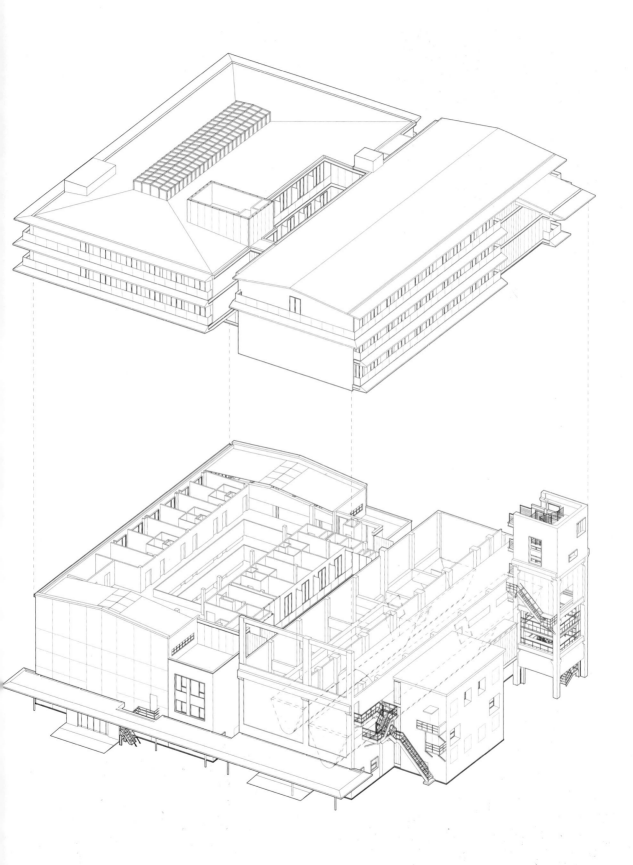

山林馆舍

建筑群落、地形、景观、居游，结合并因借山林自然。

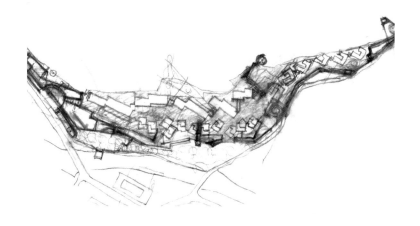

前期布局草图
（怀柔水长城书院，李兴钢绘）

怀柔水长城书院：把建筑的群组空间、地形处理、景观营造和居游体验，与场地内外的山林环境密切关联。

水长城书院位于北京怀柔山区，紧邻"水长城"景区，北侧山脉有遗留的明代长城遗址，北侧为怀九河，整个用地呈南北向线性分布，场地从低到高有二十多米高差。面对丰富而有特色的场地条件，借用陶渊明"桃花源"的故事记述，以"缘溪桃林，舍船入山，豁然开朗，屋舍俨然，不复得路"等路径组织起整个场地、建筑和空间的行、望、居、游体验，同时以"水长城书院八景"延承中国文化意象中的"八景"叙事传统，用"山木晴岚，桃源归舟，长城秋月，平坡落雁，烟亭晨钟，湖村夕照，关天暮雪，黄花夜雨"等为题，营造并呈现各个空间区域的氛围特征，将场地内的建筑、景观和整个水长城区域的山水环境关联起来。

最大限度保留场地内的果树，恢复场地的自然坡度，与山体自然衔接，场地中间的人工台地景观与周边自然景观形成新的人工和自然的关系。建筑以线性体量随地形布置，空间流线徐徐展开，大堂与餐厅、精舍、康体设施等公共建筑顺应地形，弱化体量感，以不规则多边形体量连缀成完整的公共服务区域，宛如自然中生长出来的山石，并形成丰富的内外体验；中间为线性的客房和联排别墅，以公共连廊串联起各区域，曲折尽致；室外泳池区是整个场地的一个制高点，长城、远山、村落、酒店跌落的屋顶景观尽收眼底。客房的剖面设计兼顾南向采光和景观视线；联排别墅与外部景观地势结合，室内分成三段高差台地，登入上层独立的"发呆亭"可远眺长城遗址；位于场地深处的唯——栋园墅是一个当代的"园中园"，在多变的建筑内外空间和山地庭园中，居住者步移景异，获得山野居游的生活体验。中间微折的单坡屋顶是统一所有建筑的语言，钢结构框架与木结构屋面形成轻盈的构筑物，青砖与毛石组合成建筑与场地的基座，呼应长城遗迹和自然山体的语言。

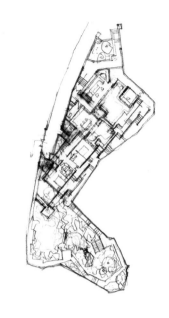

上：园墅草图
（怀柔水长城书院，李兴钢绘）
下：总体模型
（怀柔水长城书院）

左：从北侧明长城遗址望向线性展开的傍山用地
（怀柔水长城书院，李兴钢摄）
右：总体轴测
（怀柔水长城书院）

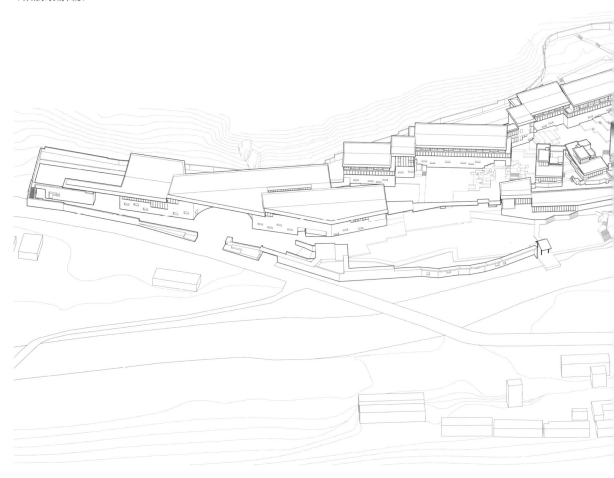

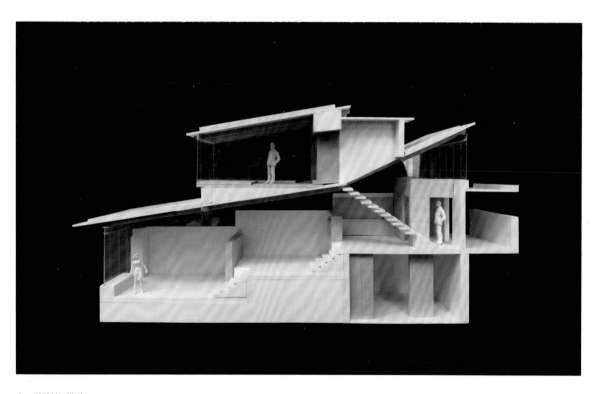

左：别墅剖切模型
（怀柔水长城书院）
右：别墅轴测
（怀柔水长城书院）

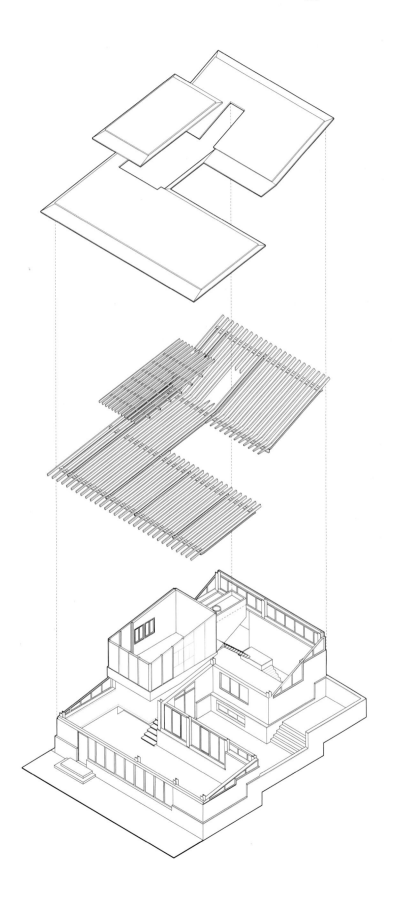

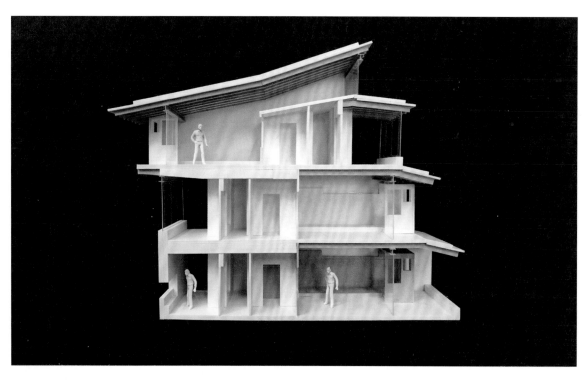

左：客房剖切模型
（怀柔水长城书院）
右：园墅轴测
（怀柔水长城书院）

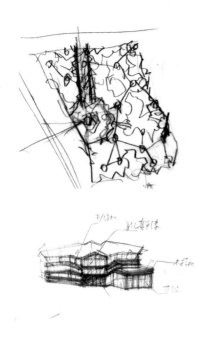

左：前期草图
（崇礼太子城雪花小镇，李兴钢绘）
右：总体模型
（崇礼太子城雪花小镇）

左下：单元结构模型
（崇礼太子城雪花小镇）
右页：总体模型
（崇礼太子城雪花小镇）

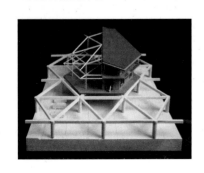

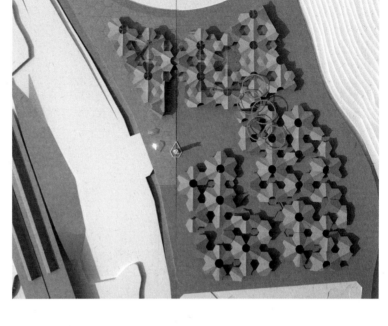

崇礼太子城雪花小镇（北京冬奥会张家口赛区太子城冰雪小镇文创商街）：以"雪花"母题几何原型自上而下生长而成的山地"自然聚落"。

雪花小镇位于北京 2022 年冬奥会张家口赛区核心区的崇礼太子城冰雪小镇的中心地带，北倚太子城遗址，西临太子城高铁站，四面被群山环抱，遗址和高铁站的两条轴线交汇于此，基地西北低、东南高，高差约 12 米。设计受精美绝伦的自然造物——冰晶雪花启发，将其几何原型转换成抽象的雪花母题；雪花在水平方向上错缝拼合，四向延伸；拼合的"雪花"立体演变为"雪花建筑"及街市，"雪花屋面"顶端托起五环步道。仿佛天空中飘舞的"雪花"缓落于山谷，成簇成团，渐生出一片冬日山林中的冰雪世界。

不同于自上而下的城市规划体系，雪花小镇的生成法则是自下而上通过几何原型的自然生长来完成的。

将雪花状的控制网格，以太子城和高铁站的轴线交点为中心，向四周扩散至整个场地。以几何切削的方式，来形成遗址轴线大道等仪式空间；以摘掉"花瓣"的方式，来获得地块街巷院落等有机空间。顺应地形起伏，结合控制网格，将地下室底板和顶板设计为坡度1.5%的整体斜板，东南高，西北低，"雪花建筑"落于斜板之上。每个六边形"花瓣"边长为10.8米，六个"花瓣"向心组合成一朵"雪花"，覆盖在"花心"高外缘低的坡屋顶之下；通过脊线和檐口的设计，"雪花"可以连续拼合。为适应斜板，"雪花"之间形成高差为0.75米的台地组团。每个组团由若干完整的"雪花"或不完整的"花瓣"拼合而成，组团之间形成丰富多样的内街和院落。每个"花瓣"的房间，由居中布置的六边形走廊及转折处的小厅组织串联起来。区别于人工聚落明晰的组织层级，可将雪花小镇视作一个"自然聚落"，室内和室外，具有模糊的空间界定和匀质的空间尺度。无论从山上俯瞰还是由地面人视，冰雪小镇舒展平缓的坡屋顶建筑匍匐于连续延伸的台地之上，因其标准单元的绵延组合而天然具有统一的建筑尺度、形象风貌，体现北方农耕文化和草原游牧文化的交融。

受益于六边体"雪花"建筑单元的重复组合和标准模数控制，建筑（地上）的结构体系和围护体系均可在工厂预制，并在现场装配完成。在户型、屋面、立面等部位均按不同的标准化装配单元设计，通过少量的模块类型进行大量、多样组合的方式，来实现建筑群体丰富多变的效果。

单元立面模型
（崇礼太子城雪花小镇）
左页：施工现场
（崇礼太子城雪花小镇，李兴钢摄）

左：由太子城遗址远望用地
（崇礼太子城雪花小镇）
右：步行街轴测
（崇礼太子城雪花小镇）
后页：俯瞰施工中的小镇
（崇礼太子城雪花小镇，王汉摄）

崇礼太子城冰雪小镇项目
Chongli Taizi Town Project

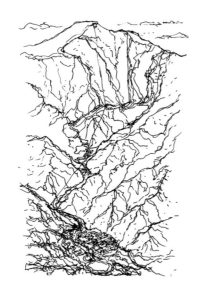

上：全区草图
（北京 2022 年冬奥会与冬残奥会延庆赛区核心区，李兴钢绘）
下：雪车雪橇中心现场构思草图
（北京 2022 年冬奥会与冬残奥会延庆赛区核心区，李兴钢绘）

北京 2022 年冬奥会与冬残奥会延庆赛区核心区：建造山林掩映中的冬奥体育场馆群，结合并因借自然地形、环境资源，构建立体山地景观格局，实地营造当代山水文化图景。

北京冬奥会延庆赛区核心区位于燕山山脉军都山以南的小海坨南麓，风景秀丽、山高林密、地形复杂、用地狭促，拥有冬奥会历史上最难设计的赛道、最为复杂的场馆，是在设计上最具挑战性的冬奥赛区。延庆赛区的设计理念为"山林场馆，生态冬奥"，通过建筑、景观和赛道设计的联合创新，打造冬奥会场馆历史上新的里程碑，同时最大限度地减少对环境的扰动，使建筑与自然景观有机结合，在满足精彩赛事要求的基础上，建设一个融于自然山林中的冬奥会赛区。

由延崇高速进入延庆赛区，可以看到分布在赛区南区的安检广场、延庆冬奥村和国家雪车雪橇中心，隔着中部的山谷、河道和塘坝，两组场馆东西互望。经由安检广场转而向西，沿着山谷水池塘坝上的宽阔步道，穿越山腰平台和山中隧道，观众和游客凌水穿山，进入国家雪车雪橇中心。雪车雪橇中心宛如一条游龙，飞腾于山谷西侧的山脊之上，嬉游于山林之间，

2017.03.16.
国 小2台俯瞰

上：雪车雪橇中心及冬奥村模型
（北京 2022 年冬奥会与冬残奥会延庆赛区核心区）
下：冬奥村及赛区入口安检广场现场构思草图
（北京 2022 年冬奥会与冬残奥会延庆赛区核心
区，李兴钢绘）

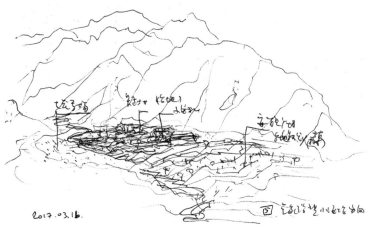

若隐若现。延庆冬奥村则犹似一个山地村落，铺展在山谷东侧的台地之上，以分散式、半开放的院落格局，顺山形地势层层叠落，掩映于浓密的山林之中。中间有一处小庄科村遗迹被精心保留修缮，与绿化景观水系结合，成为冬奥村独特的核心公共空间，最大可能保留现状树木，利用层层坡顶、平台和庭院组团，与周围山形水势对话，与西大庄科村东西呼应，以现代与传统的方式交相辉映于延庆海坨山水之中，成为别具一格的延庆"冰雪双村"，让人们深刻体验到中国独特的山水传统、村落文化和历史遗迹之美。由冬奥

上：高山滑雪中心集散广场模型
（北京 2022 年冬奥会与冬残奥会延庆赛区核心区）
下：高山滑雪中心现场构思草图
（北京 2022 年冬奥会与冬残奥会延庆赛区核心
区，李兴钢绘）

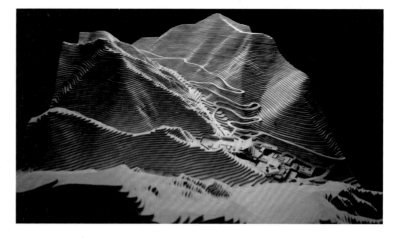

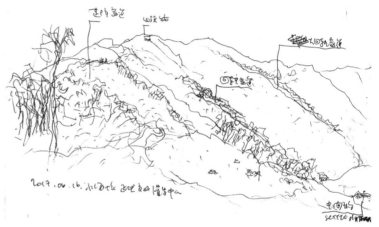

村西侧的缆车站或园区二号路出发，沿着曲折狭窄的山谷，向东北方向爬升约 3.5 公里，抵达赛区北区，这里即是国家高山滑雪中心。竞速、竞技赛道及训练雪道犹如几条白色的瀑布由小海坨山顶向山谷蜿蜒流淌而下，依托小海坨山的天然地形优势，创造各种差异并存的赛道，天然"山石"作为赛道主题要素，飞速滑行的动景给运动员和观众带来难忘的比赛、观赛体验。小海坨山最高点的山顶出发区（缆车终点站），犹如一只凌空于山顶的巨大风筝，轻盈飘逸，展翅欲飞；中间平台既是一个缆车换乘中心，又为观众提供绝佳的高山竞速比赛观赏点，并有可俯瞰山区景观的贵宾休息厅；高山集散、媒体转播、各结束区等主要功能区，以珠链式布局散落在狭长险峻的山谷中，由预制装配式结构架设成为不同高度的错落平台，穿插叠落于山谷，减少对自然山体的改造，营造出与山地环境相得益彰的人工景观。除主要场馆之外，赛区内众多的市政公用设施——缆车站、变电站、输水泵站、造雪泵站、气象雷达站、管廊出入口等，也分别进行了慎重选址和精心营造，使其适宜于所在的不同山地环境，并增强这些市政设施（或工业建筑）中的"人性"、公共性和观景功能。

充分利用区内自然环境优势，结合各处特色场馆，选取最佳风景资源，人工建造结合因借自然，构建立体的山地景观格局，形成海坨飞鸢、晴雪揽胜、丹壁幽谷、凌水穿山、秋岭游龙、双村夕照、层台环翠、迎宾画廊这"冬奥八景"，成为具有中国文化意象的情境式系列"胜景"，由一条贯穿整个园区的景观游览带串联起来，并由位于山下园区出入口附近的核心场馆——国家雪车雪橇中心点睛引领，"燕山贯玉带，海坨出游龙"，犹如在海坨高山深谷实地营造一幅当代的大型山水图卷。北京冬奥延庆赛区核心区是"身临其境：现实理想空间范式"——"胜景几何"建筑理念在依托国际大事件、国家大型公共建设项目、冰雪体育运动场馆类型和大区域自然山地环境中的落地实践，各种特殊条件叠加，极具挑战性、试验性和现实意义。

后页：赛区施工现场
（北京 2022 年冬奥会与冬残奥会延庆赛区核心区，张音玄摄）

左：雪车雪橇中心用地现状
（北京 2022 年冬奥会与冬残奥会延庆赛区核心区）
右：雪车雪橇中心总体轴测
（北京 2022 年冬奥会与冬残奥会延庆赛区核心区）

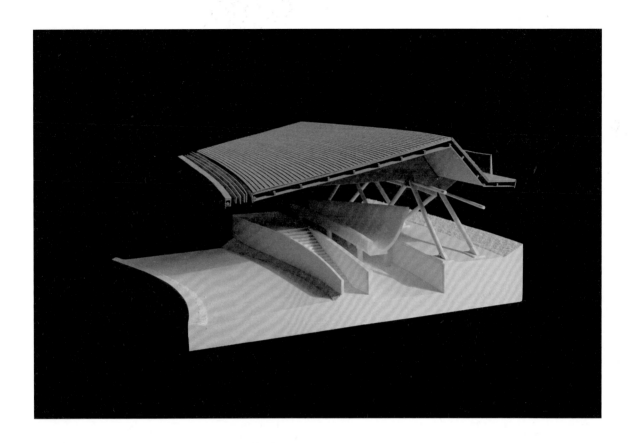

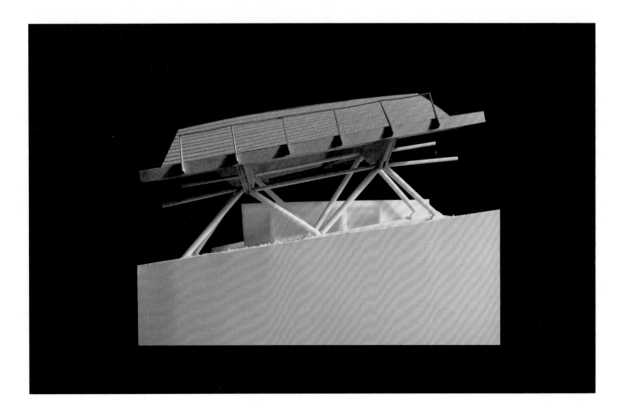

左：雪车雪橇中心1号弯道模型
（北京 2022 年冬奥会与冬残奥会延庆赛区核心区）
右：雪车雪橇中心1号弯道轴测
（北京 2022 年冬奥会与冬残奥会延庆赛区核心区）

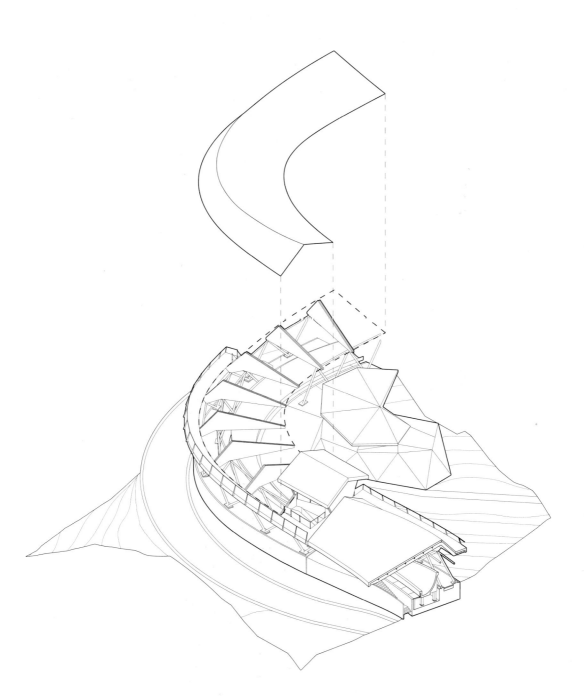

左：冬奥村用地现状
（北京 2022 年冬奥会与冬残奥会延庆赛区核心区）
右：冬奥村总体轴测
（北京 2022 年冬奥会与冬残奥会延庆赛区核心区）

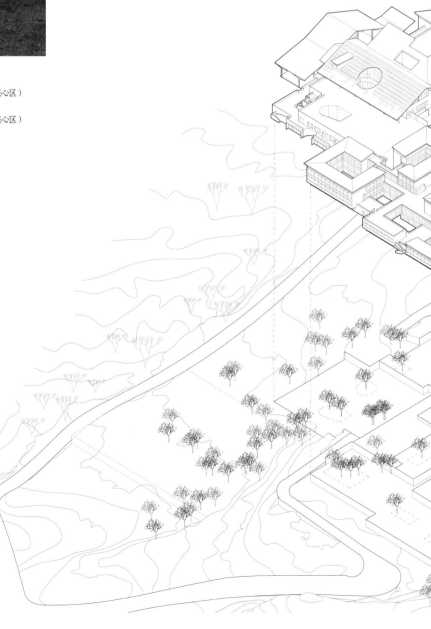

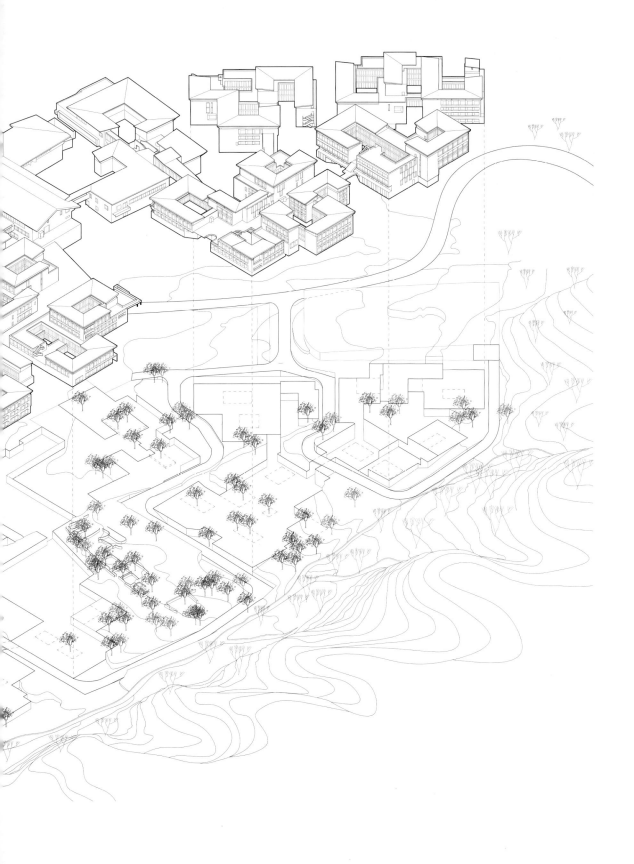

左：高山滑雪中心用地现状
（北京 2022 年冬奥会与冬残奥会延庆赛区核心区）
右：高山滑雪中心总体轴测
（北京 2022 年冬奥会与冬残奥会延庆赛区核心区）

左：高山滑雪中心山顶出发区模型
（北京 2022 年冬奥会与冬残奥会延庆赛区核心区）
右：高山滑雪中心山顶出发区轴测
（北京 2022 年冬奥会与冬残奥会延庆赛区核心区）
后页：高山滑雪中心山顶出发区施工现场
（北京 2022 年冬奥会与冬残奥会延庆赛区核心
区，孟阳摄）

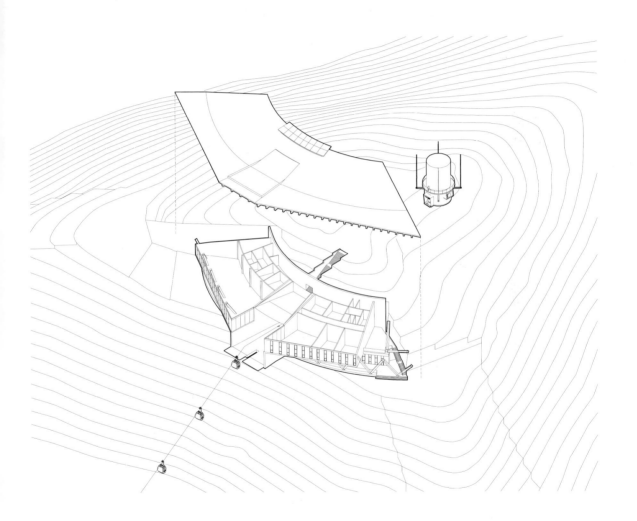

5-11

5-12

图 5-11. 建筑介入地景："自然"中的绩溪博物馆草图（李兴钢绘）

图 5-12. 人工交互自然：绩溪博物馆水院中的片石假山与保留树木（夏至摄）

上述近二十年来的 50 余个项目，体现出十个主题的"理想实践"，既代表了建筑师所面对的多样化现实，也呈现出面对不同的人工与自然关系状态的条件下，建筑师所进行的多样实践与结果。

共性策略

由面向当下现实的多样理想"实践"，可总结出五种共性设计策略：

一、建筑介入地景

"现实理想空间"的选址、布局、设计、建造是对所在"自然"环境（地理、气候、地质、人文、历史等条件乃至建成环境）的介入，自然的"风水"影响和决定了建筑的"近形远势"，建筑影响、改变并重新塑造了"自然"，建筑与"自然"（地景）互动相成，共同营造出特定的人类场所（图 5-11）。

二、人工交互自然

"现实理想空间"的营造中，人造物与自然物相互衍生、转化，交互结合，互动互成，"自然化的人工"和"人工化的自然"，相互因借融合，共同成为不可或缺的空间要素，并升华为环境中新的生命"造化"（图 5-12）。

三、结构 / 空间单元

"现实理想空间"的结构、空间、形式之间基于几何逻辑的互动、衍化中，形成某种基本构成单元，既是结构性的，又是空间性的，可以进行水平或垂直方向的分解或组合，并与人的身体状态相匹配，形成对于"胜景"的引导性或框定性空间界面，强化人的空间体验与诗意感知，营造建筑的独特气质、精神和动人的空间氛围；亦可与建筑中可能具备的"新模度系统"及其预制装配式建造方式密切相关（图 5-13）。

四、叙事引导体验

"现实理想空间"中对于空间和景象的深远动人之体验，被不断串联，并以空间的方式层层展现出来，人工之物与自然之物不断交互转换，形成连续的叙事过程，"疏密得宜、曲折尽致"；在层次递进、生动而完整的空间叙事过程中，"漫游"与"沉浸"并重，相互依赖、彼此互成（图 5-14）。

五、日常诗意与都市胜景

"现实理想空间"营造的最重要目标，是为人们的生活带来日常诗意或都市胜景，使人们身心沉浸于人工与自然共存交互而成的深远无尽空间，充满时间感、空间感、生命感的时空胜境，包含"可度量"与"不可度量"之物的完整世界，感知、营造和影响芸芸众生在特定时空中的理想存在状态和生命情境，并以当代方式将人文性赋予"自然"中的建筑（图 5-15）。

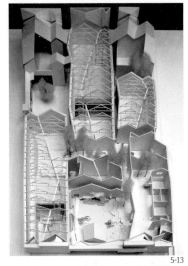

5-13

5-14

5-15

图 5-13. 结构／空间单元：绩溪博物馆空间结构模型
图 5-14. 叙事引导体验：绩溪博物馆中从水院通向山院的折桥（夏至摄）
图 5-15. 日常诗意与都市胜景：绩溪博物馆连绵起伏的屋顶、树木及远山（邱涧冰摄）

述、作以为合，现实理想空间营造范式下的现实理想实践及策略，使我们进一步思考并可能获得一种面向现实和未来的新的当代建筑学。

胜景几何：一种修正性的建筑学

"现实理想空间营造范式"中，人工性及物质性的"几何"与自然性及精神性的"胜景"通过"人"这一主体中介密切关联结合起来，营造人工与自然之间的互成情境，即为"胜景几何"。承载当代人类生活状态的严峻、多样的现实造就了多样的"自然"。与"自然"交互的建筑，作为人与自然交互的中介，获得一种"自然性"，意味着将"自然"纳入建筑本体要素之中并对当代建筑学进行修正的可能性。"坚固、适用、自然、愉悦"将可以成为新的"建筑四原则"。

胜景几何 [1]

多样现实下的"理想实践"中五种共性策略，实质是"身临其境：现实理想空间营造范式"五点原则的具体体现——以人工性及物质性的建筑意匠营造自然性及精神性的诗意生活空间。人工性及物质性的建筑意匠，即"几何"（建筑本体）之营造工具；"自

---

1. 本节主旨内容曾发表于：李兴钢. 身临其境，胜景几何——"微缩北京"/ 大院胡同 28 号改造 [J]. 时代建筑，2018, No. 162(04): 93. 及李兴钢，静谧与喧嚣 [M]，北京：中国建筑工业出版社，2015: 131，132.

然性及精神性的诗意生活空间",即"胜景"(空间
诗意)之理想情境。由此,我们的思考越来越聚焦到
两个核心的关键词:"几何"和"胜景"。

几何

"几何",意指建筑的本体性操作,空间、结构、
形式、建造等以几何为基础的互动衍化,赋予建筑简
明的秩序和特定的空间格局、路径和界面,用以对仗、
容纳、因借甚至"制造"自然,使人获得"胜景"的体验。
"几何"是人工性与物质性的。

"几何"可以对应于如何"盖房子"——营造人
的身体居所(庇护空间)。《营造法式》[2]是中国传统
留给当代的关于"盖房子"的参考书(图 6-1),那么
当代的《营造法式》在哪里?

"几何"是空间、结构、形式、建造、基本单体
等要素的一体化操作(图 6-2)。

6-1

图 6-1.[宋]李诫,《营造法式》

6-2

图 6-2. 高迪,古埃尔领地教堂模型,"几
何"是空间、结构、形式、建造、基本
单体等要素的一体化操作

2.《营造法式》是中国第一本详细论述建筑工程做法的官方著作。对于古建筑研究,唐宋建筑的发展,
考察宋及以后的建筑形制、工程装修做法、当时的施工组织管理,具有无可估量的作用。此书于北
宋元符三年(1100 年)编成,崇宁二年(1103 年)颁发施行。由将作监少监李诫所作。书中规范了

空间，是指物质存在所占有的场所，或是物体与物体之间的相对位置等抽象化之后形成的概念，与"时间"一起构成物质存在的基本范畴，是人类思考的基本概念框架之一。人可以用直觉了解空间，自古希腊时代开始，空间成为哲学与物理学上重要的讨论课题，亚里士多德将空间定义为事物的"场所"，几何学被用来计算及定义空间。空间存在，是运动构成的基本条件，在物理学中，以三个维度来描述空间的存在。[3] 在建筑学中，空间是承载建筑功能、让人使用并感知建筑、产生各种行为活动及精神性反应的场所。没有空间，则建筑将失去意义，空间是建筑的本体要素之一。空间是建筑师及其建筑设计所要营造的主要目标。

结构，是指在一个系统或者材料之中，互相关联元素的排列、组织，按类别可分为等级结构（有层次地排列，由上至下，一对多）、网络结构（多对多）、晶格结构（临近的个体互相连接）等。[4] 在建筑学中，结构是建筑得以抵抗各种自然力（地球引力、地震力、风力等）和各种荷载，并为人提供安全使用空间的建筑构架，是支撑建筑的"骨骼"。没有结构，则建筑将无法"站立"，结构是建筑的本体要素之一。结构

各种建筑做法，详细规定了各种建筑施工设计、用料、结构、比例等方面的要求。全书共计 34 卷，分为 5 个部分：释名、各作制度、功限、料例和图样，前面还有"看样"（主要是说明各种以前的固定数据和做法规定及做法来由，如屋顶曲线的做法）和目录各 1 卷。第一卷和第二卷是《总释》和《总例》，第三卷规定了壕寨制度、石作制度，第四卷和第五卷规定了大木作制度，第六卷至第十一卷规定了小木作制度，第十二卷规定了雕作制度、旋作制度、锯作制度、竹作制度，第十三卷规定了瓦作制度、泥作制度，第十四卷规定了彩画作制度，第十五卷规定了砖作、窑作制度等 13 个工种的制度，并说明如何按照建筑物的等级来选用材料，确定各种构件之间的比例、位置、相互关系。大木作和小木作共占 8 卷，其中大木作首先规定了材的用法。大木作的比例和尺寸，均以材作为基本模数。第十六卷至第二十五卷规定了各工种在各种制度下的构件劳动定额和计算方法，第二十六卷至第二十八卷规定了各工种的用料的定额，以及所应达到的质量，第二十九卷至第三十四卷规定了各工种、做法的平面图、断面图、构件详图及各种雕饰与彩画图案。共计 357 篇，3555 条。是当时建筑设计与施工经验的集合与总结，并对后世产生深远影响。本书特点：一、以材作为建筑度量衡

可以成为"营造"建筑形态、空间乃至氛围、意境的过程中至关重要的元素，但结构元素的呈现仍须在设计者对于建筑整体意义的掌控和权衡之下。

形式，是指事物内在要素的结构或表现方式，相对本质而言，形式通常犹言表象。在亚里士多德看来，形式、质料和具体事物都是实体，有时甚至说只有形式才是实体；培根则认为物质性的事物才是实体，形式则是物质的结构，他坚持形式与事物的性质不可分，认为形式是物体性质的内在基础和根据，是物质内部所固有的、活生生的、本质的力量，物质之所以具有自己的个性，形成各种特殊的差异，都是由于物质内部所固有的本质力量即形式所决定的。[5] 在建筑学中，形式与建筑内外空间和结构的状态密切相关，同时也与建筑的本质特征、气质精神以及人对建筑的感知息息相关。建筑必然呈现为某种形式，没有形式，则建筑将无法成立，形式是建筑的本体要素之一。朴素而深刻动人的建筑形式是建筑和建筑师的永恒追求。

建造，是指建筑结构与维护构件构筑与组装的过程，现代建筑的建造往往需要多专业的复杂协作才能完成，由于建筑的物质属性，建筑只有通过实地的建

的标准："材"在高度上分 15"分°"，而 10 分° 规定为材的厚度。斗拱的两层拱之间的高度定为 6"分°"，也称为"契"，大木作的一切构件均以"材""契""分°"来确定。这种做法到清乾隆十二年（1734 年）被清工部颁布的《清工部工程做法则例》的斗口制代替。二、灵活：各种制度虽都有严格规定，但并没有限制建筑的群组布局和尺度控制。可根据具体项目情况，在规定的条例下，可"随宜加减"。三、传统做法延续：如侧脚、升起的规定，使得整个构架向内倾斜，增加构架的稳定性。四、装饰与结构的统一：对结构构件的详细规定，并没有因此而放弃装饰手法的表现。将装饰做在结构中，不单独设置装饰构件。相比清朝时期的一些纯装饰构件，更具有结构和理性。五、严格施工管理：全书 34 卷，用 13 卷来说明各种用料用途，如此确定劳动定额，以及运输、加工等所耗时间，对于编造预算、施工组织都有严格规定。

3. 参见维基百科"空间"词条。
4. 参见维基百科"结构"词条。
5. 参见维基百科"形式"词条。

造才能成为人们使用和感知的建筑。没有建造，则将不会有真正的建筑，建造因此也成为建筑的本体要素之一。建造与材料的选配、构造的发明、施工的工艺等密切相关，诗意的建造——"建构"（Tectonics）越来越成为建筑学和建筑师关注的重要主题。

基本单体——在中国的艺术乃至城市、园林、聚落的营造传统中，还有一种关键要素，即以"单元"形式被不断重复用以组合而构成丰富多样的群体或整体，或可称为"基本单体"，具有简明单一的几何性，例如构成汉字书法和绘画艺术等的"模件"[6]、构成住宅的"间"、构成园林的"亭台楼廊"、构成城市和村落的"合院"等。它们可重复，可组合；可依几何逻辑被分形切分，可依功能、尺度变换大小，可依环境、结构改变形式。

"几何"操作与建构（空间、结构、形式、建造等及其互动衍化）的目的，是通过空间的筹划布局和位置经营，即制造"叙事"，引人入胜。最重要的是制造出形成"胜景"的界面和观察点，"几何"不是为了制造喧嚣，而是精心布局，引导路径，形成界面，捕获、容纳、安放自然，最终是为了滤绝喧嚣，营造一处静谧世界。界面的纯净性和整体性很重要，作为工具和手段的"几何"可趋向消隐，更加有助于形成

图 6-3.[明] 计成，《园冶》

---

6. 雷德侯，万物：中国艺术中的模件化和规模化生产 [M]，张总等，译，党晟，校，北京：生活·读书·新知三联书店，2012.

7.《园冶》，园林专著，明代计成著。书成于明崇祯四年（1631年），刻印于明崇祯七年（1634年）。后流入日本，在日本被称为"夺天工"。20世纪30年代时，中国营造学社创办人朱启钤在日本搜罗到《园冶》抄本，又在北京图书馆找到喜咏轩丛书（明代刻本《园冶》残卷），并将这两种版本和日本东京内阁文库所藏明代刻本对照、整理、注释，断句标点，于1932年由中国营造学社刊行《园冶注释》，

静谧的空间感，获得"不可度量"的诗意和气质境界。下文"隔离物"的利用，也在这一空间化的组织之中。甚至"景"中的人工造物，也需要几何的运用。

胜景

"胜景"，意指一种与自然交互并紧密相关、不可或缺的空间诗性感知与体验，是被人工界面不断诱导而使人之身心沉浸其中的深远之景。"胜景"是自然性与精神性的。

"胜景"可以对应于如何"造园"——营造精神家园。《园冶》[7]（图 6-3）是中国传统留给当代的关于造园的参考书，那么当代的《园冶》在哪里？

"胜景"是身体（座位）、景、界面，以及叙事和隔离物等要素的有机、多重营造（图 6-4）。

身体，即空间体验的主体（人）及其座位面向。在建筑和自然构成的整体空间中，由动观而静观，由外观而内观，由日常生活而精神观照，由视物而入神：因沉浸于景物的深远意象而达致对宇宙和自身的化悟，从而获得一种深度的精神愉悦。

景，是被观察的对象物，动态或静态的观照对象。可以是自然山水，也可以是人工造物，甚至是平常无趣的现实场景，要点是与自然元素的密切关联，并被人工的界面诱导、捕获与裁切，是人工与自然融合之

6-4a

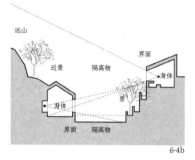

6-4b

图 6-4."胜景"是身体、景、界面，以及叙事和隔离物等要素的有机、多重营造（a: 艺圃水榭南望; b: "胜景"五要素之间关系的剖面示意图）

为目前各版本《园冶》的主要依据。《园冶》在中国长期寂寂无闻，只有清代李渔在《闲情偶寄·女墙》中提到《园冶》一书，后来直到 1932 年，中国营造学社才重新刊行了此书。内容主要包括兴造论、园说（相地、立基、屋宇、装折、栏杆、门窗、墙垣、铺地、掇山、选石、借景）。主导思想有：一、强调园林设计"三分匠、七分主人"，"主人"不是园主，而是主持的设计师。二、尊重自然："虽由人作，宛自天开。"三、强调"造园无格，必须巧于因借，精在体宜"。

物。胜景，即是其中最具画意之组合——出人意料而又深远不尽之景。胜景必是静态之景。海德格尔说："景的诗性表达将神圣表象的光亮与声响，以及陌生之物的黑暗与沉默汇聚在一体之中。"[8] 作为景或胜景主体的"自然"元素——无论是山水草木还是人工遗迹抑或现实场景——都需要对具体场地内外状态的细心观察、判断甚至由想象填充而来。

界面，位处于身体与景之间，则犹如画之"画框"，亦即心之"心窗"，使人意识到画面的存在，入画（戏）则自我体验，出画（戏）则反观自我，将自己（观画者）间离成为我与自然宇宙之间的第三者，达致内外兼观，通过感受空间世界而体悟生命与自我。所谓"眼前有景"，是因界出境，以有限营造无限，因此界面至关重要。界面既可框点自然的美妙与宁静，也可裁剪现实的无趣或混乱。如前所述，界面有人工性与几何性的特征。

叙事，是动态的观照过程，寻觅精神的可持久停驻之地，经由起点—絮语—高潮—体悟的过程，在对景物的暗示、透露与"前戏"中不觉进入高潮——过滤外部的喧嚣而达致静谧的境界。叙事创造并强化了由外部喧嚣抵达内部静谧间的过程、期待感和戏剧感。

隔离物，制造人与景之间的距离感，犹如画中的水、云雾和植物，形成留白、层次和张力，使距离可见，

8. 青锋. 从胜景到静谧——对《静谧与喧嚣》以及 "瞬时桃花源" 的讨论 [J]. 建筑学报，2015, No. 566(11): 24-29.
9. "胜景几何"，原译为 "Geometry and Sheng Jing"。见李兴钢. 胜景几何 [J]. 城市环境设计，2014, No. 079(01). 其中 "胜景" 之意，实难寻找到对应的英文词，便姑且以汉语拼音代替，犹如 "Feng

获得深远不尽的意象。

胜景几何

所谓"胜景几何"[9]，就是以结构、空间、形式、建造、基本单体等以几何为基础互动衍化的建筑本体元素，营造与自然交互并紧密相关的空间诗意，亦即营造人工与自然之间的互成情境，它们所构成的整体，成为人（使用者和体验者）的理想生活空间。

此"胜景几何"，既非几何化之胜景，亦非胜景化之几何，而是"几何"与"胜景"通过"人"这一主体中介密切关联结合起来，建构出人天交互（"人工"与"自然"互动交合）的诗意情境，这即是我们一直在不断探求的"现实理想空间营造"。

"胜景"所代表的"空间诗意"，是一种"由外至内的空间所带来的静谧情境"，一种空间性的营造，一种如"桃花源"般身体性、空间性之叙事体验和身心沉浸性之精神愉悦的二者结合。"静谧"，可以是日常空间的精神性，可以是功能空间的纪念性，也可以是公共空间的私密性。

人

人，是由"胜景几何"所营造的"现实理想空间"中最为关键的核心主体。在这里，人既是使用者、体验者和传达者，如同空间的观众和读者；又是设计者

Shui"之于"风水"。后 2014 年 10 月应邀在香港大学"Smart Geometry"香港国际年会演讲，再次遇到如何向国际人士传达"胜景几何"之意，在香港大学高岩的助力下译为"Poetic Scene（胜景）and Integrated Geometry（几何）"，略可表达本意。

图6-5.佛光寺东大殿前平台西望，人既是使用者、体验者和传达者，如同空间的观众和读者；又是设计者和观察者，如同空间的导演和作家

和观察者，如同空间的导演和作家（图6-5）。

需要强调的是，这样的"现实理想空间"并非只有中国或东方文化所独享，它应是超越文化、地域与时代的，可为人类所共同感知和营造的。

历史与传统表明，人们对于理想生活空间的追求和营造无论如何都不会停止。"胜景几何"，是经历逐步的思考和实践，对于当代严峻、多样的现实中人的理想生活空间营造问题的可能答案，概括了一种将"自然"纳入建筑本体要素之中的新建筑及空间营造的范式，它面向一种基于普适人性的生命理想，也指向一种对当代建筑学进行修正的可能性（表1）。

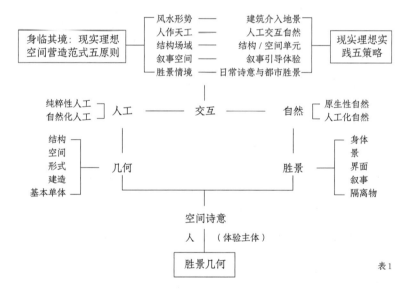

表1

当代现实中的多样"自然"和与"自然"交互的建筑

自然（Nature），广义而言指的是自然界、物理学宇宙、物质世界以及物质宇宙，自然的规模小至

次原子粒子，大至星系。人工物体与人之间的相互作用通常并不被视为自然的一部分，除非被界定的是人性或"大自然全体"。英文的 nature 来自拉丁文 natura，意即天地万物之道（the course of things, natural character），原意为植物、动物及其他世界面貌自身发展出来的内在特色。

自然可以是众多有生命的动植物种类的普遍领域，部分则指无生命物体的相关过程——特定物件种类自己本身的存在和改变的方式，例如地球的天气及地质，以及形成那些物件种类的物质和能量。自然很多时候意指"自然环境"或"荒野"——野生动物、岩石、森林、沙滩及本质上未受人类介入，或是即使人类介入仍然存留的东西。这种广为流传的传统概念意味着自然与人工的分野，后者被理解为由人类所带来的或是类似人类的意识或心灵。[10]

相对而言，我对"自然"的思考和理解愈加拓展为一种更为广义的"自然"，分为原生自然和人工自然：

原生自然 / 荒野自然，例如山川、草木、土石、天海、风云雨雾……动物，包括人类自己，也是原生自然的一部分（图 6-6）。

人工自然 / 文明自然，例如聚落、园寺、城池、遗迹、历史建筑或城市……当代建造中具有"自然性""生活记忆性"等特征者，也可成为人工自然（图 6-7）。

承载当代人的生活状态的多样现实造就了多样的

6-6

6-7

图 6-6. 黄山，原生自然
图 6-7. 斯里兰卡狮子岩宫殿遗迹，人工自然

---

10. 参见百度百科"自然"词条。

6-8

图6-8. 当代人类生活状态的多样现实造就了多样的"自然"

"自然",既有原生自然／荒野自然,也有人工自然／文明自然(图6-8)。例如我们的建筑项目所在的各种建成环境:绩溪古镇和天津大学新校区、北京旧城大院胡同和唐山震后新城区、首钢工业遗址园区和延庆世园小镇等。

当代现实中的多样"自然",需要相应的"人工"策略与之互动。

需要特别说明的是,在我的观察和认识中,"人工"与"自然"并非一成不变,而是在特定条件下能够相互转化,人工之物可以具有某种自然性,自然之物也可由人工和纯自然元素来混合"制造"。亦即前述:人工与自然之界限的模糊化,可以使两者相互衍生与转化为自然化的人工和人工化的自然;理想的"人工"是介入自然的人工,最美的"自然"乃是被人工所介入的自然。

中国文化中的"自然"还有另外一种含义:一种自然而然、无为而自成、任运的状态。"人法地,地法天,天法道,道法自然"[11],老子一气贯通,揭示宇宙天地间万事万物均效法或遵循"道"的"自然而然"规律(其实这一思想与前述"自然"的拉丁含义"天地万物之道"有相通之处),"道"以自己为法则(图6-9)。"人为道能自然者,故道可得而通……是故凡人为道,当以自然而成其名。"[12]在这里,"自然"更多的是指思考的境界与实践的方法。

11. 老子,道德经[M],王弼,注,楼宇烈,校,北京:中华书局,2008.(第二十五章)
12. 无上秘要[M],周作明,点校,北京:中华书局,2016.

建筑师的思想和作品，其实很难通过语言全面呈现，所有对于建筑的叙述都无法替代和涵盖每个人在建筑中获得的体验。但我希望能够将多年来关于建筑思考、研究和实践的感悟融会贯通，努力尝试进行系统性的表述和总结，并形成一种清晰的建筑思想和工作方向。每个建筑师的思考和实践都一定会有特定的思想资源或根源，这种思想资源或根源有些是有目的、有意识的，而有些可能是潜意识或无意识的。如果反思我自己的思想资源或者是根源，一方面，我对历史、我现实以及各种城市、建筑、景观现象，能有一种直觉的感性捕捉，这种感性可以导致把它们不自觉地转化到设计中，这对我来讲特别重要；另一方面，我对中国传统的兴趣、思考和发展，可能并不是一种刻意的对自身思考方向的认定，而是源于自己的个体经验。

6-9

图 6-9. 老子画像

1976 年 7 月 28 日凌晨，唐山大地震发生的那一瞬间，母亲抱起还在睡梦中的我，冲出屋外，匆忙中绊到了门槛，她抱着我失去平衡，摔了一个大跟头，却并没把儿子脱手，而我还在母亲怀中沉睡未醒。那年我七岁，并不知道发生了什么事情，地震是什么。我的印象是，大震后间歇的余震发生时，自己无论如何都站不稳，好像大地要被掀翻的那种可怕感觉，人在那时就跟大自然的天地之间脆弱渺小的动物一样。由于半夜天凉，又下起小雨，稍微稳定下来后，我父亲想要回屋子给大家拿衣服，我姐姐和我抱着他，不

6-10

图 6-10. 唐山大地震，以特殊的方式提醒人类充分认识自然的威力和人与自然相处的方式，否则人们最有安全感的家园将在某一时刻使他们迫不及待地逃离

图 6-11.（后页）冬日的田野、萧瑟的树木、干涸的河流和静默的村庄

让他回去，怕地震要是突然再来，房子会塌。这一切场景，让我印象深刻，心中油然生出一种莫名的恐惧感，忽然间觉得原来坚固无比的家和房子可能是一个很危险与脆弱的物体，不再能庇护我们。这一儿时经历，深深透入骨髓，终生难忘，让我本能地意识到：在大自然面前，人是如此渺小，自然是无法被人"征服"的，人与自然之间，不应该是"征服"与"被征服"的关系。大地震以特殊的方式，提醒人类需要充分认识自然的威力和人与自然相处的方式，否则，人们最有安全感的家园将在某一时刻使他们迫不及待地逃离（图 6-10）。可能就是由于这样的个体经历，使我逐渐形成了对于"自然"以及人与自然之关系的一种本能的深刻认识。

儿时家乡的那些特别的场景——冬日的田野、萧瑟的树木、干涸的河流、静默的村庄（图 6-11），都给我特别的触动，我喜欢这样一种与自然相关的诗意场景，而延伸到一些文学、艺术作品所表达的类似意境，我自然会有同感。多年以后开始对中国园林产生兴趣，并对其进行考察和研究，从中我感受到一种久已逝去却备感契合的生活哲学活生生地存在其间，由自然物与人造物在限定空间中的相互巧妙响应而产生，具有一种令人惊讶的当代性，我被深深打动并沉醉于这个奇妙的由人自造的完整世界。这样的个体经验使我感到，可以通过营造而在自然与人之间产生一种深具魅力的交互关系，对我而言，这是一个深具启发性的传统，它可以超越时间，留存于当代，也可以延伸向未来。

大学时登临景山万春亭俯瞰故宫的经历，使我意识到这样的中国营造传统竟有着如此强大的生命力，它可以让我这样完全不懂传统的人，产生一种直击心灵深处的刺激。而类似这样的场景在我后来的阅历中不断出现：无论是登高俯瞰蔚县破败的小村庄（图6-12）、抵临观音阁观音像前放眼眺望蓟州古城，还是站在佛光寺东大殿平台遥望夕阳远山，那种人、景、物交相辉映的胜景，都让我深深触动。而这种登高远眺获得的特别感受，也影响了我后来的设计方法：设置立体的登高路径，建立新维度的视觉情境交互，成为我常用的营造建筑诗意的手法之一。

6-12a

6-12b

图 6-12. 蔚县，水涧子中堡登高俯瞰破败的村庄照片及草图

为什么我经历中的那些场景比纯粹的自然景观更丰富、感人和震撼？我想就是因为那是一种人工与自然高度交相辉映下的结果。因为人工介入和影响的自然带着人类生活的痕迹和记忆，所以更容易被人感知并产生诗意的通感。

我们所孜孜探求的"理想建筑"，应是能让人获得诗意的精神体验的建筑。建筑抵达诗意的方式有很多：建筑的纪念性和建构性可以带来仪式感和物质性的诗意（图6-13）；古人笔下的"桃花源"、约翰·海杜克（John Hejduk，1929—2000）纸上建筑中所描绘的令人向往的生活方式（图6-14）可以带来"理想化"的诗意，而我则选择"建筑与自然交互"这样的途径来获得诗意。

"交互"取自《京氏易传·震》中的"震分阴阳，

6-13

6-14

图 6-13. 巴埃萨，格拉纳达储蓄银行总部，建筑的纪念性与建构性带来仪式感和物质性的诗意
图 6-14. 约翰·海杜克，纸上建筑"Cannaregio 的 13 个瞭望塔"，一种令人向往的生活方式带来"理想化"的诗意

交互用事"，指的是两个相反相成事物的互动和关联。

"胜景几何"，即是营造与"自然"交互的建筑。如前所述，"自然"在我的理解中是一个丰富的概念，当代现实中的多样"自然"，需要相应的"人工"策略与之交相互动。我们在实践中需要面对的"自然"如此多元化，不同地域、环境、历史中的场地，呈现出"自然"的丰富差异，因此对于场地内外的"自然"之状态的观察、感知、研究、判断至关重要。我们应该如何看待不同的"自然"，用怎样的建筑策略与"自然"交互呢？以下有三组建筑实践中有关"自然"及其与建筑交互策略的对比呈现。

绩溪博物馆和天津大学新校区综合体育馆所在的场地，是现实中国当代城市特征的两极案例。绩溪是个典型的既拥有山水环抱的"原生自然"，又拥有历史沉淀的"人工自然"的千年古镇，我称之为"丰饶自然"；而天津大学新校区，则是平地而起的新城中一片没有任何场所感和归属感的空白之地，我称之为"空白自然"。对于绩溪博物馆所面对的"丰饶自然"，采用了"因借与经营"的方式，使建筑的内外空间、结构、形式与山水树木等"原生自然"和古镇民居等"人工自然"交互作用，让人们体验到超越时空与生命的诗意情境；而对于天津大学新校区综合体育馆所面对的"空白自然"，则需要自造一种由结构"聚落"而形成的"人工自然"，利用内部空间中人的运动这一"特殊自然"，并使建筑与之交互作用，填充现实的空白，营造出动人的空间归属感和场所感。

北京大院胡同 28 号和唐山"第三空间"所在的场地，是当代中国城市居住空间模式的两极案例。大院胡同是典型的北京旧城大杂院，历史悠久但日趋失序、破败，存在诸多矛盾和问题，同时有改造的局限，我视之为"历史自然"；而唐山则是因大地震后快速重建而丧失时间痕迹的新城，现代而乏味，我称之为"乏味的城市自然"。对于大院胡同 28 号所面对的"历史自然"，采用"分形加密、重建规制"的方式，将大杂院转变为"微缩社区"，使人们重归日常生活的"宅园诗意"，并时时体验到老城所特有的"都市胜景"，受限于旧城的高度限制，在水平维度展开改造性的"聚落"营造；而对于唐山"第三空间"所面对的"乏味的城市自然"，则需要通过居住空间单元的错层结构形成人工台地，带来丰富的生活体验，建筑立面的悬挑亭台，收纳乏味的城市景观并将其转化为日常生活中的动人画面，建筑自身也成为城市中的新景观，在高密度的城市建造环境中，向垂直维度发展，成为向高空延伸的立体城市聚落。

首钢工舍和延庆世园小镇文创中心所在的场地，是当代中国城市不同发展方式所体现的两极案例。首钢园区是工业时代的辉煌见证，是大规模钢铁生产需求下建造的特殊"城市"，但随着时代落幕，这里原有的返矿仓和高炉空压机站、配电室、转运站长期荒芜，几近废墟，我视之为"废墟自然"；延庆 2019 年世园会所在地原是几个风貌朴质、自然丰饶的村庄及农田，被"扫荡"式拆除后作为会场展示用地，虽然重新种植的各种展示花木是真的自然植物，但我内心依然不解和排斥这个非原生的、刻意造作的"布景式自然"。对于首钢工舍所面对的"废墟自然"，采用"珍视保护，新旧相生"的策略，将工业遗产作为时间和记忆的载体，被保留的旧仓与叠加其上的新阁并置——"上阁下仓"，当下新的建造与"废墟自然"交互对话、相融共生。对于延庆世园小镇文创中心所面对的"布景式自然"，则采用"内向叙事"的策略，表达一种批判性的态度，与周边"不自然"的布景式建筑和景观保持距离，"筑房拟山，自我交互"，两组单坡屋面赋予建筑强烈的方向性和识别性，并完成了象征自然物的"山"与象征人工物的"房"之间的连接和互成。

可见，"自然"并非天然存在的一种全然美好，需要人工即时即地的合理介入。对于"丰饶自然"，可作因借与经营以将诗意关联凸显；对于"空白自然"，则需要填充与自造以建构归属与场所；对于"历史自然"，重在回归起源以复现与新生；对于"乏味的城市自然"，则要通过人工的引导与框界加以激活与赋能；对于"布景自然"，则可能需要人工的"反介入"，达成与自我的交互，这同样也是消弭虚假自然，缔造新的自然可能性的一种方式与途径。

在所有那些现实中理想空间和诗意胜景的营造中，

13. 青锋. 胜景几何与诗意 [J]. 设计与研究，2014, No. 034(06): 61.
14. 本节主旨内容曾发表于：李兴钢. 身临其境，胜景几何——"微缩北京"/ 大院胡同 28 号改造 [J]. 时代建筑，2018, No. 162(04): 93.

人工与自然交互圆融的关系都是最为重要与关键的主题。这里的"自然",正如青锋在《胜景几何与诗意》中的发问:究竟是"斜风细雨云开雾散"的自然,或是"物竞天择适者生存"的自然,还是自然科学所分析的那个"实证自然"? [13] 我想,它应该既是山川树木天空大海的那个"自然",也是风云雨雾阴晴圆缺的那个"自然",也是废墟遗迹村庄城市的那个"自然",还是得体合宜自然而然的那个"自然";而"人工",就是跟这些"自然"相对应的那些"人工"。"现实理想空间范式"的核心是"胜景几何","胜景几何"的核心是"与自然交互的建筑",而与"自然"交互的建筑,并不仅是物化的建筑本身,更是通过建筑作为人与自然交互的媒介,使人这一核心主体突破物质时空的限制,获得"身临其境"的诗意情境,实现人们对现实和未来理想生活空间的向往和可能性。

与"自然"交互的建筑,作为人与自然交互的中介,也会获得一种令人愉悦的自然感——一种"自然性"。我认为这种"自然性",是对于身处严峻、多样之现实中的当代人获得理想之生存和生活空间至关重要的建筑要素和原则之一。

面向现实和未来的当代建筑学 [14]

两千多年前,古罗马建筑师维特鲁威(Vitruvius,公元前1世纪)在《建筑十书》中提出了经典的建筑三原则:坚固(Solidity)、适用(Utility)、愉悦

（Delight）。[15]

以"胜景几何"为基础，如果可以尝试对于传统建筑学的范畴进行当代的修正扩展，那么我愿意将"自然"纳入，成为新的"建筑四原则"：坚固（Solidity）、适用（Utility）、自然（Naturality）、愉悦（Delight）（表2）。自然，被强化为与空间、结构、形式、建造等同等重要的建筑学本体要素，如此或将可以提出一种面向现实和未来的当代建筑学，助力我们进入空间营造的新境界。

| 建筑三原则（维特鲁威 Vitruvius） | 坚固（Solidity） | + | 适用（Utility） | + | 愉悦（Delight） |

| "建筑四原则" | 坚固（Solidity） | + | 适用（Utility） | + | 自然（Naturality） | + | 愉悦（Delight） |

表2

其中，"坚固"的含义亦为"持久"——不仅坚固而耐久，更可经得住时间的考验而持久。而"自然"的含义则包括："自然"（原生自然和人工自然）、"自然而然""珍爱自然"。"珍爱自然"即绿色——生态、环保、可持续，亦是一个为当代世界所共识并被高度重视的新方向。

梁思成先生在1943年完成的《中国建筑史》一书的《绪论》中，即已提出："建筑显著特征之所以形成，有两因素：有属于实物结构技术上之取法及发展者；

15. 维特鲁威. 建筑十书 [M]. 高履泰, 译. 北京: 知识产权出版社, 2001: 16.

有缘于环境思想之趋向者……政治、宗法、风俗、礼仪、佛道、风水等中国思想精神之寄托于建筑平面之分布上者，固尤甚于其他单位构成之因素也……"其时已七十六年前矣。依我的理解，其中"政治、宗法、风俗、礼仪、佛道、风水等"代表"环境思想之趋向者"的"中国思想精神之寄托"的，即是不可或缺的"自然"。

建筑中自然、空间、结构、形式、建造等要素的互动转化，实质即人工与自然的交互，可更加适应于当代现实中人的生存和生活理想。这些恒久不变的要素是建筑学的本体价值和意义所在，对于它们的持续思考和建筑表达，将使我们更好地面对严峻、复杂、多样的人类现实和未来。

我的思考起点是中国和东方的传统城市、建筑乃至文化、哲学。而所谓的东方哲学，其实根本上是要解决人的精神问题。中国和西方并非站在地球的两极、文化的两极，它们虽然可能有着相当多的差异，但并不是非此即彼、此消彼长的关系，有些原理的确可能是中国的文化和传统里所特有的，而我相信更多的则是不同的文化和时代所共有的，它们都属于人类和共同的人性，可以超越地域和时代。"东海有圣人出焉，此心同也，此理同也；西海有圣人出焉，此心同也，此理同也。"[16]

坚固、适用、自然、愉悦。身临其境，胜景几何？

16.陆九渊，陆九渊集[M]，钟哲，点校，北京：中华书局，1980.（卷三十六）

跋

不断思考，不断实践

2018年12月，在杭州的一次对谈中，庄慎提到："我特别能理解李兴钢为什么选择了'与自然交互'这样一个带有系统思维的理念作为工作的基点，这也许反映了这个年纪的中国建筑师的工作理想，这和我们接受的教育、获得的时代机遇密不可分。中国近40年巨量的空间生产与快速的城市化进程，其建造的速度、数量、类型都远超以往，其变化也早已快于任何建筑思想和理论对其的总结与梳理。从某种程度讲，中国的实践建筑师，其实践本身会比其他从业者更接近建筑设计可能具有的'锋面性'。在一线工作的建筑师，会碰到各种以往不曾讨论过或者研究过的问题，在面对、处理这些现实问题时，会催生新的思考。这些思考不是一种纯粹的学院式的理论，而是一种设计研究：有些是实用的设计策略，或者是自己的工作原则，还有一些上升成为自己的设计理论。"[1]

我对此非常同意且深有同感。中国的现实情况非常复杂，我们现在面对的环境是前所未有的，所以无

1.2018 年 12 月 28 日在杭州"观点"平台，李兴钢做了以《与自然交互的建筑》为题的演讲之后，与上海阿科米星建筑师事务所主持建筑师庄慎进行了对话。参见本书附录。

论是西方还是中国现有的经验，无论是理论指导还是实践案例，能给我们的启示和帮助都是有限的；而且这些既有的成果，在中国当代的现实里往往是失效的。

在这样的现状下，我想，是不是要等待历史研究学者或者建筑理论家的工作成果，然后从中获得指导？如果能等到，那显然是最好的；但在如此快速的现实建设环境中，我们并没有时间等待，所以必须逼迫自己在被裹挟的现实中思考、实践、纠正思考的偏差。

我没有长期出国学习、工作的经历，所以没有接受过正规、成熟的西方系统化的现代建筑教育。像我这样，22 岁一毕业就被扔到建设洪流中的建筑师，有人说是"边走边唱"[2]，我觉得是"边学边干、边想边干、边思考边实践"。所以，"想、学、做"是我工作中相互交织的重要步骤。

"胜景几何"就是在这样"想、学、做"——思考、研究、实践不断交织循环的劳作与行旅过程中，一点点阶段性的思考成果。虽大胆作此"论稿"，但自知

2. 支文军. 边走边唱: 60 年代生中国建筑师 [J]. 时代建筑, 2013, No. 192(01): 1.

远远不够成熟，就此求教方家，并与同行者交流探讨。同时也深深自知，我们这一代身负使命和责任，无可推脱，必须不断努力前行。

"身临其境"，也意味着身临理想之境、现实之境、未来可能之境。

"胜景几何"，在中文语境中也是一句问话：胜景几何？——表述对现实的追问，对自我的反省。

"古人之作画也，非以案域城，辩方州，标镜阜，划浸流。本乎形者融灵，而动变者心也。"[3] 我以长久的心力和体力，所寻找的这一幅建筑"行者地图"，实在是为了在自己和每个人的心灵中，营造和保有一个现世和现实中的空间"桃花源"。

对现实不断追问，对理想永久追求。我们的思考，仍在继续；我们的实践，依然前行。

图 7-1. 由国家高山滑雪中心山顶出发区眺望整个赛区
（北京 2022 年冬奥会与冬残奥会延庆赛区核心区，李兴钢摄）

---

3. 引自 [南朝宋] 王微著《叙画》，成书于 440 年，是一部可与宗炳《画山水序》相提并论的早期山水画论。参见：叶朗，中国美学史大纲 [M]，上海：上海人民出版社，1985：187.

附

范路、李兴钢

静谧胜景与诗意几何——建筑师李兴钢访谈[1]

从某种意义上说，李兴钢是一位对建筑秩序充满信念的设计师，正是这种信念，让他感动于路易·康的"世界中的世界"[2]和景山俯瞰下的宏伟故宫。同时，李兴钢也是一位对生活充满感悟的建筑师，对于西方建筑、中国城市和园林聚落的个人体验，滋养出一种面向独特静谧和诗意的执着。感动与滋养，信念与执着，在他内心汇聚成"胜景几何"的思想。下面的访谈，描绘了李兴钢这些年的建筑思考和实践探索。

范：在 2015 年出版的《静谧与喧嚣》一书中，您对自己的设计思想进行了一次系统梳理。其中很多文章并不是专门为该书写的，但能感到它们好像是围绕着一个方向展开。

李：这本书是应王明贤老师《建筑界丛书》第二辑的邀请而完成的。他要求以文字为主，但我没能力一下子写出那么多文章来。真正为这本书写的是第一

---

1. 本文原发表于：范路，李兴钢. 静谧胜景与诗意几何——建筑师李兴钢访谈 [J]. 建筑师，2018, No. 192(05): 6-13.

2.Louis I.Kahn and Alessandra Lator(editor). Louis I Kauln: Writings, Lectures, Interviews. New York: Rizzoli International Publications,1991. p151.

篇文章，而后面的文章都是以前陆续写的，我按时间顺序编排，也是想反映在不同时间段，我都在想些什么东西。所以这么一个汇集，确实也有点总结的意思。

整理这些文章的过程也可以说是"自我认识"的过程。我以前觉得自己在不同阶段感兴趣的内容是在不断变化的：从大学毕业前一年开始，我对中国传统营造体系中城市和建筑的关系特别感兴趣；然后到了2003年，开始对园林产生很大兴趣，后来把聚落也纳入研究和思考的对象中。现在，我发现它们之间是相互关联的，好像是一个体系里面的不同表现方式。城市也好，园林也好，聚落也好，它们可以称为是基于同一理念和生活哲学的一整套中国（特别是传统的）营造体系，所以自然就会有很强的相关性。有意思的是，对于这些自己不同阶段的思考和学习，近两年我有一点融会贯通的感觉，想法越来越清晰，好像有一种"打通"的效果。

对于"胜景几何"的提法，它既是我实践的总结，也越来越成了我思考的目标。最近完成的一个200平

8-1

图 8-1. "胜景几何" 微展

方米的"微缩北京"——大院胡同28号，是一个北京旧城更新项目，在这个改造性的小项目中，我觉得能够把以前对城市和建筑关系的思考、对于园林和聚落的思考等都融会在一起，还是很畅快的。

范： 您2014年的 *UED* 作品专辑以"胜景几何"为标题，而2015年的著作以"静谧与喧嚣"为题。这两个标题有什么关系，您的思考又有什么变化？

李： 实际上，这两者不是变化的关系，而是深化的关系，这有一个发展过程。2013年，我们在方家胡同的哥大建筑中心（北京）有一个微展（图8-1）。这是史建和李虎两位老师组织的系列"微展"之一，每个建筑师需要为自己的展览取一个主题性的标题。我提出的是"胜景几何"，并写了一段阐释性文字，实际上是对我多年思考和实践的一种概括性总结。

在我这么多年的工作中，主要体现出两方面的兴趣。一方面是，中国传统如何当代化，比如对中国传统城市和建筑、园林以及聚落等的研究，希望能通过某种当代的转化，使那些有价值的传统，呈现于当下的思考和实践中。另一方面是，对于建筑本体层面几何操作的兴趣：建筑的形式、空间、结构和建造等以几何为基本逻辑不断衍化而生成建筑。这两方面其实并非完全并行，但我希望在自己的工作中把它们结合起来。2014年初，*UED* 杂志出了中英文两版作品专辑，我为此专门写了一篇题为《胜景几何》的文章，介绍了这个概念跟研究和实践的关联。

　　方家胡同展览之后，又在我们院做了一个续展。清华的青锋老师应邀为院刊《设计与研究》写了一篇相关的评论文章。通过解读我的文章和作品，青锋老师指出"胜景几何"表达了自然、几何、诗意等多重含义，同时，他也提出了一些问题，比如我所思考的"诗意"，到底是怎样的诗意，是否是海德格尔式的那种潜藏在神秘和敬畏背后的"黑暗与沉默"？而我所反复提到的"自然"，又是什么样的自然？面对他的提问，我也在思考，并一直想有所回应。

　　2015 年，南京大学的鲁安东和窦平平老师组织了一个名为"格物"的工作营。他们邀请国内十位建筑师或学者，让每个参与者根据自己长期关注的设计研究内容，针对南京特定的一个场地，来做出具体的回应和表达。在这个工作营中，我设计了一个装置作品——"瞬时桃花源"，来表达我的"胜景几何"主题，同时也回答青锋老师之前提出的问题。如果说"胜景几何"是一个思想概念，那作为一个建筑师，我就要把思想转化为行动，利用"瞬时桃花源"项目的机会，用具体的设计建造来呈现思想、回答问题，更是进一步深化自己的研究和思考。"格物"工作营十个"设计研究"项目中，"瞬时桃花源"是唯一被真实建造的。

　　然后，我在 2015 年写的《静谧与喧嚣》这篇文章，实际上主要是关于"瞬时桃花源"的，但又不止于这个项目。它是对把思考转化为行动之结果的一个描述，回答了"胜景几何"中的胜景，其确切所指是跟自然密切相关的空间诗性，并且如何被"制造"出来。其实，这就像康所说的，将"可度量"之物转化为"不可度量"的状态，是从物质性的手段到精神性的目标。而我认为跟自然紧密相关的这种"空间诗意"，是一个从喧嚣到静谧的过程，是作为体验之"主体"——人，从空间之外的喧嚣，通过一个叙事的过程，而进入空间内部，最后获得"静谧"的状态。"静谧"跟"胜景"、跟人的凝视或沉思有关，是一种身心"沉浸"的状态。"胜景几何"所营造的诗意是空间性的，它必须通过空间营造而获得，而且人"浸入"空间还需要有一个引导的过程，这个诗意的胜景才会在人的心理上被放大，使人有强烈的精神感受。总之，在"瞬时桃花源"这个设计研究项目中，我完成了一次具体的"理念性"操作。

范：从操作性的角度来看，您心中的"静谧胜景"有何独特之处？

李：实际上，在"瞬时桃花源"项目里，我也进一步思考和回答了工具和手段的问题，就是用怎样的空间营造手段，来实现人们从外部世界进入内心世界这一过程。我提出了"房"和"山"两类关键代表性要素。这里的"房"和"山"都是加引号的，是广义性的。"房"对应了建筑，是人工的建造；而"山"则指代自然物。这里的人工物和自然物并不是二元对立、一成不变的，它们可以相互转化，也就是说，"房"也可以变成"山"，"山"也可以变成"房"——房子做得好的话可以变成地景，可以像自然元素那样被视看和体验，或者那些本来的人工建造之物，经过时间的磨砺和各种自然元素的加入，也可以变成一种特殊的自然物，比如建于明代的南京老城墙，上面有很多经历长久时光所形成的"包浆"，有植物长在上面，还有荒废的老厂房的斑驳台基等，这些与自然元素"媾和"为一体的人造物，已经可以被视为某种特殊的自然物，成为跟我们通常所指的自然之山类似的东西或者起到类似的作用。在建筑物层面，近年来我们较多地聚焦在坡屋顶这种形式语言，它跟平屋顶很不一样，更为适应自然气候和构架建造的条件，有着更多天然的"自然性"，甚至具有某种文化性的意义。而从人的正常视点，坡屋顶是可以被视看到的，下雨的时候，雨水会打在屋面上然后流泻而下，雪堆积在屋面上成为动人的冬季之景，这些与自然元素的互动也使坡屋顶更兼具自然性和人文性的特征。所以，我们有多项实践作品是以坡屋顶为主要语言的，这是对"房"的具体操作。

对于"山"元素，也有一系列的操作。这里面有不同的情况：首先一种是场地中本来就有纯粹的自然元素，就是真实的山、水、树木等，或者是原本人工物转化而成的"自然物"，比如"瞬时桃花源"中的老城墙和厂房台基废墟；而在更多的情况下是缺乏天然山水或人工遗迹的条件，这时就需要我们营造一种特殊的"人工自然"，当然这种"人工的自然"可以同时成为被使用的空间，也即"山"转化为"房"。不管何种情况，人工物和自然物之间都要有非常密切的交互关系，而对于这种交互关系的营造——从方位布局的经营，"形"与"势"的转化，到高、深、平"三远"视线关系的控制，以及空间框界下"景"之画面的生成和深远空间层次的制造强化等，造就了从"喧嚣"到"静谧"的空间诗意。

范：所以说人工和自然的互成是您心目中"静谧胜景"的核心气质？

李：是这样的，这是我思考的核心。

范：通过您的描述，能感受到两个气质不同的部分。胜景是"静谧"也是静态的，它倾向视觉和秩序感，是空间性的；但是，从"喧嚣"进入"静谧"的过程，或者说抵达胜景的旅程却是动态的，它更关乎身体和叙事，是时间性的。那么在设计中，您如何将两者统一起来？

李：确实是这样。我所追求的这种"诗意空间"，应该是两者兼具的。它既有动的部分，又有静的部分。从审美角度来讲，"相反相成"的两个东西结合在一起才有对仗，才会强化那种美感，在抵达深层次的、沉浸式的状态之前，也一定要有一个过程，才能强化体验的愉悦。童寯先生提出的园林"三境界"非常精辟：第一，"疏密得宜"，说的是空间布局；第二，"曲折尽致"，表明要有一个动态的过程去抵达；第三，"眼前有景"，便是视看胜景，是一种身心沉浸所带来的诗意状态。这"三境界"并不是三个彼此独立的标准，而是相互关联而且递进的。我现在更愿意把这样一种动静结合的过程和状态叫作"身临其境"（是鲁安东老师给我的宝贵建议，我觉得很恰当）："身"代表体验主体——人的身体，"临"代表一种接近的过程，"境"代表一种身心一体、沉浸其中的诗意情境。

范：在《静谧与喧嚣》一书中，您提到自己多年的实践看似风格很多元，但背后却有内在的一致性，因为"文如其人，建筑也如其人"，"不同的建筑之间有着非表面化的共性，是因为它们背后都站着我自己这个人"。那么，您的一致性或者说心中的建筑执念是怎样的？

李：这需要从两方面来说。一方面，每个人都会经历学习和成长的过程。实际上，我一直处在一种不满足于已有见识和经验的状态，这是一个不断学习和探索的、循序渐进的过程。因而从表面上看，我的作品没有特别高度一致性的风格。但人本身会有某种天然的一致性，于是我做过的思考和实践肯定就会有这种天然的一致性在里面。所以我说今天回过头来再看自己写过的文章、做过的作品，会有一点"贯通"的感觉。这不是说我今天感兴趣于园林，前面对于城市和建筑的思考就没有价值了——当年我刚开始对园林发生兴趣进行一点研究的时候，觉得之前关注的类似《周礼·考工记》的那种城市及建筑格局太"硬邦邦"了，园林才更"高级"，更符合我内心那种对理想空间的期待，但现在回过头来想又并非如此了，我发现它们都不过是中国人思想哲学体系里的某一部分体现——所有那些东西其实都在里面，只不过以不同方式呈现出来，所以才会有那种贯通而统合为一体的感觉。

另一方面和我的工作环境、项目情况相关。我所在的中国建筑设计院作为央企国有大院，主要项目来自全国各地，所以我的工作范围从东到西、从南到北跨越很大，地域和文化、社会、经济等各方面条件变化也很大，追求某种风格上的统一性，我觉得没有太大意义。所以，我可能更倾向于追求一种思想上的、内在的、立场的甚至某些策略上的一致性。我认为，建筑总是按照它内在的逻辑——地理、气候、历史、文化、自然、场地、使用等条件的规限——加上建筑师个人的把握和判断，而呈现某种"理想化"的唯一结果。所以，设计的整个过程就是寻找某个"唯一答案"的过程。可能对别人来讲并非唯一答案，但对我来讲就是唯一完美的答案——为特定的使用者营造理想空间。追求理想空间是人类的本能，建筑师工作的意义，就是面对不断变化甚至恶化的现实条件，为人们营造和实现理想空间。

范：现阶段，您理解的理想空间和生活模式是怎样的？

李：从 2015 年写《静谧与喧嚣》那篇文章到现在，我更为强调的是面对现实——面对多样的现实，进行"理想实践"。人们对理想空间的向往一直都会存在，但理想空间的实现将随现实条件而不断变化。"桃花源"是中国文化语境下的一种理想空间原型,"瞬时桃花源"就是探讨了当下真实的现实环境中如何营造公共理想空间的可能性,现在我对理想空间营造方向的认识可以叫作"现实桃花源",这体现了理想空间的某种变迁。"桃花源"作为一种"图式"其实在历史上有一个从非现实向现实不断转化的过程:最开始"桃花源"出现在仙境山水,而不在人间;后来由文人如陶渊明、苏东坡等所崇尚和描绘,开始成为存于人世的"理想空间";再后来变得更加生活化、世俗化以及"隐居实地化",最后发展到大众日常生活空间中的人造"桃花源",也就是所谓的"城市山林"——园林。园林的早期形态是自然山水为主,王维的"辋川别业"就是营建在天然山林谷地中的自然园居,后来随着城市发展,人口不断聚集增加,人均土地资源不断减少,人们没有条件再生活在自然山水之间,所以"桃花源"这种理想空间就转化为"城市山林",也就是在住宅旁边建造具有微缩和抽象的山水画意的园林,形成一种"宅园并置"的状态。那么到了当代,人均土地资源被进一步大大压缩,"城市山林"这种"桃花源"也不可行了。多数人都住在高层建筑或大杂院里面,所以可以看到大家都拼命把阳台扩大,或者在屋顶上私搭乱建做个私人花园什么的,这其实是人性中天然地对理想空间的追求。现今我所努力思考的,就是在当代的现实条件下,建筑师还能怎样为人们营造出"桃花源"式的理想空间。我把"现实桃花源"也叫作"现实理想空间"。

范：就像您在唐山"第三空间"这个当代高层居住项目中的探索？

李：其实这个项目可看作是"垂直的桃花源"。在这个城市中心的高层居住综合体中，通过变化结构体系，形成错落的楼板，营造出人工地形，以这种地形为基础，对每一单元居住空间进行漫游式的组织，并把这种组织延展到外部，应对原本枯燥的城市景观。因为这种营造，居住者可以日常地体验从"喧嚣"到"静谧"的过程，也获得一种"人工化的自然"，生活因而具有了一种诗意，其实这就是"胜景几何"，是对"现实桃花源"的营造。

如果说唐山"第三空间"是垂直性的，那么最近完成的北京大院胡同 28 号改造项目则是在水平性上探讨一种现实的理想空间，其实从更大意义的角度讲，是北京城市结构从"细胞层级"向"分子层级"加密的可能性。北京实际上一直在加密，从元大都到明清北京，随着人口增加，街巷网格在不断变密，四合院的尺度也在不断缩小。但即使缩小了，每个家庭都仍能拥有一个独立的院子，才能算是自己的理想空间——因为只有在这个院子里，天地人才是完整的，哪怕院子缩小一点都可以，这是中国文化和建筑的传统。但如今大杂院把这个东西破坏掉了，因为这样的状态当然不是人们真正期待的理想空间。另一方面，我理解北京这样的城市模式中，城市和建筑没有相互的界限，是同构异型的不同尺度和规模的组合，也就是城市有建筑的属性，建筑也有城市的属性，它们的尺度在不断变化，但是原理是一样的，结构是类似的，所以可以说是一种"同构异型体"。由于上述两个方面的原因，再加上从解决旧城更新、居民生活等现实需求矛盾的角度，我认为北京城市结构可以再次加密，如果说明清、民国时期北京四合院的尺度是细胞层级的，那么在当代我们有可能把它加密到分子层级。因此我们把"大院胡同"这个项目也叫作"微缩城市"。它原来是一个占地 200 平方米的大杂院，我们把它改造成由五套大小不同的合院、一个园庭式立体公共服务空间和把它们串联起来的内部小胡同组成的一个"城市街坊"。同样占地 200 平方米，但能容纳更多的家庭住户，同时城市结构延伸到院子中，把一个院子变成了一个街区 / 社区，把原来的大杂院变成了一组小合院群。最后，在这个项目中还探讨了"宅园合一"的可能性——当下的现实条件下，"宅园并置"是不可能的了，那么如果实现了"宅园合一"，就是把生活空间同时也当成精神空间来营造，既解决了现实条件下有限土地资源和人口增长的矛盾，又解决了更为极限条件下人们对理想生活空间的追求，这就是一种"现实桃花源"，操作方法就是"胜景几何"。"宅园合一"，也使"胜景几何"能够超越那种知识分子逃避现实的小众空间，服务于更多大众性的日常生活空间。

这种对理想空间的探讨，虽然是从东方文化和传统出发，但抵达的目标是可以具有普适性的，可以超越地域、时间和文化的，同时重要的是理想空间营造对多样现实的应对。

范：您提到中国传统城市和建筑有同构异型的关系。这让我想到您在《静谧和喧嚣》一书中也提出了"新模度"的概念，探讨设计中连续的尺度转化。实际上，前面提到的"房"跟"山"两类元素，它们之间的相互转化也可看作是"新模度"的尺度变化。

李："新模度"的提法目前其实还算是一种假说，是我直觉可能会存在的东西。对于尺度和模数的问题，前人有很多研究，比如柯布西耶的"模度"，又比如《营造法式》中的材、分制度和陈明达、傅熹年等先生对中国古代建筑与城市的模数设计研究等。我认为，既然中国的城市和建筑的概念之间可以没有边界，那一定会有某些共通性的原则在起作用，比如说前面提到"同构异型"的尺度变化问题，这种变化可以把人的尺度和自然的尺度结合在一起，把设计带入更丰富、智慧而具体的层次。中国传统中有些说法已经暗示了这种对尺度变化进行的设计控制，比如"千尺为势，百尺为形"——在城市层面和与建筑有较大距离的层面讨论，是"千尺为势"；到与建筑中等距离的层面，就是"百尺为形"；这种尺度变化可以一步步延伸，甚至到家具层面。因为从家具层面到城市层面，都要跟人的行为对接，所以存在这样一种"新模度"系统的可能性。

我在"瞬时桃花源"中对这件事也有讨论。这个项目的关键营造元素是施工用脚手架，脚手架可以被视为一个极限化的、跟人体尺度有关的结构和空间单元，它的长宽高跟工人的身体和建造尺度都有关系。我们在大尺度城市场地中用它搭建出不同位置、规模和形状的临时装置物，就产生一系列不同层面的尺度关系。我希望在我们的建筑设计中，能够"研发"出这类东西，它既跟人的绝对尺度相关，又能变化尺度，与从城市到家具的一系列层面空间发生有机的关系。而人对不同尺度空间转换变化的体验，又产生了叙事性。当然"新模度"还与模数化、预制化有关，有利于装配式快速建造。我们前些年的"乐高假山"装置作品是这种尝试的起始，乐高砖块的标准化构件就暗示了尺度变化的可能——你可以把它看作一块山石或者一座假山，也可以看成是一个超级巨型城市的模型，这时乐高就由一个小小积木块转换为一个房间甚至一个大型空间单元。绩溪博物馆庭院中的"片石假山"也是类似的尝试，后来在鸟巢文化中心项目里，我们做了一个比绩溪更大规模的实验。以上这些，都算是对"新模度"的研究和尝试吧。

范：在绩溪博物馆这个项目中，我也能感受到一种连续的尺度转化。博物馆位于最大尺度的远山和较小尺度的民居之间，其建筑尺度刚好处在中间状态。建筑主体屋脊的方向呼应了远山走势。而为了保留古树空出的院子，很自然地露出了山形屋顶断面，这是第一次尺度转化。而庭院中类似乐高假山的处理，又一次回应了山形轮廓，并进一步把尺度减小到身体层面。最后，经过二层游廊和观景平台，人们能够俯瞰庭院并眺望远山。这就让人的感受从身体尺度回归到远处的山体尺度。而在这一系列的尺度转化过程中，场地中各类不同的元素被整合在一起，观者也获得了丰富变化的空间体验。

李：做设计的时候，我考虑这个房子的屋顶尺度是介于自然山体尺度和小镇民居尺度之间的，它算是一个中介，也是一种人工物和自然物之间的转化。上面的屋顶在庭院中露出断面，就形成了近景山的意象，甚至把屋顶瓦作延伸到墙面，形成一种类似画面透视的错觉，给人以"入画"之感。有了近景的"山"还需要有前景，于是做了这些更小尺度的"片石假山"，是这么个发展过程。"片石假山"里面是半隐藏着楼梯的，人在里面既可以感受到"山石"与身体的互动，又成为其他参观游览者眼中的"画中人"。另外，最初的屋顶形式设计强调的是作为视点和远山之间的中景的视看关系，并在整组建筑的东南角设计了一个观景台能够领略这个画面。在施工过程中，我走在这些坡面屋脊之间察看现场，感觉像是在起伏的山中行走，就想到其实是可以如此体验这个屋顶的，不过当时已经来不及做那么大的设计调整。后来，在深圳的一个公园项目中，我们延续了绩溪博物馆屋顶的形态做法，并且强调了人在起伏屋面之间的体验。这也说明我的很多想法其实来自现场的直觉而非事先的理念性意图；但同时我也会通过项目实践不断反馈，进行深化的思考，然后形成某种有意为之的理念性意图。

范：您曾多次提到大学时期登景山看故宫的经历。如果从精神分析的角度看，其中隐含了您执着的文化模式和建筑原型认知，也预示了"胜景几何"的概念。我觉得您的故事可以拆成两部分：一是站在景山顶端的万春亭里，朝神武门方向看到故宫建筑群的恢宏景象，这就是静谧的空间性胜景；另一方面，您提到了当时和女友爬山的过程，这很像游园的叙事性过程，也可看作是从"喧嚣"抵达"静谧"的过程。实际上在您的许多作品中，既有胜景的画面，也常常会有攀登到上层的游廊和观景台。这似乎是对早年那段经历的不断"重现"。

李：通常人们参观故宫是从南面的天安门进去，她是北京人，知道北面景山上有那么一个场景很好，说带我从特别的角度看故宫。那时我从没进过故宫，也没有从天安门循序渐进的经验，我第一次看故宫就是这么看的，所以它突然呈现在眼前，非常深刻的体验和感受。另外就是爬景山的过程：景山上对称的五个亭子，中间是万春亭，东路西路各有两个亭子。我们选择其中一路上去，景山还是有一点高度的，在爬山的过程中，每个亭子都是观景点，在第一个亭子的时候，只能看到一小点黄色的屋顶，半遮半掩；沿着台阶再往上爬，到了第二个亭子，身体也有点累了，又能多看到一些；等登到山顶的万春亭，突然一下子看到了故宫的全貌，不光是那些殿宇的屋顶，还有从层层叠叠屋顶之间的缝隙、庭院中穿插而出的树木，还有隐现远处的现代城市轮廓背景——真是动人的胜景。

今天看来，这就是"曲折尽致"，是一个抵达胜景的"叙事"过程。可能是一种天意或者是偶然中的必然，我从那时开始体验并感受到，中国传统建筑和城市有这么强大的力量，而且是对于现代的人仍然有这么强大的精神性力量。我想，它能产生如此的力量，背后一定是有着高妙的"设计"或者"意匠"，是一种不随时间而消逝的、有长久价值的"传统"。这就是我对中国传统城市、建筑乃至后来的园林、聚落等产生探究兴趣的开始——研究寻找其背后的原理并试图影响自己的实践。你提到文化模式、原型认知以及对后来设计思考的预示，很有道理。但现在对我来讲更有意义的是，如何将这样的体验和认知转化成可在实践中运用的空间模式，我在努力寻找一种属于我自己的空间原型或范式，并用这样的空间原型或范式去认知表述和用实践表达。如今我的"大院胡同"改造项目又回到了北京，回到了当年对城市和建筑的兴趣起点，这并非巧合，当然也会比最初的思考更有空间模式或范式的自觉意识，思想更宽博、更能融会贯通。

范：在空间模式的转化过程中，您的几何操作有什么独特性？

李：实现"宅园合一"——日常生活空间和精神空间的统合为一，跟建筑本体元素的操作紧密关联。具体来讲，我比较感兴趣的是结构、空间、形式、建造以及自然等要素的一体化操作。就是结构既是空间，也制造形式，并与自然交互，形成领略胜景的界面和叙事过程。比如说，你用某种简练的结构做出一个使用的房间，它同时形成了有特点的空间和形式，也可以作为园林中的一个观景亭，它是一体化的；你不能做了一个结构，另外做个东西来形成空间，还得做个动作来制造形式，以及单独的观景亭。这样你的设计就不够精练，带来很多的冗余，"宅园合一"不希望有设计的冗余。建筑师总是想要制造一些通常业主不需要的物质性生活空间之外"精神性"的东西，但如果人家并不想花额外的钱呢？这是个现实问题。所以，我希望自己的设计冗余度是低的，但精神性的"附加值"是高的。我希望做一个动作能达到多个目标。

想要空间、结构、形式、建造、自然的一体化，对我来说通常必须基于一种"几何"的逻辑。只有抽象性的几何，能把所有这些东西联系在一起，这是一方面；另一方面，我们强调结构 / 空间单元的作用，希望用结构 / 空间单元的组合来形成整体的建筑，这是我的一个更为具体的操作手法。这跟我对传统的认识和研究有关，中国传统建筑乃至城市就是由一间一间房子组成的，一个"间"其实就是一个结构 / 空间单元，可以说不同数量、规模的"间"构成了建筑或者城市。如此有很多的现实好处，比如功能的弹性和通用性，以及预制装配建造的可能性，等等。在绩溪博物馆中，结构 / 空间单元是混凝土列柱支撑的三角钢桁架屋顶；在唐山"第三空间"中是垂直方向不断重复的水平错层楼板；在天津大学新校区综合体育馆中是各种连续的直纹曲面混凝土壳体；在"大院胡同"改造项目中是贯穿于整个院落进深的一条一条混凝土廊式结构。

范：您设计的天津大学新校区综合体育馆项目获得了 2018 ArchDaily 全球年度建筑大奖，还获得了 2016 年公民建筑奖的提名奖和 WA 中国建筑奖技术进步优胜奖。在这个项目中，能感受到其结构既有很强的力量感，也带来了空间层面的诗意感。是否这体现了您追求的结构 / 空间一体化？

李：天津大学新校区综合体育馆的设计是 2011 年开始的。在这个项目里所聚焦的各种直纹曲面壳体结构组合的几何操作，的确是想突出结构、空间、形式、建造一体化的探讨，但其中"胜景几何"的整体思考也是延续其中的。

最初对这个项目场地的印象，是一种断裂和空白之感——一片盐碱地上瞬时建起一片新城和校园，这也是建筑师经常会面对的典型当代中国的建设环境。虽然校园的规划设计要求把天津大学老校区的砖墙元素使用在所有单体建筑的沿街面上，以唤起与老校园的记忆和关联，但我觉得还是远远不够。我能想象学生的归属感会非常弱，更多可能是一种"空降在荒野"的感觉。所以建筑很重要的目标是让生活在其中的人们有归属感，其实也就是要营造一种特殊而专属于此的场所感。所以，这个项目首先需要以强有力的结构表达一种自身的存在之感，它将赋予场所空间性的意义和价值，庇护其中的使用者。

同时，将各类运动场馆空间依其平面尺寸、净高及使用方式，以线性公共空间串联，犹如多簇运动空间组合而成的密集"聚落"。空间中结构的不同尺度和形状呼应着人的身体及其运动所产生的不同延伸状态，这样你可以把人也看作一种特殊的自然元素，人的身体运动景象就相当于一种特殊的"自然景观"，通过结构与人的身体在尺度和空间界面及氛围的呼应，产生了人造物与"自然物"的互动，呈现出一种别样的"胜景"。来自场馆空间侧上方的自然光不仅照亮了结构，也映射着运动的身体，人们在空间中感受到人工结构的存在和庇护，同时又强烈地感受到自然的围绕和笼罩，从而形成强烈的空间场域和氛围，并唤起一种使人沉浸其中的诗意情境。

董豫赣、赵辰、金秋野、周榕、张斌、陈薇、青锋、李兴钢

阅读"瞬时桃花源" [3]

《建筑学报》2015年11期《关注》栏目编者按：

2015年7月，南京大学—剑桥大学建筑与城市研究中心主办的"格物 | 设计研究工作营"召集了10位中国青年建筑师，以南京花露岗地段为触媒，以"格物致知"为目的，期望参与者能够共同解读城南历史，重构人与物的关系。

这个工作营可以看作当代中国建筑大潮中一个"事件性"活动，在精心选择的中文题名"格物"和英文题名"Investigate It"之间，无意识地流露出"物我一体"的儒家立身方法论与"客观实证"的现代科学观念对待世界的矛盾态度，为活动赋予了犹疑而果断的"当代中国"特征——"迷惘"中的探寻。

与之相应，工作营的成果亦是纷杂与多样的。

李兴钢建筑师的"瞬时桃花源"成为本次活动中唯一的实物建造的作品。"瞬时桃花源"与时代颇多呼应：断壁残垣中的历史陈迹、四面高楼中的荒弃旧城、脚手架和防尘网背后的城市化进程，甚嚣尘上的雾霾，

3. 本文原发表于：董豫赣，赵辰，金秋野，等. 专家笔谈：阅读"瞬时桃花源"[J]. 建筑学报，2015，No. 566(11): 44-49.

阻隔了人们的怀古之情。建筑师在几乎不可能的条件中创造诗意，以"台阁""树亭""墙廊"和"山塔"等类型化的建筑形象重新定义了场地，塑造了一个在市井深处、历史零余中的理想世界，一首以现代建筑语言完成的怀古诗。"瞬时"二字表明建筑师对时间相对性的理解：一方面它指向建筑本身的临时性特征；另一方面也折射出对建造活动的思考。建筑师不计成本、小题大做，以实际建造活动回应主办方提出的"格物"主张，呈现出自身"长期研究"与"实践"的关联性，直面"物"与"经验"。对活动自身来说，这是一份无法忽视的答卷，它的问题性也延伸到活动之外，成为"事件"之中的"事件"。

本期《关注》不仅呈现这个已经消失了的作品本身，也收入学者青锋的评论文章、李兴钢的专题文章，以及董豫赣、赵辰、金秋野、周榕、张斌、陈薇6位学者和建筑师亲历现场之后的短评。

作品再长久，在历史中也是瞬时。喧嚣中的思考难能可贵，本身就是理想的桃花源。

董豫赣：瞬时桃花源记

形与意

几年前，曾发问李兴钢的"胜景几何"，是指自然胜景与几何建筑的居景关系，还是说胜景可几何为之？在他的言论里，这两种语义，似乎交织并行。我以为，若就中国山水栖居的语境而言，前者要满足居景交融的栖居意欲；后者则属以造型补足胜景的技术余事。两者并不平行，前者为诗为意，后者属言属形，诗的言不尽意，诗意就需要假借——手舞、足蹈等余事补足，居景交融的栖居意，也要假借一切要事——借形、借势、借景，共达此意，并以此意，为几何胜景的造型提供指导——在何处造景？又需造作何形？

借与造

李兴钢在南京城墙附近废墟上的"瞬时桃花源"，四组建筑——"台阁""树亭""墙廊"和"山塔"，从名称看，已是相地的对位经营，以阁借废墟之台——借而为台阁、以亭借旷野孤树——借而为树亭、以廊借古老城墙——借而为墙廊，而塔无所借，遂自造几何假山，借而成山塔。

台与阁

"瞬时桃花源"最好的借，却是对前往"瞬时桃花源"沿途的喧嚣之借，陶渊明的《桃花源记》，最精彩的空间，就是借助"初极狭"的前序，与随后的"豁然开朗"，借成空间开/阖的可感对仗。"瞬时桃花源"

图 8-2. 蒿草与基座上的台阁
图 8-3. 几何长墙与几何长廊

8-2

8-3

的前序，则以大街小巷的俚俗喧嚣为前序，忽然一折，折入一片蒿草漫长的荒芜废墟，喧哗尽褪，一座坡顶举折的墨色"台阁"，静默地悬浮在一人高的蒿草碧色之上（图8-2）。坐阁中，觉其阁位置之佳，非假借旧有屋基之固然，屋基抬起之高，正可低俯南面壮观全景，屋基方向之正，正可遥望与阁平行的绵长城墙。

图 8-4. [明] 沈周《东庄图册》之东城

墙廊与山塔

我对那组"台阁"的喜爱，不加掩饰，而对远处两组墙廊与山塔，总觉有几何构成之嫌。以几何长廊，对看几何长墙（图8-3），并无不妥，沈周与文徵明也在园林图景里，将城堞描述为可观景物（图8-4），我记得，他们多半将低矮城堞，绘在山坡上，以媾和城市山林意象。而没于蒿草丛林间的这长廊，却难以尽观城墙之长，若按计成"架屋蜿蜒于木末"，将长廊架高于丛林之上，或能见城墙于林木外的横长奇境，或者长廊框景的长墙，就能框给台阁远观平视。而那组山塔，塔高山低，登塔就不能观山，塔上的四顾视野，我猜也不如台阁处可据胜景，而塔下与塔材料结构一致的几何假山，所需作者说明其为山之憾，我以为，不若以现场遍布的绿色遮尘网装置，即便没有青绿山水的色解，至少可与一旁黑色廊塔色分。

图 8-5. [元] 倪瓒《容膝斋图》局部

亭树与亭池

据阁远望亭树时，觉其位置好过墙廊与山塔，很有倪瓒亭树的平远意味（图8-5），也就附有倪瓒的身体疏离感，就总觉这组亭树，缺些什么。葛明这时也

8-5

8-6

8-7

图 8-6. 方池与树亭
图 8-7. 池—树—亭（李兴钢重绘树亭草图）

赶过来，一起往亭处去，竟见亭树东南，是愚园外一方废池，池周虽布满垃圾，池中一截汀步，之折入画（图8-6），就与葛明一起指责李兴钢的亭位失当，皆以为亭应居于池间树旁，才能尽白居易以亭搜胜概之意，比之于亭树关系，池亭之胜景，中日都曾以池亭总括庭园之事。我与葛明口诛笔伐，以为将亭半悬于池上，身体就有俯池仰树两种览胜视野。李兴钢沉默良久，说他最初的草图，曾构亭跨池，只觉池中垃圾碍眼而罢。他以为，若用现场大量绿色防尘网，将垃圾装折成假山，本该能解决此事。我以为，这要比塔山之山得意，一者有其必做之理，二者池周假山，也宜于被亭中身体直观。

余绪

从"瞬时桃花源"出来，与李兴钢一起转往葛明的微园。在微园一座书案上，李兴钢在一张铺开的宣纸上，开始涂抹，我与葛明都只作墨戏观，当他勾勒出一株树冠时，却是我们才在"瞬时桃花源"里指手画脚过的那株亭树，接着是废旧方池，再是池周垃圾的假山处置，最后才是亭据其位，图成笔落（图8-7），他感慨道，如果南京方面允许"瞬时桃花源"再保留一个月，他愿意重新经营那座亭树的位置。

我相信这并非矫情，正是他对建筑的认真与专注，我才相信并无设计院与学校建筑师的优劣之分，相比多半大学教授级建筑师们的急躁，李兴钢却总有急而不躁的奇特气质，或者，换成童寯对拙政园玄关气质的评价——紧而不迫，也很恰当。

赵辰：时空的瞬间与永恒

　　南京城南门西花露岗南麓至明城墙之间，原棉纺厂房拆除之后而形成了一大片长满野草的荒地，中国当代的一批新锐建筑师以此为基地，运行了以设计作为研究的"格物工作营"。由于对南京城南历史城区曾经有过研究经历，我对这些地区之人文地理有相当的了解。

　　那天，在夏日落日余晖之中，在鲁安东、窦平平引领下，途经新近修建得崭新的愚园，蜿蜒而至此地，我开始重新认知这块场地。依然是荒蛮无奇的空地，有一种场所的力量正在呈现：以建筑师们所熟悉的金属脚手架和遮阳帷幕为构件，搭建而成的"台阁""树亭""墙廊"和"山塔"，在这块杂草丛生的场地中形成了完整的空间布局，这正是李兴钢的作品——"瞬时桃花源"。原本，我所期待的以"设计作为研究"的"格物工作营"之作品，是再现的和非物质性的；不期想来了个"园子"，自然要来看个究竟，眼前的这个"园子"显然并不是我们所熟悉的园林，但观者也难免被那点有限物质性的建造物（或称临时建筑）所营造的空间所打动。那个傍晚，这片荒草之地展现出了所谓的"场所精神"，同时我还感受到了更多的空间意象和想象，尤其是在兴钢的循循善诱之下……

　　在城市的一块待建用地上出现了一个临时性的"园子"，只存在于世 23 天时间（2015 年 7 月 8 日—7 月

31 日），这样的造园，不知历史上是否有过？想起来是有点特别的。当兴钢在电话里告知我，此作大名为"瞬时"而不是我起先以为的"顺势"时，我当即悟到一点该造园活动之特殊意义。园林，体现的应该是中国文化传统的自然审美价值观之人为创作，原本就不是西方文化中的花园（Garden）和公园（Park）。尽管中国的造园历史源远流长，名园佳苑繁多；在社会生活水平大幅度提高的今日，人们也热衷于物质性地不断修建、扩建各种传统名园，也漂洋过海地在世界各地移植中国风格的花园。然而，真正的园林，是作为中国传统的文化人心目之中的生存之所，是顺应自然的精神乐园；应该是顺应自然而无形无态的，无所谓定形的样式；如王维之"辋川"，如白居易之"草堂"，更是陶渊明之"桃花源"；成为历史上中国文化人不断论述的理想栖居之地，存在于学者的信念之中，因为如此，"桃花源"应该是永恒的。反之，有形的"园子"大多难以在世长久，造园的意义，原本只是为人生苦短而营造在世、在地的美好人居环境[4]，一旦失去主人的及时照料，"园子"就将迅速地表现其凋零之态[5]。以此，随同家庭、社会的兴衰而废兴的园林，从而成为具有象征意义的中国传统文学主题，所谓兴与衰、聚与散；有如"牡丹亭"，如"红楼梦"；也正如李格非在《洛阳名园记》中以洛阳名园的废兴来象征唐朝都城的兴衰："园圃之废兴，洛阳盛衰之候也。"

---

4. 计成："固作千年事，宁知百岁人；足矣乐闲，悠然护宅。"——《园冶》
5. 江南姑苏一带俗称人居环境的凋零所需时间为："房屋三年，园子一年。"

而历史上早已衰败消亡殆尽的那些有形的名园，依然可以存留在文化人心中传世，那些"园子"曾经在世的时间不见得是那么重要的。事实上，就连陶渊明在《桃花源记》所记述的"桃花源"是否真实存在过，都是可以被质疑的。

中国园林的真正意义并非在于其有形的物质环境，而在于其能愉悦人心的文化价值。"桃花源"既然是一种中国文人心目中的永恒的田园景象，又何必在乎其特定时空的存在有多久。在当年所读到的最令笔者叹服的中国园林定义，是童寯先生在他生命临近终结之时的写作："自古就以农立国的中华民族，农在文化上占有崇高地位，并影响着士大夫的思想行为。读书做官忘不了魂归故里，失望愤世的只希图'长为耕者以没也'，武人也以'解甲归田'为最终愿望。田园并称，同属绿化，园只不过是田的美化加工，园一旦荒废，便复位农田，从事生产。"[6]"瞬时桃花源"作为中国文化人的美好生存空间场所之短暂存在，也是对此文化价值的永恒纪念。

金秋野：格什么物，致哪样知

"瞬时桃花源"是李兴钢在南京花露岗一片荒地上搭建的临时建筑群，一个即景式的"仲夏夜之梦"。通过这个作品的构思、设计、建造、拆除过程，建筑师探讨了短暂与长久、人工与自然、场地与场所、历

6.童寯：《中国大百科全书》，"江南园林"词条。

史与当代、想象与现实、美与丑、快与慢、动与静、物与思之间的难解难分的关系。

若用文字来梳理这些关系，连篇累牍，十本书也写不完，但建筑只是一个造型，点到为止。它既是原因也是结果，既是问题也是答案。建筑师自己给自己出题，题不随便出，答案也不随便给。虽然形式不说话，却暗藏线索。比方说脚手架和遮阳网，为什么偏偏是这两样呢？显然不是任意而为，而是在寻求解答。既有快速搭建的临时性建筑的技术问题，也有物质和诗意的长远考虑；既需要现实感和经验，也要依赖长久以来逐步凝练的形式语言，才能在面对具体问题的时候快速决断。

拿"树亭、墙廊、山塔和台阁"来说，这四个部分就既是类型也是关系。阁以台为基，廊因墙而立，亭借树得荫，塔据山而起，只是此"山"是象征的山，不是真山。但文学性的创作是要有一点虚虚实实，即便不是真山，塔也因而得位。亭、廊、塔、阁是在交代人的"位"，树、墙、山、阁是在探讨环境中有意思的点，6月25日那张总平草图很好地交代了建筑师是如何通过点染取位成势来经营位置关系的。建筑师力求把操作的痕迹缩到最小：使用最廉价的材料、最简便的施工方案、最小化的布局，可是构思还是强到足以建立领域、唤起情感。从山塔回望，斜阳倦鸟、草木萧疏，远处台阁静穆安然，有"别殿悲清暑，芳园罢乐游"的诗境。屋顶内透出点点灯火，照亮台上树冠，伴随四下虫鸣，恍然不知身在何方。这让我明白，李兴钢所说的"几何"并不是物质实体或"原型"，而是富有情思的关联之物，与其说是"形"，不如说是"意"，如台阁与树亭的坡顶，是理性秩序外面包裹着的虚空造型，像古人的宽袍大袖，在它的羽翼之下，物质的身体变得像一团气，人也就融入周遭了。这就是建筑师给出的答案，也是对"建造"这件事本身的思考。

这个设计的起因是一次名为"格物"的活动。"格物致知"是《大学》里的话，按清代方以智的说法，是"类其性情，征其好恶，推其常变"，是体察，是打比方，与现代的提法"认识论"和"方法论"不尽相同。在"格物"中，人不是外在的观察者，而与"物"俱为一体，所以王阳明说"格物之功，只在身心上做"，从行动上去接近真知，知即行。

对于建筑师来说，"格物"意味着从身边这个浩瀚的物质世界和知识世界中获得造型语言。面对这个题目和这块场地，我们是讲一个故事、画一幅画还是造一座山？李兴钢是用行动来给出答案。绩溪博物馆中波折的屋面是实体，宜于从高处观赏，内部结构是适配的结果。"瞬时桃花源"则依靠有序的几何框架形成骨骼，让人印象深刻的坡顶只是霓裳羽衣，它的形态对于场地上运动的观者最有说服力。除去衣裳，里面都是框架结构和现代施工体系，清清楚楚。文化如衣裳，一些看似复杂的事情在行动中变简单。

造型就是急行军，来不及多想，环顾周遭、伺机而动，要大胆果断，速战速决。建筑不是理论推演，还是用形式来解答为好。假如格物的结果是得到抽象原则，再拿来指导造型，就失了"格物之趣"与"造型之机"了。好的造型应从直感中来，好的建筑师用眼睛思考，从物态到造型，这个过程是摸索，是体察，是打比方，不是分析研究。好的建筑师（造物者）能摆脱理性中介和抽象语言的束缚，此时，格即感，知即行。知识须以广义的造型为目的，不管是器物、建筑还是待人接物，都是具体的模样、时代的衣裳，只有得体合宜地穿在身上才是文化，才是真知。

周榕：犹是桃源梦里人

法国社会学家莫里斯·哈布瓦赫在其名著《论集体记忆》中富有洞察性地指出了梦境和记忆的区别——梦是"几乎完全脱离了社会表征系统"的非连贯意象堆叠，而记忆则是依托现实社会框架的系统性意象建构。"不是在记忆中而是梦境中，心智最大限度地遁离了社会。"[7]

作为一场有预谋的空间梦境，"瞬时桃花源"用"瞬时"二字，为这一中国古典园林建筑的类型学搭建赋予了实验性意义。和所有的乌托邦想象一样，桃源之美及其现实合法性都建立在"瞬时性"之上——当时间被局限在一个极短的无用区间，空间则立即被压薄

---

7. 莫里斯·哈布瓦赫, 论集体记忆 [M], 毕然, 郭金华, 译, 上海: 上海人民出版社, 2002: 74.

为观念的布景，而此短暂影像的零功能进深，将一切持存性和连续性的社会内容都挤压于梦境之外。于是，在切断了桃花源与现实社会的筋连脉结之后，这场戏仿之梦也脱离了历史的时间性羁绊，正如李兴钢在其工作坊中展示的那般，这场梦可以通过类型意象基本构件的拆解重组，随意插入无论是南朝、宋、明，还是20世纪60年代或现下的任何一个历史空间结构中，就像梦境能以任何意象插入我们的日常生活一样。

以梦之名，将阁、亭、廊、塔的原型影像投置于被自然野化的建筑废墟上，李兴钢"胜景几何"的 2.0 升级版由此浮现。如果说，"胜景几何"的 1.0 版本着重于拟造"自然胜景"的话，那么其 2.0 版本则更偏向于营建"知识胜景"——借助类型学形式工具，从对地段的空间历史回溯析解开始，到搭构影像化原型与中国古典建筑和园林的知识体系进行理念勾连，并通过"台阁""树亭""墙廊"和"山塔"的对偶性文学叙事予以在地连缀，一整套建筑理念操作具有教科书般的完整性和流畅性。

但与此同时，囿于知识体系内部自主性逻辑和操作规矩的诸多限制，建筑师"在地起兴"的挥洒自由度也遭遇相当大的限制，难以真正做到"宜亭斯亭、宜榭斯榭"。从环境匹配度的标准衡量：坐落于旧台基址上的"台阁"堪称最为成功；"树亭"则因背离了废池而稍逊一筹；"墙廊"由于与古城墙尺度相差

8-8

图 8-8. 台阁夜景

悬殊而不得不退让遥隔，从而失去了靠山廊应有的空间魅力；至于凭空造设的"山塔"更是有勉力相凑之憾。从技术角度而言，阁与亭对大屋顶的拟仿较为到位，廊和塔则由于单元尺度的狭小而令防晒网拟构的坡顶略显草率。

而胜景猝不及防地浮起于黄昏：当暮色四合，雾霭初现，曾如此逼近的现实景物缓缓退远，野草大荒中只绰约望得几重墨色屋顶的轮廓。是时唯有纯粹的影像在漫卷而至的氤氲中宛若礁石，而所有交缠的知识、念头和脚手架一起被悄涨的阴暗淹没（图 8-8）。此刻一无所有，而诗意却来自何方？

张斌：空间诗性：关于形式的思考与出路

李兴钢的"瞬时桃花源"与我而言其实是一个逐渐"显影"的过程，它的意义是在现场的瞬间感动之后逐渐清晰起来的。

从在格物工作营的开营讲座第一次听到这个构思，到那天我进入这个桃花源游历，坐看日落月升，感觉建筑师的诗性意图是十分动人的。阁、亭、廊、塔这一系列类型化的抽象人工物体嵌入荒芜场地的潜在特质之中，以快速临时的建造与历史中的永恒相对仗，在坐、卧、攀、游的一系列身体经验中，一种发自山水意趣的画境油然而生：建筑师以"房—山"格局起兴，以台、树、墙、山等残留的场地特征为位置经营的依托，以脚手架和遮阴布为笔墨皴法，成就了一套动人的山水装置。由此，这些现成品的临时装置具有了与历史中的理想胜景相应和的气质，成为李兴钢自觉探讨空间诗意的理想的形式载体，而且是通过建造实现的。

阁、亭、廊、塔这些来自历史类型的形式抽象与变形是这个构思的关键，脚手架和遮阴布都是用来完成这一抽象与变形的转换再造的媒介。这种转换由于材料的临时与粗陋，体现了对于材料物性以及形式美感的超越，而是把关注点聚焦于与这块特殊的场地自然特性相关的空间诗性，即李兴钢在"胜景几何"中所追求的一种退隐的、闲逸的、桃花源般的身体—空间体验。

在我的印象中，李兴钢是一位积极的、进取的、乐观主义的建筑师，但是他在"瞬时桃花源"和"胜景几何"的探讨中流露出的更多的是一种相对逍遥的、散淡的、悲观主义的空间意趣。再对照自己，我可能是持有消极的、退后的、悲观主义立场的建筑师，但是在实践中又会更多地表现为一种入世的、乐观主义的诉求。于我而言，每个人身上的这种矛盾状态其实就是我们多年实践中所体会到的成功、挫折、欢乐、痛苦等五味杂陈的感受的自然体现。我们这代建筑师亲身经历了中国最剧烈的空间变迁，内心没有矛盾、妥协与挣扎也是不可能的。

这让我想起陈洪绶这样的晚明画家，面对剧烈的社会变迁与内心的挣扎，他自觉地从历史原型与典范中寻找变革创新的基础，通过夸张、变形、奇崛的形式语言来表达质朴、高古、含蓄的意境，以及对于自身理想艺术图景的追求。陈洪绶的怪诞画风其实是出自对传统范式的反思，是超越形式模仿的对于"求之于物象之外"这样的传统画学思想的深层回应，也是对于单纯的形式美感的自觉挑战与超越。

相较而言，"瞬时桃花源"是一个基于现实研究的空间装置，而非真正面对现实矛盾的建筑介入，那些经过抽象与变形的形式类型在这种相对真空的状态下仍然显得太过于美好。这种美好会阻碍意义的进一步生成与演进，让这个桃花源的当代样本仍然只是一种个人化的理想诉求。期待李兴钢有机会能够把在"瞬时桃花源"中所尝试的那些诚意的思考与实践去与现实中的问题相印证，创造出属于众人的桃花源。

陈薇：瞬时桃花源何有，胜景几何或内外

桃花源是中国传统文人的精神家园和生活家园，瞬时是战乱间的非常态。

桃花源是现代城市向往的另一存在和现实需求，瞬时是和平期的非常态。

"瞬时桃花源"就是非常态，做这个设计研究很难。怀揣好奇，跟随着"格物工作营"活动发起人之一安东教授来到现场——那片我熟悉的地块——我规划设计"愚园"的后场，同时也存有点私心：愚园的西侧已经被无视环境也不遵循古典法则的仿古建筑形成了背景，南侧或将如何？

图 8-9. 夕阳斜挂台阁外

8-9

眼前的场景还是打动了我：草长莺飞，城墙横陈；熟悉的地块已经陌生，密集的棚户与厂房灰飞烟灭，古树茕茕孑立，无遮挡地伸展着。绿色中有寂寥，荒凉中有生命，竟有金陵怀古之况味和心绪。刹那有点理解李兴钢将他的现场研究和建造命名为"瞬时桃花源"的初衷了。

8-10

图 8-10. 墙廊与山塔

空间沉默不语，我心存感念，谢谢兴钢坚持等我从美国回来再行考虑拆卸他的作品——台阁、树亭、墙廊、山塔，使我有机会重读这块地，再解特别意。

台阁，位于场地北侧现存的基台上，是由北向南平视南京城墙的佳处，脚手架形成框景，隔着蔓生的野草，裁成一幅"总为浮云能蔽日，长安不见使人愁"的景色。我和安东坐在草垫上，看着、想着……缓缓转向西，夕阳斜挂台阁外（图 8-9），借景画面如见"凤凰台上凤凰游，凤去台空江自流"。

树亭，位于场地东侧老树下，面对蔓草，我疑为茶亭，想象着这些挺拔的野草地是稻田、麦畦，忙完地头活儿的人们可以在树下凉亭坐憩、喝大碗茶。明清时南京城内有太多这样的田地，战时保障自给，闲时市民自足。

墙廊，沿南城墙自东而西蔓延着，尺度很低，远远看去，被疯长的草抬举着，宛若游龙。龙头甩向西北向，是山塔（图 8-10）。

山塔，和墙廊形成水平和竖向的对比，若登临，向东，远观可仰视钟山，中观为鳞次栉比的民居瓦顶，近观可俯视愚园外的南向考古现场遗址：水井、树岛、房基。

因为没有路，其实我没有走进游龙般的长廊，如果漫步，我看到的应是曾经的厂房和密不透风的棚户区——几年前还坚挺而倔强地生存着。我也没有登上山塔，向北向西看已经没有人烟，会心酸不已，塔下大片的野草噌噌地上蹿，像要将地层上下发生过的故事一股脑儿地倾诉出来。

兴钢说："在现在的心境与思考中，我并不想着意强调中国与传统，而是倾向思考普适的人性和当代，比如捕捉和思辨个人阅历中所感知到的、碰触到自己内心的那些东西，并推己及人。"我想，"及人"之一是我这样的——对南京历史文化无比热爱又有时无能为力的人。

两周后，该地块的开发商请我去评审他们邀标的3个方案，无一例外地均满足要求的容积率、整齐划一的建设控制高度，还有大量的停车需要挖地3—4层的需求。在我提前退出评审会的下楼途中，我想起那天日暮时分安东驾车载我回来时说："陈老师不说话，就是有疑虑了。"是的，当时我便知道，"瞬时桃花源"让我神游一场，梦醒时分，将更为残酷。

又一周后，兴钢发来相关研究材料和拆卸4个建筑的过程照片。当一切归零后，不知瞬时他有何感想？对我来说，可度量的建筑选址、类型蕴含的功能、大尺度考量下的具体建造，还是产生了不可度量的遐想和思绪飞扬的场所，这是一大收获。另一方面，现代城市生活需要桃花源，而不是瞬时，这才是常态，也是对安东和兴钢等组织学术活动的进一步期待。有幸的是近期我有机会向有关领导提出重新调整这个地块相关指标的建议，结果未卜，努力尤须。

青锋：从胜景到静谧
——对《静谧与喧嚣》以及"瞬时桃花源"的讨论

只有那些已经懂得的人，才能聆听。

——马丁·海德格尔，《存在与时间》，1927

并不是每一个建筑师都愿意用文字总结自己的思想脉络，而那些愿意的人显然对"理念"有着更为浓厚的兴趣，他们认同文字与建筑之间存在某种统一性，而且能够被话语所揭示。在古希腊，这就是逻各斯（logos）的作用，虽然德里达致力于摧毁逻各斯中心主义的基础，但是否还接受这一古老的形而上学的可能性，仍然属于个人的决定。这或许可以解释为何许多热衷于书写的建筑师，文本中总是流露出一定程度的哲学色彩。我们可以粗略地将这种倾向称之为"形而上学气质"。

研究往往鼓励建筑师使用文字工具。我们可以凭借文本与建筑的共通性，获得一条更为便捷的道路去理解和评判建筑师的思想与实践。有时文本也可以被当作建筑一样来进行分析，它的意图、结构、细节以及情绪。在这种情况之下，文本与建筑的平行解读可以产生密切的参照与互动，从而带来比两者之和更为丰富的结果。这样的途径，非常适合于讨论李兴钢的文章与作品——《静谧与喧嚣》以及南京的"瞬时桃花源"项目。

《静谧与喧嚣》

《静谧与喧嚣》写作于 2015 年 4 月，与更早之前的《胜景几何》一文类似，这篇文章的写作目的是李兴钢对自己建筑实践与思索的梳理，因此两篇文章在内涵上具有关联性。但是《静谧与喧嚣》不是简单的重复，在两个方面它比《胜景几何》更为充实与完善，一是理念结构，二是更为具体的建筑阐释。

在本文作者看来，《胜景几何》所表述的理论立场可以简单概括为，通过"几何（人工）与自然的互成，导向诗意的胜景（poetic scene）"。这里面最为关键的是"诗意"的理念。这个词虽然通俗，也在建筑界被广泛使用，但是其内涵也往往是最为模糊的。如果说《胜景几何》一文仍然有可以完善的地方，那就是应该对"胜景"或者"诗意"做出更为详细的解释。正是在这一点上，《静谧与喧嚣》做出了新的努力。李兴钢更为明确地讲述他所理解的"诗意"的内涵，并且将这一部分的讨论直接放在文章的起始，以体现相关内容的重要性。容易令人迷惑的是，李兴钢使用了一个新的理念"静谧"（silence）来概括这一

8.Louis I. Kahn and Alessandra Latour, Louis I. Kahn : Writings, Lectures, Interviews, (New York: Rizzoli International Publications, 1991), p224.

部分的内容。很显然，"静谧"（silence）来自路易·康的论著，在他以《静谧与光明》（Silence and Light）为代表的一系列文章中反复出现。于是，对"诗意"的解释演化成为对"静谧"的解释。

何为"静谧"？比如，在《空间与灵感》（Space and Inspirations）中，路易·康写到，灵感起源于静谧与光明相会之处："静谧，带着它转变为实在的渴望（desire to be），以及光，所有存在之物的给予者。"[8] 而在《我怎么样，柯布西耶？》（How am I Doing, Corbusier？）中，他说"静谧的声音"（voices of silence）告诉人们"它们（建筑）是如何产生的，也就是说导致它们被制造出来的力量（force）。"[9] 最后，在《人与建筑的和谐》（Harmony Between Man and Architecture）中他直接定义："静谧是一种力量，从中诞生了意志以及表现自己的欲望。"[10] 对于康，"静谧"并不仅仅是指安静的氛围，它已经变成了一个形而上学的理念，指代一种具有能动性的潜在源泉，其中蕴含着意志及其转变为实在的欲望，但是还没有真正转化为现实。如果考虑到康在家庭中所受的德国浪漫主义教育，他会有这样的哲学观念并不奇怪。

康的这些文字是典型的"形而上学建筑师"的论述，他们试图在一个建筑性概念中容纳对所有存在的形而上学解释。李兴钢借用的"静谧"，显然包含了这一形而上学内涵，他放弃了康的浪漫主义元素，但是接

9.Ibid. p309.
10.Ibid. p338.

受了"静谧"概念之中所蕴含的，对于现实（reality）之上那个形而上学的源泉，以及它与现实之间密切关系的承认。因此，他在《静谧与喧嚣》中将"静谧"定义为"一个包含了可度量与不可度量之物的完整世界"。[11] 这里"可度量"的显然是指现实，而"不可度量"（unmeasurable）的则是现实之上的形而上学本质，这种措辞也同样来自康。用"度量"一词连接现实与形而上学本质，也是海德格尔所乐于使用的，在《人诗意地栖居》（…Poetically Man Dwells…）当中，他写道："度量不是科学，度量测量两者之间，它将这两者，上天与大地，引向对方。"[12] 这里的"上天"（heaven），是海德格尔后期哲学中常常使用的一个用于指代形而上学本质的词，作用类似于康的"不可度量"。抛开细节不谈，康与海德格尔所强调的实际上是同一件事情：虽然身处现实之中，但我们必须对现实之上那个形而上学本质有足够的尊重与理解，才能真正认识现实，并且找到在现实中正确的生活方式。所以，海德格尔说"人，作为人，总是将自己与某种神圣（heavenly）的事物相度量"，[13] 而度量的目的是实现"安居"（dwelling）——他所认为的正确的生活方式。至关重要的是，海德格尔明确提及，是"诗（poetry）首先让安居成为安居。诗就是让我们真正安居的东西"。[14] 如果说"度量"与"诗"所导向的

---

11. 李兴钢 . 静谧与喧嚣 [J]. 建筑学报 , 2015, No. 566(11): 40-43.

12.Martin Heidegger and Albert Hofstadter, Poetry, Language, Thought，（New York: Harper & Row, 1975), p221.

13.Ibid.

是同一目的，那么它们或许是同一种工具，海德格尔对此做出了肯定："度量就是安居中富有诗意的成分。诗就是度量。"[15]

至此，我们看到，诗意、静谧、度量这些关键词在上述讨论中被串联成为一个互相关联的整体。简单地说，诗意与静谧所指的就是一种度量，将现实存在之物与那个难以描述的形而上学本源相关联，并且参照本源来度量和理解现实，选择生活方式。按照这种理解，我们可以将苏格拉底的慨然赴死称为诗意，可以将海德格尔在黑森林农宅中的隐居称为诗意，也可以将康在宾夕法尼亚火车站卫生间中的孤独离去称为诗意。他们的共同特征是，信守你的形而上学理念，并为此而生，为此而死。

或许有些奇怪的是，李兴钢特意强调了"静谧""不同于接近不可言说的哲学性描述"，这似乎与上面对形而上学倾向的分析恰好矛盾。其实不然，两者的"不同"之处在于，除了对"不可度量"的哲学性尊重以外，李兴钢的"静谧"理念中还增加了更多的建筑性的叙事成分。比如，常识性的静谧一词本身就指向了宁静的场所氛围，并非为了寂然无声，而是为了摒弃嘈杂与"闲言"（idle talk），去听真正有价值的东西，"只有那些已经懂得的人，才能聆听"。[16] 我们在康、在西扎、在巴拉甘这些建筑师的作品中感受到的深刻很多就来

14.Ibid. p215.
15.Ibid. p221.
16.Martin Heidegger, John Macquarrie, and Edward Robinson, Being and Time,（London: SCM Press, 1962), p208.

自这种"静谧",而"静谧"在背后是倾听,是懂得,是对存在的哲学性思索。通过"静谧",一系列切实的建筑手段能够与抽象的形而上学观念紧密联系起来。这其实也是李兴钢选择《静谧与喧嚣》与"瞬时桃花源"作为文章与作品命名的原因,他的意图在于强调,在今天这个吵闹和急切的时代,人们需要沉静与耐心,需要通过"山重水复、蜿蜒曲折、柳暗花明"去触及豁然开朗。这是通过谨慎的文字探寻理念复杂内涵的过程,也是穿过旧城废墟的混乱与狭仄抵达城市中"瞬时桃花源"的过程。李兴钢将这种叙事"空间性的营造",也纳入"静谧"的概念之中,出自建筑师的实践性关照,他希望"静谧"成为一座桥梁,将理念与操作连接在一起。

回到《静谧与喧嚣》,对"诗意"概念的进一步描述完善了《胜景几何》的理念结构,也同时显明了建筑师所选择的道路。这不仅仅是理念上的,也同样是语汇上的。如果"不可度量"的形而上学本质无法直接言说,那么只能间接地谈论它,就像柏拉图通常使用故事与寓言来传达哲学内涵一样,建筑师也有特有的手段,比如象征、类型与重释。这也是《静谧与喧嚣》中另外一个值得注意的内容:对语汇与操作方式更准确地限定。同样,李兴钢使用了两个新的概念"房"与"山",它们对应于《胜景几何》中的"人工"与"自然"。

　　"房"当然是人工之物（几何），也构成了关注景、关注自然的界面。但要注意的是，对于"房"人们有着确定的类型化理解。李兴钢使用"房"的意图之一，就是要强调这一原型，更具体地说就是"坡顶与类坡顶建筑"。坡屋顶的特别之处在于，它几乎是一种在任何文化体系中都普遍存在的建筑元素，而且往往是历史最悠久、使用最频繁的元素。它也由此获得了更为深厚、更为普遍的文化内涵。它"超越时间和地域的文化基因"，"象征着远古的自然与平静"。[17]

　　"山"是比"自然"小得多也具体得多的概念。一方面，李兴钢借此强调对天然山水以及人造假山假水的特殊兴趣，另一方面他也通过将其他人造建筑或景观也纳入"山"，从而拓宽了"自然"的概念。相应地，他也对自然做出了新的定义："它应该既是山川树木天空大海的那个自然，也是风云雨雾阴晴圆缺的那个自然，又是舒适便宜自然而然的那个自然。"[18]也就是说，自然不再限于天然的东西，而是也包括其他那些并不依赖于建筑师的构思，具有某种必然性与合理性的，已然存在的事物。它们应该被接受和尊重，无须区别是谁塑造了它们。李兴钢的这种扩展，意在消除过往"人工"与"自然"决然两分，也为当代城市环境中纯粹自然元素的缺失留有余地。但也必须注意的是，扩展之后的"自然"和"山"与"人工"和"房"之间的区别变得更为模糊，一个潜在的危险是，"人工"

17. 李兴钢. 静谧与喧嚣 [J]. 建筑学报，2015, No. 566(11): 40-43.
18. 同 17.

和"房"的元素有可能变得过于强烈，这更需要建筑师的谨慎控制。

除了内容之外，"房"与"山"作为传统中国园林话语体系中的典型词汇，也透露了李兴钢对传统中国园林的浓厚兴趣。这同样也提供了一条清晰的线索，引向一系列传统园林空间结构与元素积累。可以看到，在"房"与"山"的背后，所隐藏的是建筑师明晰的语汇选择。从建筑的角度看来，其重要性并不亚于"静谧"。后者给予建筑师一种方向，但"房"与"山"则直接指向了元素。对于一个成熟的建筑师来说，有了"房"与"山"作为基石，一整套相应的策略与手段已然浮现。事实上，它们也组成了解读李兴钢近年来的诸多作品的标准解码器。

至此，我们可以看到，在《静谧与喧嚣》中，李兴钢通过"静谧""房"与"山"等概念的建构，在两端同时拓展了对自己近期实践的梳理与总结，其中一端更深入地挖掘理论建构的哲学内涵，而另一端则是更明确地指向具体的操作元素与策略。但是在两端之间，则属于建筑本身，它可以成为一种中介，引导人们触及那个"不可度量"的本源。因此，我们仍然需要回到建筑作品本身，评论它是否实现了理论的承诺，完成对"形而上"与"形而下"的连接。

在这种情况下，"瞬时桃花源"项目提供了很好的观察窗口。

19.Aldo Rossi and Peter Eisenman, The Architecture of the City, American ed. / revised ... by Aldo Rossi and Peter Eisenman. edn (Cambridge, Mass. ; London: Published by [i.e. for] the Graham Foundation

瞬时桃花源

瞬时桃花源是一个研究性设计，建筑师要在南京明城墙内侧的花露岗地段设计一系列临时性构筑物，展现基于历史与场地的建筑反思。这是南京大学建筑学院 2015 年夏季"格物｜设计研究工作营"中的研究项目。

李兴钢的工作包含了两个部分。第一部分是根据历代地图，对这一地段在不同历史时期的状况进行复原设计。建筑师选择了南朝、宋、明、20 世纪 60 年代四个年代的老地图（图 8-11），通过在地图上删减与添加的方式完成地块的设计。虽然几张地图上的原状建筑物差异悬殊，但李兴钢都遵循同样的策略，采用传统坡顶房屋与传统园林的类型元素完成对空白地段的填补或替换。这种做法显然与《静谧与喧嚣》中对坡顶房屋类型以及园林的强调一脉相承。李兴钢的真正意图不在于还原历史，而是在重申类型的持久性与普遍性，在这一点上，有新理性主义的先例。

对于新理性主义者来说，除了集体记忆与文化符号以外，类型还具有某种本质性。罗西将类型定义为"某种永恒和复杂的东西，先于任何形式并且组成了形式的逻辑原则"。[19] 他不断重述类型的恒久（constant），而最重要的或许是这句话："最终，我们可以说类型就是建筑的理念（idea），它是最接近于建筑的本质

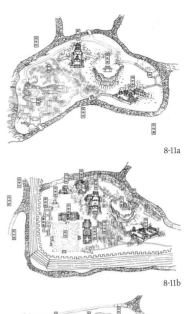

8-11a

8-11b

8-11c

8-11d

图 8-11. 花露岗复原设计图（a：南朝；b：宋代；c：明代；d：20 世纪 60 年代

for Advanced Studies in the Fine Arts and the Institute for Architecture and Urban Studies by MIT, 1982), p40.

（essence）的。"[20] 在这里，新理性主义类型学与柏拉图理念哲学之间的相似性一览无余。类型就像柏拉图形而上学中的"理念"（idea）一样，是抽象、纯粹、永恒、根本的源泉与本质，其他的事物都是在理念的模仿之上衍生而来。按照前文的论述，我们可以将这种相似性称为新理性主义的"形而上学气质"。

如果这种分析具有一定的合理性，那么就不难理解，李兴钢对"静谧"这个具有强烈形而上学倾向的目标的追求，为何落在了坡顶建筑、山、房、园林等类型工具之上。类型是超越时间的，即使是从南朝到21世纪的今天。新理性主义的先例也说明，仅仅依靠类型还并不足以确保形而上学"诗意"的实现，最敏感的地方在于对类型的具体呈现，这也是李兴钢所面对的挑战。

这个项目的第二部分，是实际的建造。如同此前的复原设计，李兴钢将几种经典类型元素最终带到了现实中。他将"台阁""树亭""墙廊"与"山塔"四个构筑物放置在场地靠近边缘的地带，将旷地包围成为项目的内园。为了实现快速建造与临时性构筑物的经济性，建筑师选用了标准施工钢架与黑色遮阳网来搭建这些设施。

四个小品中体量最大的是"台阁"，位于地段北侧位置最高的一块台地上，是整个项目中的统治性元素。建筑师使用了4层标准脚手架搭建出一大一小两

20.Aldo Rossi and Peter Eisenman, The Architecture of the City, American ed. / revised ... by Aldo Rossi and Peter Eisenman. edn (Cambridge, Mass. ; London: Published by [i.e. for] the Graham Foundation

个相连的结构骨架，遮阳网布作为唯一的围合材料，伸展成为传统歇山屋顶的形状。能够用廉价与高效材料完成这一建构显然要归因于建筑师的睿智与经验，脚架搭接方式避免了对主要流线的干扰，灵活的装配性踏脚板转化为地板与座椅。甚至是40厘米见方的标准草垫也能与脚架模数很好地搭配，显著提高了人们坐卧的舒适性。

必须承认，在体量与形态上，这个"台阁"的搭建是令人满意的。虽然整体的轮廓线以及屋顶斜度都不同于南京本地的坡顶建筑，但这并未超越我们对坡顶类型的认知范畴，屋顶与檐下空间3：1的高度差更是有效地强化了小品的类型特征。不过，这些成果也要付出相应的代价，体量的实现带来了内部结构的密集与繁杂，置身内部实际上已经感受不到房间的存在，有的只是结构之间空出来的一些区域。这当然是这种建造方式所难以回避的局限，它更善于提醒人们中国传统建筑与模块化结构之间早已存在的血缘关系，而不是我们所熟悉的房屋空间氛围。

南面的城墙是场地中最令人着迷的既存元素。城墙本身就是最为持久的类型元素，厚重的材质，坚硬的体量，以及质朴的砌筑方式给予整个地段锚固性的负重。好在场地的宽阔与开敞有效削弱了城墙的压迫感，人们并不介意将城墙视为园林的围合边界。就像在传统园林中一样，李兴钢的"墙廊"与"山塔"很

for Advanced Studies in the Fine Arts and the Institute for Architecture and Urban Studies by MIT, 1982), p41.

自然地靠近这条边界布置。

这两个构筑物的主要作用在于补足了项目整体的类型元素，线性的长廊、高耸的竖塔以及盘踞的黑石。建筑师同样利用了脚手架的结构塑造以及遮阳网体量围合上的优势。"墙廊"高低起伏的屋顶与不断变化的南北围合弥补了平地造廊的单调，七层脚手架堆积成塔也提供了观赏者攀援而上的工具，石头的营造或许是最简单的，只是体量有些过于薄弱。相较于"台阁"，这两个构筑物的结构大为简化，但仍然提供了几处独特的视角，比如塔顶的鸟瞰，长廊两侧对台阁的远眺以及城墙的近视。有些遗憾的是，因为脚手架的尺度限制，墙廊虽然具备了曲折的线性特征，却已经不可能供行人顺路穿行，从而牺牲了廊最重要的行为体验。建筑师仍然保留的静观的可能，尤其是往北方观赏场地的全貌与远处的台阁，将再一次印证了后者的中心性，以及墙廊作为陪衬的"边缘"地位。

树亭是最小的构筑物，由5品脚手架搭建而成，造就一个三开间、四坡顶的小亭子。相对于场地的尺度，这个亭子显得微不足道，建筑师将它放置在场地中间部位一棵高大但孤立的梧桐树下，两者共同组成的"树亭"定义了场地的东侧边缘。

利用点状或线性的小型构筑物占据场地的边角，从而实现对场地最大程度的占据与围合，对于临时性项目来说，这种策略是富有成效的。建筑师使用了102组脚手架、668平方米的遮阳网布、163块草垫，4天的施工时间，完成了对近 20000 平方米场地面积的围合与定义。在南朝、宋、明、20 世纪 60 年代之后的第五张地图中，传统中国园林布局策略的效用被拓展到新的极限。

可以想象建筑师造园时的愉悦。在南京这种寸土寸金的大城市内城，居然还有这样一块安静的场地，只能是快速城市开发中一个故障性的瞬间。李兴钢将项目命名为"瞬时桃花源"非常贴切，尤其是你穿过旧城狭窄的胡同与残垣断壁，眼前突然显现出一块宽广的"园林"，桃花源的隐匿与豁然开朗的确是最好的比拟之一。

园林与农田

不容回避的是，虽然并不缺乏植被覆盖，花露岗地块本身还是很难让人想起传统园林，过度的空旷和荒芜与园林的精雕细琢之间有着不小的距离。建筑师只能通过尽可能补足传统园林中的常见元素来强化这种联想。因此，这个项目中最有趣的内容之一是几种类型元素之间的对视关系。比如从台阁看向南面，从墙廊回望北方，从山塔顶部鸟瞰，以及从树亭欣赏南北两侧的不同场景。视线的营造在李兴钢设计草图的标注中清晰体现出来，这一早期设想得到了忠实呈现，造就了几处由"房"与"山"构成的，令人印象深刻的"胜景"。

但这还不能平息我们进一步追问的兴趣。除了"胜景"之外，"瞬时桃花源"在多大程度上为"静谧"

提供了诠释？这里必须提及"胜景"与"静谧"之间的区别，虽然两者的核心都是"诗意"，但是对于"诗意"的呈现方式仍然是不同的。"胜景"所指的是一种景象，主要是视觉观感，而"静谧"则不仅仅是听觉，也同样指一种氛围、一种状态，甚至是一种行为。显然，"静谧"的内涵中有更多的可能性，这也意味着有更多的方式去触及"诗意"。从这个角度看来，李兴钢用"静谧"替代"胜景"是一个合理的扩展。

但是，理念的转变并不一定与行动同时并行。我们也不能就此认为"瞬时桃花源"就是"静谧"的明证。总体来说，"胜景"的营造仍然是引导李兴钢的主要构思策略，并且取得了成功。然而，在"胜景"背后，也暗藏着某种危险：景可能成为"胜景"，也有可能成为"虚像"，有些时候，这两者之间的界限并不清晰。建筑师必须对景象内容有谨慎地选择与引导才可能实现"诗意"的传达。这也是海德格尔强调"景的诗性表达将神圣表象的光亮与声响，以及陌生之物的黑暗与沉默汇聚在一体之中"[21]的原因。海德格尔所说的"黑暗与沉默"，是要强调还有某些东西是超越于我们的概念与范畴的理解和掌握的。它们在形而上学的意义上具有更为深层与本源的地位，因此包含了这些元素的景象能够更有力地引导人们去关注那个"形而上学本源"，也就能实现海德格尔意义上的"诗意"。

---

21. Martin Heidegger and Albert Hofstadter, Poetry, Language, Thought, (New York: Harper & Row, 1975), p226.

循此线索，我们可以讨论李兴钢以"胜景"营造为核心的作品中所隐藏的某种局限。简单地说，有时我们会发现在这些景象中"光亮与声响"过于充沛，而"黑暗与沉默"则略显不足。李兴钢对各种建筑元素的驾驭能力早已得到广泛的承认，但也存在一些时刻，驾驭的范畴被拓展得过宽，以至于人工的"光亮与声响"最终压制了自然的"黑暗与沉默"。当阿尔伯蒂将艺术家称为第二上帝时，也就给予他们无尽的力量与自由，但有时，艺术家恰恰需要主动限制这样的力量才能获得真正的自由，这也正是康德那句"头上的星空与心中的道德"所想要强调的。[22] 西扎用另外一种方式陈述这种自觉："毕加索说过，你需要十年学习如何绘画，另外十年学习如何像一个孩子般绘画。"[23]

在四个构筑物中，最充分地体现出这种克制的反而是最不起眼的树亭。虽然只用了5品脚手架搭成，这个地方反而成了整个项目中热闹的地方。在笔者看到的情况下，除了观景以外，人们最主要的活动都在树亭展开，比如建筑师与南大教师的聚会，以及我们几个参观者与建筑师的讨论，这个亭子的尺度与氛围为这样的小型活动提供了良好的条件。如果做进一步的观察，会发现树亭是整个项目中最接近于"房"的。较小的尺度保证了结构的轻盈，三间的布局有力地凸

22.Immanuel Kant, Mary J. Gregor, and Allen W. Wood, Practical Philosophy, (Cambridge: Cambridge University Press, 1996), p269.
23.Alvaro Siza and Antonio Angelillo, Writings on Architecture, (Milan: Skira ; London : Thames & Hudson, 1997), p104.

显出中间一跨作为房间的主导性地位。建筑师有意地通过座椅与斜撑的布局将侧边的两间压缩为走廊，而屋顶正中则留出一块 1.8 米 × 2.95 米的房间，尺度刚好适合坐在房间东西两侧的人相互交谈。或许树亭并不像其他三种元素那样具备园林的视觉识别性，但在一点上，它比其他三者更接近真实——中国园林并不仅仅是为了观赏，更重要的是为各种活动提供场所。在"瞬时桃花源"中，这些活动最主要的发生场所，就在树亭之中。

活动的丰富也意味着人与建筑互动的可能性的增多，也就有了更多的机会去感染和启发使用房间的人。从这个意义上来说，树亭比其他三种元素拥有更为优越的条件去超越单纯"胜景"的营造，实现"静谧"的递进。对于熟悉建筑理论史的人来说，很难避免将树亭与洛基耶（Laugier）的"原始棚屋"联系起来，骨架式结构、坡屋顶，以及旁边的大树，这些都与洛基耶那幅著名的插图相吻合。如果愿意，我们也可以将树亭看成这座"原始棚屋"的类型表达。

提到棚屋，不得不提及对树亭放置位置的讨论。一些观察者建议，树亭应该再向东挪，贴近梧桐树后的池塘，从而强烈地再现园林体系中亭与水的密切关系。这种观点本身无可厚非，毕竟园林的体系结构本来就是整个项目的基石。但是，树亭现在的位置也有它超越园林范畴的独特性。或许我们可以不叫它树亭，

24.Martin Heidegger, John Macquarrie, and Edward Robinson, Being and Time,（London: SCM Press, 1962), p100.

而是叫它"树棚"。在北方田间，以及李兴钢本人童年的生活中，这种田间棚屋并不少见。这种联想的密切度甚至超越了洛基耶的原始棚屋，因为这些棚屋也都是用最廉价的材料，采用最经济的方式搭建，常常也都倚靠着一棵大树，而在北方的田间，这样的大树也往往是孤立的，如同南京这块场地上的梧桐一般。

如此强调农耕，当然不是为了再增加一个噱头，而是因为农耕曾经是，也仍然是将人与自然联系在一起的最重要的纽带。用海德格尔的话来说，农耕开启了一个"世界"，也正是在这个世界中，自然被当作自然为人们所遭遇。[24] 或许是因为这个原因，海德格尔要选用一双农妇的鞋来描述艺术品对"世界"的揭示："在皮革上留下了土壤的潮湿与丰厚，从鞋底滑过的是夜晚降临时田塍的孤独。在这两只鞋子里颤动着大地沉默的呼唤，成熟稻谷的无声恩赐，以及冬季农田休耕的荒芜中无法解释的，自我拒绝。"[25] 海德格尔这段文字所讲述的，是人与"大地"的复杂关系，这里面包括土地的馈赠、人的依赖、劳作的辛苦、大地的沉寂与不可捉摸，以及人的孤独。这些元素实际上代表性地构成了海德格尔后期哲学中所强调的，也被建筑界所广泛援引的"安居"。"安居"意味着安稳的居住，被存在的一切所护佑，但同时也要给存在的一切以关怀，维护它们的尊严。此外，人们也要接受"黑暗与沉默"，接受形而上学的本源还未在这个"世界"

25.Martin Heidegger, Basic Writings, Rev. and expanded edn (London: Routledge, 1993), p159.

中显现的、不可度量的其他可能性。与土地的这种复杂关系，对于今天的城市人来说已经格外遥远，但如果你是在夜空之下在瓜棚中安静地守护田地，那么上述感受或许能再度唤起。

当然，不是所有人都能够或者愿意在"瞬时桃花源"的树棚中体验到这些。但建筑的作用不是控制，而是引导人们的想法，它应该提供线索，帮助人们去展开自己感兴趣的场域，不管它是园林还是农田。只要对特定的哲学问题感兴趣，并不一定需要了解海德格尔的理论才能获得类似的体验，就像康从未提到任何具体的哲学家或者哲学流派，但他仍然是最富哲理的建筑论述者。

正是在这个意义上，树棚通过与原始棚屋，与农耕的关联，展现了"胜景"之外的其他的可能性。相比于台阁对整个场地的统治，在树棚之中观察者的视线才最终回避了其他构筑物的抢夺，回到了场地自身。与此同时，观察者也需要相应的耐心与宁静来体验大地的馈赠以及它无法穿透的"黑暗与沉默"。这种"不可度量"的体验，正是"静谧"的所在。因此，我们可以说，在"瞬时桃花源"中，更接近于本文所阐释的"静谧"概念的，是梧桐树下的这个树棚。

至此，我们对李兴钢《静谧与喧嚣》与"瞬时桃花源"的分析可以告一段落。《静谧与喧嚣》对理念的挖掘与拓展在"瞬时桃花源"项目中得到了很好的体现。在类型元素的使用以及园林结构的参照上，"瞬时桃花源"几乎是《静谧与喧嚣》的直接翻版。而涉及"静谧"的实现，"瞬时桃花源"更多地体现了一种折中性，"胜景"营造仍然占据主导性地位，反而是在树棚这种相对次要的元素上，当获取景象的欲望趋于弱化，建筑师的刻意控制变得松软，体验者却获得了更大的自由去发掘"光亮与声响"之外的"黑暗与沉默"。这或许有助于建筑师去反思"胜景"与"静谧"之间的差异，进而为后者雕刻出更为清晰的轮廓。

结语

必须承认，在七月的一个下午，在南京潮湿的天气中造访"瞬时桃花源"并不是一个非常令人愉悦的体验，尤其是要与肆虐的蚊虫做无休止的斗争。但是当夜幕降临，与一帮知趣相近的友人围坐在树棚之中，吃着瓜，聊着天，气温低了下来，连蚊子都不知所终，两盏简单的白炽灯给房间以光亮与色彩，而棚子之外一切都归于黑暗的沉寂。也就是在这个时候，大地的深邃与厚重笼罩四方，而建筑对人的庇护变得异常强烈。同行的几位老师与建筑师、项目工作人员、相遇的几位学生一同谈论这个项目，以及其他与建筑相关的问题。对我来说，这是在"瞬时桃花源"中最富有"诗意"的一刻，怀有对"不可度量"的敬意，在建筑护佑下做你认为有价值的事情。

感谢建筑师为我们提供的片刻"安居"。

李兴钢：胜景几何、诗意与静谧
——与青锋的讨论 [26]

青锋说，那些愿意用文字总结自己思想脉络的建筑师认同文字与建筑之间存在某种统一性，而且能够被话语所揭示。而像他这样的研究者或评论者鼓励建筑师使用文字工具，从而可以"凭借文本与建筑的共通性，获得一条更为便捷的道路去理解和评判建筑师的思想与实践"。不过，遗憾的是，我其实并非是一位热衷于写作的"形而上学建筑师"。其因之一是由于少年时代的特殊经历，使曾梦想当作家的我对写作产生了极大的困惑和畏惧，每每遇到文字任务便如临绝壁、望而却步，对擅长文字者衷心钦佩，但同时又对别人和自己的文字暗含苛刻要求。其因之二是我内心里并不相信文字和建筑之间存在着完全统一的可能性，文字终归是文字，建筑终归是建筑，同一个人，心脑的思想和手脚的行动都一定会有差异，更何况建筑是那种由无数人的心脑手脚共同参与的巨大物质存在。况且我又是一个不擅表达的人，遑论用文字来表达建筑呢。

但我实际上又逼迫自己写下了对我来说已不算少的文字，虽然每次动笔都是一个异常痛苦纠结的过程，但经历挣扎与磨砺之后，却也发现，通过书写可以尽可能梳理清楚在做建筑的过程中那些偏属于感性的线

26.本文原发表于：青锋，评论与被评论：关于中国当代建筑的讨论[M]，北京：中国建筑工业出版社，2016：247-255.

索和问题，而这些线索和问题对建筑师来讲常常是颇为重要的。特别是近几年由于要做展览、出作品集的机会，写了一些不局限于某个项目而更为宏观性的文字，以总结自己过去的实践、反省当下的思考、明晰未来的工作方向，这该是有意义的事。而更有意义的则是，可以引出像青锋等这样具有深厚学养和训练的观察者和批评者的关注和批评、讨论，无论对于个人工作还是相关的职业、教育方面，都大有裨益。

很荣幸，我为数不多的文章中有两篇——《胜景几何》和《喧嚣与静谧》，分别获得青睐，他的《胜景几何与诗意》和《从胜景到静谧》这两篇文章对我的写作、思考和相关实践都有非常具针对性的解读和批评。

针对《胜景几何》和同名微展，他写了《胜景几何与诗意》发表于中国建筑设计研究院院刊《DR 设计与研究》。在这篇文章中他认为"几何"和"胜景"两个概念，不亚于工作室的任何项目——当这两块理念之砖被建筑师安置在一起的时候，一座"理论建筑"开始浮现；并以"几何（人工）与自然的互成，导向诗意的胜景"来概括这个理论架构。紧接着，作为文章批评的主体，他强调了对"自然""诗意""景"及其相互关系的理解，针对胜景几何对诗意的探寻提出两点提示：一是"敬畏"（纪念性与神圣感），一是"黑暗与沉默"（含混与克制）。

我不得不佩服青锋的犀利卓见，他的诚意提醒——诗意问题的根本性和普遍性，诗意胜景之超越文化、地域乃至时代，并非局限于东方传统，是我随着自己思考的深入所越发认同的；他的恳切批评——我的作品中对于几何和人工性有时过于清晰和强烈的表达，也是我在后面的实践中所努力消解与平衡的。我也希望自己对于胜景几何框架中的"诗意"有更为清晰和明确的认知、表述和追求。

当然，我也注意到青锋文章观点所基于的海德格尔哲学及他的西方理论研究背景和观察视角，我隐隐感到一种并非完全认同却又无从反抗的不适。我想大概是因为自己思想愚拙而又笔力不逮，只有用进一步深入清楚的思考和行动，来回应青锋以及其他的评论者。

借由《建筑学报》发表实验项目——南京"瞬时桃花源"（南京大学"格物"设计研究工作营）和《静谧与喧嚣》（建筑界丛书第二辑）出版的机会，我写了同名文章《静谧与喧嚣》，对我所思考的胜景几何之"空间诗意"做了进一步清晰化的阐发，在对胜景营造诸要素强调的基础上，提出了作为工具和语言手段的原型性概念："房"与"山"，分别代表人工之物与自然之物，并提出一种"新模度"的可能性，与人的身体体验和意念想象密切关联，以构造和经营人工几何和胜景诗意。"瞬时桃花源"对于上述新的思考和概念都进行了实际的设计研究和建造实验。

青锋亦针对上面文章和项目，在同期《建筑学报》发表了《从胜景到静谧——对〈静谧与喧嚣〉以及"瞬时桃花源"的讨论》一文。他认同我通过"静谧""房""山"等概念的建构，意图一端指向胜景几何理念结构的完善和操作方向，一端指向具体操作语汇和策略。他同时提醒我注意对"人工"与"自然"概念的扩展使其间的区别变得模糊，潜在的危险是人工元素可能过于强烈，需要建筑师的谨慎控制。在文章对"瞬时桃花源"项目的分析和评论环节，让我感到有意思的有两点：一是由我在对南京花露岗地段历代地图基础上的复原设计中对空间类型元素普适性的强调，与新理性主义的"形而上学"气质相提并论，从而将其理解为我对"静谧"目标的追求落在坡顶建筑、山、房等类型工具上的内在原因。二是将"瞬时桃花源"中的树亭麦田看作洛基耶"原始棚屋"及其与农耕的关联，并展开对他在现场所体验到的"黑暗与沉默""安居"与"静谧"的描述。在此，海德格尔再次"出现"，我能感觉到他尤为倾心于对应海氏诗意"黑暗与沉默"的"静谧"，超过对应"光亮与声响"的"胜景"，所以他说，用"静谧"代替"胜景"是一个合理的扩展。

青锋写作此文初稿完成后，曾邮件发给我征询意见，我的回信中强调了两点：一、关于"山"这一自然元素中的人工"拟山"问题，我的思考一方面是中国文化和艺术有"模山范水"并刻意模糊人工与自然界限的传统；另一方面，这一思考暗中指向的是，当代的城市现实中纯自然元素缺少的背景下，为现实的设计操作提供更多的可能性，希望达到与纯自然元素存在情况下相似的目标。二、关于"静谧"，在我的文章中，胜景营造的"空间诗意"是需要通过由"喧嚣"到"静谧"的这一空间体验过程来达到的，也就是说，"静谧"并非单指最终到达的那个内在的静态空间（比如"瞬时桃花源"中的麦田空间），之前经历的外部"喧嚣"（比如麦田空间之外的市井和拆迁废墟）同样重要，是获得"静谧"诗意的重要条件（为此所拍的微电影前面大段篇幅表现市井及到达路径，并刻意凸显前后背景声音的不同对比），所以我很强调"静谧与喧嚣"这一对词以及它们所包含的叙事内涵，并由物质性、身体性的空间体验映射精神性、心理性的空间感悟，对应的是一种"空间性"叙事为特征的诗意，与康的"静谧"有所不同——康的"静谧"与"光明"相对，应更加对应于海德格尔的"黑暗与沉默"。

在此，我想再补充强调的是，"胜景"并非仅是一种视觉景象，也并非简单地要被"静谧"所替代。在我的理想中，"桃花源"是一个可以将"胜景几何"的理念架构、"静谧与喧嚣"的空间诗意、"房"与"山"的经营语汇等我所关心的所有概念元素统领一体的空间模型，它不仅是中国园林（而非我们现今所能见的明清园林）中山水田园、茅屋亭榭、居游耕读的原初模型，而且可以成为处理当代现实中人类生活"安居"困境的一种营造途径和手段，它就是我心目中的真正

"胜景"。

与我对青锋前一篇文章的感觉相似，很难一下子表述清楚，这里似乎存在一种"大同"中的微妙差异，而这种差异似乎是由于各自的教育、学术背景和思考、观察视角而导致。虽如我在文章中所说："中国和西方并不是站在地球的两极、文化的两极，它们虽然可能有着相当多的差异，但并不是非此即彼的关系。我并不想着意强调中国与传统，而是倾向思考普适的人性和当代，比如捕捉和思辨个人阅历中所感知到的、碰触到自己内心的那些东西，并推己及人。这些东西有些的确可能是中国的文化和传统里所特有的，而有些我相信是不同的文化和时代所共有的，它们都属于人类和共同的人性，可以超越地域和时代。"但是，每一个个体的人又的确是不同的。

然而，我非常赞同青锋所说，无论如何，对话和讨论当然是必要的；无论如何，有关建筑这一物质性存在的任何理论分析都无法取代"做"的过程中无数的构想与选择。这里面其实无所谓对错，但确实需要建筑师与评论者的共同参与才能实现。衷心感谢青锋兄，也希望今后有更多的机会与他探讨，好在这样的机会应该可以有很多。

庄慎、李兴钢

李兴钢与庄慎的对谈

之一 [27]

2018 年 12 月 28 日，杭州。

庄慎 从本质上来说，我跟兴钢的"基因"是相同的，虽然我开了十几年事务所，但我也是从"大院"，或者说机构出来的，我对"大院"非常了解，也很有感情，它的价值和工作方式，跟独立事务所不同，但它承担了我们城市 99% 的设计量，它的影响和价值是不容忽视的。所以，我对李兴钢非常理解并能感同身受，也非常认同他。主持人希望我们今天的对谈有一点冲突，我觉得即使有"冲突"，那也是"内部矛盾"。

我之前看了你的《静谧与喧嚣》，自觉对你的活儿有些了解，但听完今天的讲座，除了羡慕你做了这么多新项目，也打乱了我原来的对谈计划，你今天展示和表述的内容，在原来"胜景几何"的概念上，又新增了实践和思考。这些思考就成为我今天有针对性地去提问的，今天主要想跟你讨论两部分：一部分是关于"自然的交互"；另一部分是谈谈我们这个年纪

---

27. 本文为 2018 年 12 月 28 日笔者在杭州《观点》讲座《与自然交互的建筑》之后，与庄慎及王骏阳等人的对话。

的建筑师，在我们时代背景下的机遇和使命。

先谈第一部分，我本来想聊聊方法，但这之前，我觉得有必要先聊一下"自然"。你用《与自然交互的建筑》为题，我认为你把自然作为一个有独立意义和价值的要素，而建筑则是作为揭示这个自然的中介、媒介。我本以为你的"自然"更偏重于是指"天然的自然"，但你讲述的"自然"包含了更多，比如，空白的自然、历史的自然、乏味的城市自然……似乎一切都可以被理解或利用为自然，那"自然"究竟如何定义？这么多"自然"，究竟是一种类似于讲述设计策略时的即兴发挥，还是有着系统逻辑的归纳？

李兴钢：我觉得建筑产生"诗意"的根本，是人能在其中感受或联想到建筑外的东西。"与自然交互"是我认为可以抵达这种"诗意"的重要方式，这与其他方式给人带来的感受是不同的。

如果要定义我认为可以交互的"自然"，我觉得：一方面，是"原生自然"；另一方面，是"人工自然"，是人工介入原生自然后形成的特殊"自然"，包含、叠加了时间和人类生活的痕迹。比如延庆烽火台遗址的状态就特别符合我对"人工自然"的理解。而世园会的"虚假（布景式）自然"，看似更接近所谓的原生自然，但并没有时间和生活的痕迹，不是我认同的，因此对我而言，它无法产生诗意，也没有与之交互的必要。

庄慎：我是否可以这样理解，你把自然分成了不同等级：最高级的自然是包含了文化的原生自然，比如佛光寺这种包含了文化和情感的自然环境，是你愿意对话的自然；而像天津大学新校区体育馆的"空白自然"、文创园的"虚假（布景式）自然"，你用了另一种"我不跟你玩儿，我自创一个内部自然"的态度。

李兴钢：我觉得"自然"是不分等级的，但现实是多样的，不是只有正面、积极的自然，以唐山为例，它的城市状态并不美，甚至带着负面情绪，但它是这个城市的时间、经历和人所造就的"特殊自然"，我们需要用积极的、建设性的态度去面对；面对世园会的"虚假自然"（或者"布景式自然"），最开始我排斥抗拒这个项目，但我后来觉得，与其消极排斥不参与，不如用更主动的、批判性的建筑态度表明自己的立场，也给自己另一种创作的机会。

当代中国的现实异常复杂多样，所以我一直强调理想生活空间的营造，要"面对当代现实"，希望用这样一种思考和实践的方式，去解决复杂的现实问题。

而如何做到面对"现实",我觉得还是需要通过对具体场地的观察、建立自己对场地和场地中各类"自然元素"的判断和感知,这种"判断"决定了我们用怎样的态度和设计方法去"交互"和"对话"。

相较于原生自然比较容易被感知、珍视和利用,天津大学新校区体育馆这样的"空白自然",我会通过"结构聚落"的方式去营建场地自身的场所特征,并发掘一些特殊的"自然"要素并与之互动,比如说,通过结构和空间的韵律、形状和尺度与人的身体运动形成一种共鸣和动人的氛围。

庄慎: 从你的作品和表述中,我感觉"历史性"和"自然性"一直存在于你的工作中。我觉得"自然性"这个词,比"自然感""自然状态"能更接近你的诉求和追求。

绩溪博物馆和天津大学新校区体育馆这对案例的对比很有意思,从中我武断地判断,你的设计方法主要有两种:一种是建筑和"自然"的互相关照和交互;另一种是建立关系、秩序或聚落这样有象征性的系统。

绩溪博物馆是一个非常综合的事儿,它既有天津大学新校区体育馆用的建筑方法,也有空间和自然的交互:通过屋顶簇群形式生成的做法、有主导方向的屋顶聚落在庭院与两端被切断的做法、在屋顶设立行走观看路径的做法等。

而天津大学新校区体育馆,我看到更多的是一种建筑自我形式上的手法:通过结构的秩序建立结构的聚落,通过聚落的组合产生新的空间变化……这种形式的产生，可能有某种象征性或抽象性。

在存在差异的同时，它们也呈现了你设计中另一个很突出的特点——很强的"自洽性"：天津大学新校区体育馆用结构形成了一套自成的空间逻辑系统；绩溪博物馆建筑空间主体是与环境与城市交互的，但在展厅室内的陈列设计中又能看到这种自洽的设计。我个人认为，当自洽性非常强烈时，就容易让"关系"趋于自我内向，"交互"就会削弱，我觉得这里有一个"此消彼长"的关系。

李兴钢：我理解你的质疑，"交互"的关系中，当某一方过于自洽或强大时，就失去了交互的能力和可能性。

庄慎：我并不是在质疑"自洽性"，"自洽性"的适宜与否并不是一个绝对命题，好比当场所是"空白自然"时，我觉得"交互"就不是必要的，这时自洽的系统就变得非常有效。我更想探讨的是"自洽"和"交互"之间"平衡度"的问题。

虽然绩溪博物馆有特别自洽的部分，比如它的游线、路线、展具，都与周围毫无关联；但也有两部分的"交互"让我印象深刻。我特别喜欢博物馆规整的平面和自由的屋顶之间交互带来的空间错位的体验，创造了一种不经意的偶然性；同时屋顶的逻辑是抬头就能一眼望穿的清晰、有法度的整体设计，所以，观者并不会认为这种偶然性是片段化的，而是认为还是在一个整体内。这是"自洽系统"和"互动系统"的结合。

另一部分，绩溪博物馆是城市里的一个片段：比如说，屋顶会让人觉得似曾相识，但和已有屋顶的做法又不一样，这是一种和城市自然在形式上的"交互"；比如很多山墙面作为有方向的屋顶系统的断面没有做多余的收头，而像一刀切断了这个建筑，这种处理方法我觉得很好，这让一个原本可能的"自洽系统"看起来不完整，而是期待和他者、和环境产生关系。

李兴钢：我觉得你指的是关于设计方向的判断和设计介入程度的拿捏，这更像老师对学生的提醒："你需要注意这一点！"我是这样看待的，我以后会注意的。但你给我一个很大的启示：我原本没有非常清楚地意识到我设计中"自洽的人工建造系统"和"自然"交互之间的平衡度的问题。

我对人工几何逻辑下与自然关系的营造或操作方式，使用更多的还是"借景"，这是园林给我的启发：通过创造特定的体验路径，引导使用者"遇见"特定的场景，从而发生情境的体验。比如绩溪博物馆观景平台的视点高度，正好可以让拟山的屋顶成为近景，远山成为远景和背景，而将博物馆和远山之间的空间压缩消隐，从而使建筑和远处的山水产生更紧密的关联。

"聚落"，是我认为"人工自然"里非常重要的一个内容，它作为一种人类聚居生活的方式，天然地具有时间感和生活性，所以我将几乎所有设计都视为一种"聚落的营造"。绩溪博物馆是抽象的"村庄聚落"，天津大学新校区体育馆是非常有存在感的"结构单元聚落";大院胡同 28 号是水平延展的小合院组成的院落式"城市聚落";唐山"第三空间"则是垂直生长的"别业"单元构成的高密度"城市聚落";首钢工舍和世园会小镇文创中心,是最简单的用两组房子围合的聚落,首钢工舍是上新下旧的叠摞,文创中心是虚房实山的围合。

庄慎:我觉得你的项目的类型是比较特殊的,至少展示的几个都是特殊项目。你在叙述你的概念和设计方法时,你设定了一个个与"自然"交互的场景,这种场景往往具有叙事性,需要人像游园一样通过体验去感知,"体验"成为使用者抵达你设计目标的重要途径。那么你做普通项目吗?类似普通使用的普通住宅,不太关注体验,更关注使用?

李兴钢:我认为我做的都是普通房子。比如大院胡同 28 号改造,就是尺度很小的旧城住宅,但我还是会关注人的生活和体验。除了唐山"第三空间"之外,普通的集合住宅这类项目确实还没有碰到,如果有机会,我也会用同样的思考和设计方式去应对。对我而言,越普通,越具有现实的探索和实践性,我会更珍视这样的设计机会。

庄慎:你理解的"普通"已经比我们认知的"普通"更高一些了。之前提到,我觉得你建筑的内在空间逻辑和做法都特别自洽:像大院胡同这样的方寸之地,你还是做了一个需要仔细品味才能理解的,比较特别的、复杂的营造系统。所以引出我刚才是否会削弱对于外界自然的交互感知这样的问题，但是如果我们反过来体会与探讨，从本身的某种程度上，一个自洽的系统也许也是一种"自然"呢：比如大院胡同改造项目，因为它背后构想的设计逻辑相对于我们的日常生活会复杂一些，因此它会产生跟日常生活有距离的新的体验，我认为这是一种"自然感"，这种"自然感"与天然有一定相似性。

就像世园会的案例，你用"岩洞"比喻建筑，我们知道，天然的岩洞并不是根据特定的人的使用而量身定制的：像鲁滨孙漂流停泊的上帝为他安排的山洞，并非天然舒适，而是需要经过改造和适应。我觉得这个人去适应、改造建筑的过程，就是一个有自然感的交互，不仅是视觉上的，也是身心体验上的。所以自洽的系统有时恰恰提供了这样一种不同的"交互"的机会。

李兴钢：我本想说你说得一针见血，可能理工男的天然弱势就是太自洽，太自洽往往会失去天然性，或者说某种真正生活中的偶然性，这是一个矛盾。我也意识到我的建筑有时过于自洽、过于追求逻辑的"交圈"甚至表述上的自洽，这也是我慢慢意识到并在反省的。但你又说"自洽"也提供了一种特殊的"自然交互"的可能性，这很有启发，我要再全面理解和思考一下。

庄慎：我特别能理解李兴钢为什么选择"与自然

交互"这样一个带有系统思维的理念作为他工作的基点，我自己觉得这也许反映了我们这个年纪的中国建筑师的工作理想，这和我们受到的教育、碰到的时代机遇密不可分。

我们这个年纪的建筑师，正好遇到了中国近四十年的巨量的空间生产与快速的城市化进程，其建造的速度、数量、类型都远超以往的经验，其变化也早已快于任何建筑思想和理论对其的总结与梳理。

从某种程度讲，中国的实践建筑师，其实践本身会比其他从业者更接近建筑设计可能具有的"锋面性"。在一线工作的实践建筑师，会碰到各种以往不曾讨论过或者研究过的问题，在面对、处理这些现实问题时，会催生新的思考。这些思考不是一种纯粹的学院式的理论，而是一种设计研究：有些是实用的设计策略，或者是自己的工作原则，还有一些上升成为自己的设计理论。这种说法你同意吗？

李兴钢： 我非常同意且深有同感。中国的现实情况非常复杂，我们现在面对的环境是前所未有的，所以无论西方还是中国现有的经验，无论理论指导还是实践案例，能给我们的启示和帮助都是有限的；而且这些既有的成果，在中国当代的现实里往往是失效的。

在这样的现状下，我就想，我们是不是要等待王骏阳老师这样的理论家，或丁垚这样的研究学者的工作成果，然后从中获得指导，如果可以，这显然是最好的；但在如此快速的现实建设环境中，我们并没有等待的时间，所以我们必须逼迫自己在被裹挟的现实中思考、实践、纠正思考的偏差。

我没有长期出国学习的经历，所以没有接受过正规、成熟的西方系统化的现代建筑教育。对于像我这样，22岁一毕业就被扔到建设洪流中的建筑师，有人说是"边走边唱"，我觉得是"边学边干、边想边干、边思考边实践"。所以，"想、学、做"，是我工作中相互交织的重要步骤。

庄慎：我觉得你的工作中还有一个有趣的点，关于个人与机构的关系。像我们这样的独立事务所，因为现实条件的限制，没有太多条件去做系统的事情。但你所在的是大型机构，大型机构聚集了最大的资源，也肩负着推动社会经济和服务社会的主要职责，但你有一套个人化的工作方式，你对于现实理想空间的追求也并非一般的城市化的方式。所以，你的工作方式、对建筑的思考，跟你所在的城市和机构都是有差异的，我感到这里有反思，或者说批判。是这样吗？

李兴钢：可能我的内心有点"叛逆"，不希望成为大家印象中既定的"我"。我希望通过我这种看似个人化的思考和探索，不仅可以改变大家对机构的认知，也可以影响和带动机构里的其他建筑师；我想，善于思考、有追求的人多了，可能就会改变整个城市的建设生态。

庄慎：我理解你去建构这样一个通识的系统，在一定程度上是为了摆脱机构作为提供技术和标准化所在的社会印象，以及摆脱城市产业化一般状态的行业宿命。

但我今天最后更想和你讨论的是"关于机构"。我们当下的建设环境需要多样化，这个多样化不仅是单一价值评判语境下的多样化，更需要合理评判和调动各方多样化的力量。事实上，城市大量的建设是大设计院、大型机构的设计人员完成的，所以从某种角度来说，大型机构对建筑与城市，对我们的生活环境有更大的影响，但现在的大型机构既缺乏外部对它的认识与研究，对它的价值的准确评价，也缺乏内部对自身作用的认可与建设，因此，这个影响到大部分城市环境的体系的基础设置还是不尽人意的，例如规范、行业机制等。我特别希望像你这样有能力和影响力的大院建筑师，可以参与到这种改善、推动，建立好的引导和影响中，但我想得似乎过于乐观，我感觉好像这里也有不少困难。

李兴钢：我很理解你说的问题，我们现在行业基础设施的状态是令人不满的：比如说，保守规范对建筑创作的不合理限制；不合宜的城市政策和措施，对城市"美化"的负面影响；还有政府、业主对我们专业的有限理解度……

我不算是个有宏大使命感的人，可能还有点个人主义，我在设计院中也并不算太另类，但我愿意从自己力所能及的事做起，并把它们做好。

但毋庸置疑的是，无论什么类型和身份的建筑师，都应该寻找各种机会去表达自己的观点和立场，比如我们最近实践中，把城市市政设施作为城市重要的公共空间对待和设计的观念，除了通过实际的案例佐证，也需要我们不断寻找机会向相关政府部门传递和"灌输"这类思想。

这些跟行业基础设施生态有关的事，其实独立事务所的建筑师也能做。我觉得这方面上海的情况比北京好些，所以上海建筑界的成果会更丰富、多元，质量更高，对城市也更多益处，这是像柳亦春、张佳晶等在上海有（政府）影响力的建筑师们所带来的积极改变。

庄慎：事实上体制外的能动力还是有限，但我觉得你的回答很巧妙，也希望更多建筑师既做好自己，又影响别人。

观众1：李兴钢老师把"诗意"作为他设计出发的关键字，但"诗意"显得脱离实际生活，比如我认为像跳广场舞的大妈、卖煎饼馃子的大爷，他们更需要生活，而不是诗意，您如何考虑？我们在设计中过分强调"诗意"是否会产生一种误导？

李兴钢："诗意"好像会被认为"不食人间烟火"，无法跟人日常的、真实的生活体验密切关联起来；而且因为人的差异，使用者不一定能感知和认同建筑师营造的诗意。但我坚信：一个好建筑一定有超越物质性的价值，那就是它的诗意和精神性，和由此给人带来的启示和感动。

这跟我反复提到的早年从景山顶看故宫的体验有关，那种在基本没有专业背景、阅历的无意识状态下获得的感动和震撼，我觉得一定跟这种场景的营造者的智慧相关，也促使我去探索这样的营造背后的思想、方法和路径。我希望我的设计可以去接近、达到这种状态：让人在日常、真实的生活中，也能有不一样的触动，无论结果如何。这确实是我在设计中的追求，所以我诚实地说出来。

但我完全不认同你说的跳广场舞的大妈和卖煎饼馃子的大爷不需要诗意，我认为这是一种歧视。每个人都有自己内心的向往，作为建筑师，不能想当然地用自己的理解给他人的生活"下定义"，然后认为我们没必要去做这样一件事，这很可怕。

我认为一个有思想的人是不会轻易被别人的言行误导的，他会有自己的观察和思考。比如你，就是一个没有被我的"诗意"误导的人。

庄慎：我补充一下，我认为不应该狭隘地理解"诗意"，你刚才讲的跳广场舞的大妈、卖煎饼的大爷的快乐、开心的状态，我觉得也挺"诗意"的；其次，建筑师要做的不是舍弃"诗意"，而是辨析哪些是不适合的"诗意"，避免把一些不适合的"诗意"强加给使用者。

王骏阳：刚才讨论的话题很有意思。"诗意"这个词，不同的人会有不同的理解，跳广场舞的大妈、卖煎饼的大爷，他们肯定也有自己生活的诗意。

今天听了李兴钢的讲座，我对他一直谈论的"胜景"应该说有了一个正解，也就是他自己定义的"建筑与'自然'达到高度交互的状态被人所体验、感知，产生一种具有诗意的情境"。

在我看来，这个定义似乎还缺了一个方面的内容。"感知"应该是多方面的，但我觉得在李兴钢的设计和思考中，这种感知更多的是强烈的视觉，即一种可以称之为"胜景"的视觉图像。如果有什么点评或者更准确地说是一种疑虑的话，那么就是，对于建筑师来说，在"视觉"化的"胜景"之外，"诗意"还可能意味着什么？

方子语：我认为"诗意"这个词本身就带有风险。我理解的李兴钢的"诗意"是"触动人"，通过视觉的感知来刺激内心的感受，但不是每个人都能被触动。

就像我在大院胡同，看到日常的都算不上美的风景，却依然被感动；在绩溪博物馆却沉溺拍照而无心体验；当时跟李兴钢聊到天津大学新校区体育馆，他说他想通过结构营造诗意，但我身临其中直觉感受到的还是"结构"本身而非"诗意"。

庄慎：李兴钢的"胜景几何"，我在看他的书的时候，并没有理解得那么直接，昨晚听了他"佛光寺"的讲座，我大致有了一个感觉：我觉得李兴钢的"胜景"和"诗意"，更多的是倾向"崇高"的美学的。

但他同时会构建多样性，去适合他工作的多样性，所以我觉得他在设计过程中会不断地用不同的设计语言去表述。包括天津大学新校区体育馆，也能看到他尝试通过结构去达到这种"诗意"。

李兴钢：就像方子语说的，我觉得表述本身就存在风险，建筑还是需要通过体验去判断。

另外，"胜景"是一个很容易被理解成视觉呈现的词，我并不否认在我的设计中对"视觉"的着力，但"视觉"引导最终是为了指向"感知"，必须先"开门见山"，才能"会心不远"。

我追求的诗意，根据不同的项目，有时候是有纪念性的、崇高感的诗意，但我更愿意追求"日常的诗意"。比如大院胡同 28 号改造，我构想了：妈妈在厨房做饭，透过玻璃窗看到小孩在庭园玩耍，背景是天地、树石……这样自然和生活交织的场景带来的心底乐趣，我认为就是一种"日常的诗意"。

此外，我不认为普通人没有对"诗意"的追求和捕捉能力，我也设想了大院胡同 28 号院子里大爷带着孙子，拾级而上到公区二层平台登高远眺夕阳旧城，在这样的情境下，他会全然没有感触？我觉得不一定。

观众 2：我是学规划设计的，现在在父母的施工企业。我在工作的过程中，感受到设计和施工的脱节，施工不是"营造"，而是"实施"。所以想请教，作为施工企业，我们如何才能参与到"城市营造"中；同时，您如何看待设计和施工将来的配合趋势？

李兴钢：我很理解你从学习规划设计转到施工建造工作，感受上的差异和迷茫。

中国现在确实面临设计和施工脱节，导致建造质量不高等各种问题，我们在这方面跟日本、欧美还存在不少差距，这跟我们的建设速度、行业生态，还有整个建设体制都有关。

但无论做设计还是搞施工，我们都可以基于自己的工作有所提升，比如说，建筑师可以更好地去了解施工、建造本身的内在逻辑、流程等，才更有可能产生合理的、可落地的好设计。

而施工者，可以努力提升自己对设计的理解和执行力，然后把设计者的思想转化成物质实体；但同时我觉得，施工也具有参与创作的可能性；就我个人来说，我很愿意去工地和技术人员、施工人员交流，因为他们有很多一线的实践经验，比如：怎样做或按怎样的流程做，才是更合理和事半功倍的；材料如何选择会有更好的实际效果；怎样的方式可以合理节约造价……在这方面，施工可以发挥他的创造性并与设计合作。

《园冶》里说："世之兴造，七分主人，三分匠人。"这里的"主人"，是"能主之人"，也可以理解成"设计者"，"匠人"当然是指"匠作之人"或"建造者"。这句话已包含了"设计和施工密切合作，才能达到理想建筑状态"的思想。现在有些设计机构逐渐尝试的EPC，其实也是一种改善我们的建设机制和体制的可能性尝试。

之二

2019 年 8 月 19 日，北京，李兴钢建筑工作室。

庄慎：我们两个都属于一直在国内工作的，我是 1997 年开始参加工作，90 年代那会儿开始，国家的建设量大得惊人，年轻建筑师几乎是被抛进那个时代，我们算是被大量项目砸出来的建筑师。

李兴钢：对，我们的这种成长方式跟国外建筑师完全不一样。刚毕业参加工作的时候，会发现学校里学的东西基本都"失效"了，面对真实的项目、甲方，感到我们做的这些都太"学生气"了，一开始真的很受挫。因此开始在设计院工作的时候，那种职业化的工作方式我还是很认可的，但是对于设计的方式和结果，我觉得好像还不能仅仅这样，需要再思考。所以毕业后相当于从头学习和再思考，一边学，一边想，一边做。

庄慎：嗯。我是觉得面对实践机会认知与方法的准备非常重要。我国的城市化现象是独特的。我一直在想，在我们碰到的问题当中，有没有通识的方法或者通识的认知？

李兴钢：另外一个方面，就是做设计本身的东西，那些本能的、具体的手法，这也是不可缺少的。不论现在有什么样的新认知和方向，原来那些本能的东西，包括受教育时候受到的强烈影响，都会变成你血液的一部分，一定会起作用的。

庄慎：一定会是这样的。

李兴钢：你们的工作案例里，我特别喜欢千岛湖码头小镇（图 8-12）那个项目。第一眼看到这个房子，会觉得有一种感动、有一种诗意。而且我觉得就是刚才说到的那个东西在起作用，你骨子里内在的东西。

8-12

图 8-12. 阿科米星建筑设计事务所，千岛湖安龙森林公园东部码头小镇（方案）

这个项目很有意思，下面的房子看似永久反而是允许改变的、临时的，而上面的木构平台看似很临时，它却是不可改变的。这具有某种思辨性，比如说临时和永久、改变和不变、日常和仪式感的那种对应，这里面还隐藏着生活和诗意。如果情况是在改造项目中，你在上面做新的介入，那是相对顺理成章的，因为它已经有一个前提，你可以借力、跟它对话，但是这个设计是个新建，实际上是自己制造了一个基础，然后再做一个介入。

庄慎：这个项目设计由几个因素决定。一是来自传统形式逻辑的手法，轻质的木构依附在大的实体上面。第二，跟商业使用、消费逻辑有关，这是一组商业建筑，交付后一定会面临更换门面，挂上招牌，不可能去控制这件事情，所以把不大会被改变的木平台设计为控制性的突出要素，是我们的一个策略。

李兴钢：这样反而更有中国的特色。这个和家琨的西村大院有点像。这也让我想起，2016 年我在南京做的"瞬时桃花源"，当时的设计也探讨了瞬时和永恒，那个瞬时的东西体现出来的思考和诗意可能是很多年大家都在追求的"永恒"。类似的思辨，实际上是内心的一种"你的感受"在起作用。

庄慎：也可以说，形式背后是有通识的意义并可传达的。

李兴钢：包括你对城市里那种临时性搭建的领悟，肯定是受到感动，觉得内心有一种共鸣，你才会捕捉到它，甚至把这个变成你选择实践方向的某种策略和切入点。这种临时性所透露出来的深层次的生活诗意，我觉得在你这里是一直存在的。

庄慎：你说到了建筑的一个重要的层面。如果说从使用建造的有效性方面去看城市的日常生活，那是一种冷静无温度的视角的话，那么你说的这个层面使它变得更有温度。

形成千岛湖那个设计的第三方面，就是跟改造里"调整"的方式有关系。我们故意把这个新建看成是一个改造过程。我们经过千岛湖，观察到当地人都愿意到屋外吃饭看风景，这个使用习惯是对房屋空间的一种调整使用，所以木平台的作用除了形式控制，还可以看作是一种使用改造与调整。

李兴钢：所以，这个项目它又实现了一种普适性，它也完全可以转化成另外一个设计。

庄慎：是的，这种工作中可能产生的普适性是一个工作动力：在日常工作里有机会去做一点跟促进建筑学科有关系的事情。

李兴钢：对，"普适性"这个词挺好的，它跟社会性有关系。如果说一个人的作品具有某种普适性的力量的话，这种所谓达到社会性的建筑师我是非常认同的，他是靠专业的思考和实践去达到，不是附加到一种社会性。

关于普适性我有两个层面的理解。一种是我们通常所说的，以个性的力量达到一种对社会的更广泛的影响。这点是需要追求的，不管是独立事务所也好，还是大院的建筑师也好，因为你动用很多社会资源，你有这种社会责任，我觉得这是应该的。第二个层面的普适性就是从专业的角度来讲，涵盖不同建筑类型，只要是各种城市现象或人们的各种生活空间，你的思考和实践都需要能够去适应，去覆盖它们。不管是理论研究还是设计实践，都需要去追求的，比如说我自己，我选择项目的原则是我跟甲方能不能达成某种关键性的共识，但是对项目的类型我是不挑的。

如果说你的思想真正有价值、有力量的话，我相信它应该是能够获得这种普适性，而只有这种普适性才会对这个行业、这个专业，甚至对这个社会，有更大的影响。

庄慎：这方面在实际工作中往往会碰到不少需要克服的限制，独立事务所力量微小，有它的问题。"大院"下的工作室这方面的条件是否更强一些？

李兴钢：这要看从哪个方面说。一方面，设计院有很强大的生产和商业特性，但是在某些局部、特殊的情况下，又可以对此进行适当的抵抗甚至"批判"。另一方面，也还是得要警惕建筑的社会性被过度和片面强调。这里存在两个层面的事情，一个层面是建筑设计本身，它有属于上层建筑、形而上的社会责任，需要表达自身的一种立场；另一层面它同时又是一个服务性的行业，确实是需要资本支持，会由经济基础决定的，这两个方面和两个层面都需要达到一定的平衡才是合适的。之前我们谈到"自然"这个词，我对它的另一种理解是"自然而然"，这更接近中国人对"自然"这个含义的说法。自然而然地去做这件事情，然后批判性有了，社会性也有了，同时它的社会性和批判性是通过建筑自身的专业性来呈现的，我觉得这样的一种状态是最好的。

庄慎：我们的工作内容与方式可能有点区别，相比于大机构的重大项目，我们的项目更日常性；相比于大机构完整的内部组织生态，我们的对外合作更多样。这两者我觉得挺有意思的，像大石块之间会有小细缝，我们小沙子就会灌进去。

李兴钢：我们是有这样一种做大项目的机会，但也有限制，因为你想抵抗，想批判，想不做成常见的设计院的那种设计，那你就可能会面临失败、碰壁，所以其实这么多年来，我的大项目作品还是寥寥无几。

庄慎：你是说没做到你理想状态的作品？

李兴钢：是的啊。我选择做的大项目竞赛并不多，有好几个很可惜都是接近到要拿下而最后输掉了。我其实知道对方想要什么，但就是不能轻易妥协，可是越到最后越有可能需要你的妥协。比如说国学中心，这个项目的地位、重要性，对上对下的潜移默化的影响和示范，都是那些小项目所不能比的。但非常遗憾，可以说我想做的全都没做成，像绩溪博物馆、天津大学新校区体育馆什么的，都算是属于你说的缝隙里的小流沙。

庄慎：但是这些我觉得已经非常好了，很难得，个性非常强烈，而且通过阅读你的著作，了解到你对于这方面的连续性思考非常强。

李兴钢：我觉得这个也算是作为"大院"建筑师的一种责任吧。

庄慎："责任"的说法令人兴奋。我觉得我们会有某种一致性的追求，对学科的或者是一些对于现实问题的解决。

李兴钢：现在确实是这种生态越来越好，越来越多的人会认同这一点。

庄慎："大院"、独立事务所，实际上只是在不同的工作条件下工作，面临的很多问题是共通的。

虽然有很多问题，但也不是说这全是坏事，好处是我们迎接了那么多项目，我们很多的感性经验、肌肉经验，远远多过我们能够讲述出来的，这其中很多时候是现实的智慧非常多，虽然可能还不能严密整合后形成理论，系统地分享出来。

李兴钢：从横向的比较来讲，我们跟外来者或者海归者，对中国现实的理解和适应，实际上是不一样的。这也是一件好事，如果不是这样的话，从外边带着工具和手段甚至思想进来的时候，反而会跟中国现实在不同的层面上有隔膜，会有一种总是碰不到"实质"的感觉。这种感觉会从很多非常具体的地方呈现出来。

庄慎：其实我觉得中国未来的一些学科的进步，也还是需要用时间砸出来的。

李兴钢：对，硬核的实践非常重要。我们现在的问题是碰到的挑战太大了，很多既有的思想和实践其实是失效的。

庄慎：我记得你刚才也说过有个失效的时间段，是刚毕业的时候，到现在也还是失效的。这个问题我觉得也正是工作的动力。

李兴钢：当然这是另一个层次上的"失效"了。所以我感觉你们抓住的这个方向和切入点很有现实意义，很"有效"。你把失效的东西通过一种你们对使用的关注、对改变的关注，对临时性和永久性的这种思辨，把那个"效"再找回来。

庄慎：我看你特别喜欢中国传统文化，你的办公室、书房有很多这方面的书籍。

李兴钢：我的确对历史感兴趣，因为我觉得历史和传统里面有很多好的东西，但是现在它被隐藏起来了，被忽视，或者被误读。这些东西你往大的说，其实就是解决人的问题，解决人的生存问题，也就是说解决跟建筑有关系的所有那些事情，它是一个非常"有效"的系统。我们现在所碰到的很多问题，其实以前人家都碰到过，并且解决了。

记得有次在天津大学开会，我回答刘东洋老师的提问，我说我对历史的兴趣不是纯粹历史学科里面的那些东西，我还是在用当代的眼光，用一个当代建筑师的眼光去看历史上发生的那些事情，当时的建筑师他们怎么造房子，怎么建设城市，怎么在"当时的当代"社会各方面背景和需求条件下，去应对施工、设计、造价、做法、空间、结构、形式的问题，当然他们的工作肯定会受制于"当时的当代"。"现在的当代"肯定有很多条件改变了，但是肯定也会有很多东西是不变的。我越来越觉得它既有超越时代的地方，也有超越地域的地方，甚至有超越文化的地方。我们可以把自己现在的所思所想所作所为，也看成是一种"未来的历史"。

庄慎：其实我俩都面对一个"有没有效"的问题。

李兴钢：这是一种现实，每个人的所思所想、所作所为，只能是一个局部。我可能就是从自己的角度让这个工作变得稍微有效一些，比如说对人工和自然关系的这种思考，我觉得它是我们当代的城市建筑环境失效的其中的一个关键原因。那么你这个就是另外的一种角度。打个比方说一个人病了，那么我那个药方可能比较像中药，你这个可能会是一种更切中要害的、要救命的方向。凡是从这样一个基本的角度去思考，它都可能会对建筑学本体的改变是有影响的。我知道你一直对建筑中新的科技手段很关注，这个是不是也是你要应对、改变"失效"的一种方法呢？

庄慎：技术发展改变空间这件事情，我感觉必然会发生，由上而下，不以我们个人意志为转移。我觉得建筑师有责任去关注，因为他也是空间组织者，也是整个建造系统的一分子。你了解它，也许能够促成一些更好的使用。

我们对技术的关注，也是从建筑怎么构成开始思考的，跟很多人关注结构构造技术不同，我更关注未来的设备或者相关的这类科技技术。我们将空间看成是既有的中性空间，它可以一遍遍地改变，是在时间过程中看这件事情的。在这个过程当中结构变得不重要，而空间既有的物质性变得重要，这个物质性就包含了既存现实，这是一个相对性的看法。所以就不会去关注结构、构造这些事情。

现代的建筑创造一个自身的物理环境，设备起了关键的作用，这其实也是建筑师们一直关注的，建筑师里比较有代表性的像福斯特，处理建造体系和设备体系完全是一体的，只不过是中国建筑师讨论的并不是特别多。我们传统的教育里面对这块的涉及也只是比较基础的。而且因为设备系统本身改变得就不显著，自从工业化时代之后，基本上定性，无非是性能的不断提高而已，所以也不太被关注。我们关注它是觉得人造空间里面不仅空间是重要的，物理环境、声光电都是重要的，所以我的直觉是，建筑设备这件事情一百多年也没有显著改变过，未来如果建筑有什么新的突破或者改变，在这一块是否是有突破？因为技术总是组合变化的，并不一定说是整个系统没有了，可能其他的技术会以新的方式介入我们的系统里来产生一些变化。

我并不是一个技术进化论者。从更深层次的提问来说，未来这些被推动、身不由己的变化，究竟对我们好还是不好？大家都不知道。但是要知道好不好，你就得先去研究它的基本原理，所以这个我觉得是一个推动。其实我认为我们事务所更偏重于建筑的使用端，我们关心人，因为你研究使用必然是要去理解人怎么用，面对一些变化，最核心的当然还是人。

李兴钢：是的，而且"使用"这个词是可以有很多扩展含义的，最终可能所有那些不同的思考本质上都可以归结为"使用"。这个其实就涉及我们共同感兴趣的问题，包括鲁安东老师不断提及的"中介"问题。从我这个角度来讲，建筑和自然交互实际上是为了人和自然交互，建筑变成了一种人与自然之间的"中介"；比如说我关注的传统中，它以前当然是有很多自己独特的中介手段，而到了当代，这种中介手段必然会发生变化，那么很大的变化原因就是当代的技术条件和手段不一样了。

庄慎：传统的空间观念是很重视中介的。我们在做嘉定博物馆方案时就用过这种方法。这块基地在城市很热闹的一条马路边上，背后就是上海名园之一秋霞圃。当时的一个最有意思的方案是考虑在马路上如何能无障碍地看到、感知到园林。成果就是这样做的，因为做到了这个关系，于是建筑也就成了一个中介。

8-13

图 8-13. 阿科米星建筑设计事务所，阿那亚金山岭艺术中心（方案）

李兴钢：阿那亚金山岭接待中心（图 8-13）也是这样吗？

庄慎：是的，对于风景，就是这么操作的，建筑风景被建筑局部"切碎"的同时有串联感，反而激发人的整体性联想。

李兴钢：也就是说，有的手段会变，而有的手段不会变，这跟"使用"空间所在的环境和人的需求不同密切相关。

庄慎：其实这是一个非常独特的中国式的思维方式，众多因素如何能够形成一个很好的关系，建筑在成就这样的关系当中生成。这种方式需要对各种关系足够敏感，抓住最主要的矛盾去统帅解决其他矛盾，需要发散性的思维，需要有整体的意识。

鲁安东

身·临·其·境:
对李兴钢的"胜景"设计思想的再思 [28]

李兴钢的设计实践有着异乎寻常的广度,涉及范围从临时装置到奥运场馆。我们无法简单地用建筑类型或设计语言来界定他的作品——他关注的是物还是景?是传统还是当代?是此时此地的现场真实还是乌托邦式的理想世界?抑或兼而有之?类似的二元性贯穿于他的设计作品当中,却又在每个作品里建立起独特的平衡。这种平衡的建立来自一种特殊的设计过程。有别于大多数建筑设计者,李兴钢的设计方法并非基于分析性的或是技术性的操作方法,而是源于一种观法以及随后展开的设计转译。"观"是这一过程发端的起点,陌生的场地经由观法转化为一种"有我"的理想图景。这些理想图景在速写的绘制中浮现、成形,并潜藏在建成作品背后,成为一种对读者共鸣的低声呼唤——在冷峻的几何形式下隐藏着作者(建筑师)的空间体验,而对这种经验的识别和重现则依赖于读者(使用者)的文化共鸣(图 8-14)。正因如此,李兴钢的设计作品同时呈现出强烈的物质感和介质感,

8-14

图 8-14. 绩溪博物馆,安徽黄山

28. 本文原发表于 [J]. 时代建筑 , 2020, No. 174(04): 36-41.

这使它们有别于之前对中国传统空间体验当代化的设计实践。本文将针对这种介质感进行探讨，并在历史语境中理解其当代性。

一、从景到胜景

在李兴钢的设计思想中，胜景是一个颇难理解的关键概念。李兴钢自己将其表述为"与自然紧密相关的空间诗性，是被人工界面不断诱导而呈现于人的深远之景。"[29] 他的相关作品常常围绕着对某个高潮点进行诱导和呈现，在时空体验中逐步酝酿出一个带有升华意味的景。在速写集《行者图语》中用速写的形式所捕捉和描绘的图景，需要被视作是特定时空配置下的高潮点（图 8-15）。以 2015 年在南京花露岗的装置作品"瞬时桃花源"为例，在初次踏勘现场的途中，穿过拆迁街巷的残垣断壁，抵达一处被废弃的高台，于曲折抑郁的历程后乍现的开阔荒芜之景被记录在速写本上（图 8-16）。这样的图景既对应着一个特定地点的眼前所见，也包含着在抵达这个地点的过程中的

图 8-15.《行者图语》中的"山如佛光"速写，山西忻州

图 8-16. 花露岗场地速写，江苏南京

---

29. 李兴钢. 胜景几何 [J]. 城市环境设计, 2014, No. 079(01):23.

时空准备，因而带有了对于当代城市现实的逃离以及在城市中突然遭遇自然的惊奇。自然生生不息的恒久与城市的快速变迁之间的张力共同构成了这一胜景。这样的"有我"的理想图景既是设计过程的起点，也是设计试图创造的终点。

胜景是否是一种特殊类型的景？在对胜景的概念进一步辨析之前，我们需要将它放在中国现当代建筑对传统园林的认知脉络中来看。尽管在古代的文论和画论中对景有大量阐述，但是在建筑学领域里，景的概念与空间的概念密不可分。1956 年 10 月，刘敦桢在学术讨论会上提出园林布局是"一个极其复杂的空间组合工作"[30]，将园林研究的关注点放在空间上。陈麦在论文《苏州庭园的艺术意匠》（1957 年）的"视线与空间"一节写道："在中国的古代庭园中早已被注意到，重视'借景'，强调门窗道路的主要朝向和景物联系，因此，即使没有门樘、漏窗可资框格探望外景，也能抓住游人的注意力（即视线），促使他们遵循走廊道路渐进，条理井然，渐入佳境，给人有力的感染。"[31]陈麦的表述具有一定的代表性，即认为游线和视线共同完成了对景的空间构建，景成为空间经验对应的目标物（景物）。潘谷西在 1963 年发表的《苏州园林的观赏点和观赏路线》一文中则更加明确地提出"园林风景……是随着人们流动而展开的连续空间构图"，[32]

30. 刘敦桢. 苏州的园林 [J]. 城市建设,1957 年第 4 期 :7-9；1957 年第 5 期 :17-20.（1956 年 10 月南京工学院学术讨论会论文摘要）
31. 陈麦. 苏州庭园的艺术意匠 [J]. 文物参考资料 6, 1957: 46-51.
32. 潘谷西. 苏州园林的观赏点和观赏路线 [J]. 建筑学报,1963.6: 14-18.

并且用观赏点和观赏路线的处理来归纳园林的设计手法。彭一刚同样发表于 1963 年的《庭园建筑艺术处理手法分析》中给出了一系列空间处理手法，包括 4 种空间对比手法和 6 种空间渗透手法。[33] 在 1950 年代末至 1960 年代初，通过对传统园林的分析，建筑学界已明确建立了空间对视觉体验的塑造关系并将其输出为指导设计实践的手法。同时，对园林艺术和设计手法的分析重点也被放在了对于"看"这一行为的空间配置上，并通过图解来支撑其设计转化。景的概念有助于证实看的行为，从而使得空间构图得以被视作是传统园林背后的深层原理，并能够转化应用于当代建筑设计。

尽管李兴钢也提到了空间诗性，但在他对胜景的设计过程中，空间并不像在前辈学人那里具有结构性的"组合"作用。相反，李兴钢对胜景的设计更像是一种对场地可能性的揭示、提升而非构建（图 8-17）。在中国现代建筑中，对"景"这一概念的再发明是以"运动着的看"为前提的，而将景和看二者统一起来的是现代主义的"时空连续体"概念。[34] 胜景则是一种带有文化质询的景，它预设的不再是现代主义者们追求的运动感知体验，而是指向了超越此时此地的文化共鸣。前者是观察者—接受式的，即将重点放在固化在空间关系之中的经验，例如柯布西耶的"建筑漫步"；

8-17

图 8-17. 瞬时桃花源的，台阁怀古，江苏南京

33. 彭一刚. 庭园建筑艺术处理手法分析 [J]. 建筑学报,1963.3:15-18.
34. 鲁安东. 迷失翻译间：现代话语中的中国园林,建筑研究 01：词语、建筑物、图 [M], 北京：中国建筑工业出版社，2011: 47-80.

而后者则是行动者—参与式的，是一种对文化共同体的主动参与和沉浸，例如登临岳阳楼时，此时此地的景象支持着观者与古人的文化共鸣，这种共鸣实现了对此时此地的超越，使景成了胜景。

二、境：构造理想世界

李兴钢对园林空间的认识体现了 1980-90 年代园林的意境理论浪潮对建筑学带来的变化。美学家宗白华将意境作为一个普遍性的美学概念，并且将园林作为这种美学的一个独特实例。[35] 在 1980-90 年代，受到意境美学热潮的影响，[36,37] 在建筑理论中兴起了一种以意境为核心的美学视角，"意境"被广泛认为是中国园林的关键特征和设计目标。[38,39,40] 这种认识带来的一个重要变化是从偏重运动知觉的**感知在场**转向一种更加主体化的**身心在场**，同时重新凸显了诸多被忽视的非物质因素在园林体验中的作用。不少园林学者承袭宗白华的观点，将意境视作自然情感与物象现实的交融（情景交融）。而美学家叶朗则认为，意境高于情景交融，"中国园林建筑的意境，就在于它可以使游览者'胸罗宇宙，思接千古'，从有限的时间空间进入无限的时间空间，从而引发一种带有哲理性的人生感、历史感。"[41] 也就是说，意境中包含着超越现场的所见所感而获得对于整个人生的某种体验和感受。

35. 宗白华，美学散步 [M]，上海：上海人民出版社，1981.
36. 李泽厚，美的历程 [M]，北京：文物出版社，1981.
37. 叶朗，中国美术史大纲 [M]，上海：上海人民出版社，1985：441-444.
38. 金学智，中国园林美学 [M]，南京：江苏文艺出版社，1990.
39. 张家骥，中国造园论 [M]，哈尔滨：黑龙江人民出版社，1991.
40. 周维权，中国古典园林史（第二版）[M]，北京：清华大学出版社，1999.
41. 同 36.

意境因此包含着对此时此地的升华，也包含着带有普遍性的理想性（因而不只是个人的）。

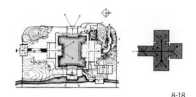

8-18

图 8-18. 彭一刚《中国古典园林分析》插图

区别"景"与"境"的一个值得注意之处在于地点性。从潘谷西《苏州园林的观赏点和观赏路线》到彭一刚的《中国古典园林分析》，建筑物所标识出的是观赏点，而"景"则发生在观赏点之外，观赏点既是"看"这一特定行为的空间发生点，也是运动过程（观赏路线）中的转折点（图 8-18）。而"境"则恰恰相反，它意指一种由置身于其中的人构建出的向心领域。我们可以援引俄罗斯导演谢尔盖·爱森斯坦在《蒙太奇与建筑》一文中对现代和传统的区分来进行辨析："今天的情形可能是人的意识沿着路径穿过诸多在时间空间上分离的景象，并通过某个特定序列将其整合为一个有意义的概念……而在过去，情况恰恰相反，观者在系列精心布置的景象之间移动，并通过他的视觉被顺序地吸入其中。"[42] 传统空间体验的关键词是"被吸入"，而现代空间体验的特征则是连续运动。正是在时空连续互动的认知基础上，我们才得以将世界理解为一个漫游的空间。[43] 在"景"的理论框架下，建筑容纳的是看向彼处的视点，而在"意境"的理论框架下，建筑容纳的是吸纳主体意识的此处。"景"是外向的，而"境"是内向的；景容纳着人对世界的扩张欲，而

42.Eisenstein, Sergei. 1937. Montage and Architecture. Assemblage. 10, 1989. pp.110-131.
43.Andong Lu. Narrative Space. doctoral dissertation, University of Cambridge, 2009. p.95

图 8-19. 瞬时桃花源，台阁，江苏南京

图 8-20. 瞬时桃花源，台阁内远望，江苏南京

境则是对自我世界的回归。

以"瞬时桃花源"为例，尽管设计的起点凝结在一幅关于远景的草图之中，但建成的作品，立于废弃高台上由脚手架和遮阳布组装成的临时楼阁，则更像是对废弃台基的重新定义，使其成了一种被看之物。脚手架、遮阳布塑造了楼阁的抽象轮廓与废弃的气氛，又与更大的场地氛围产生了共鸣（图 8-19）。此时，这个建筑更像是整个世外桃源般的场地的中心，它的"远"既是现场的空间尺度，更是在精神上对城市喧嚣的远离。草图所绘的远景（看向别处）是如何转化为对现场氛围的塑造的？草图绘制的真的是眼前所见的视觉景象吗？在草图捕捉的场景和设计最终塑造的意境之间存在着某种不可画的认识（图 8-20），例如空间上的荒凉、时间上的久远。在这个设计中，正如在李兴钢的很多作品中，都有着一种超现实般的感受，仿佛进入了一种理想性的幻境。这种感受来自一种对于此处当下的重新认识，意识到自己正置身于某种理想世界的中心。这恰恰是传统园林的核心体验，例如拙政园的"梧竹幽居"、网师园的"月到风来"，都是关于理想化的此处的，"居""到""来"都暗示着第一人称视角（我在境中）。这些意境无法被纳入一个观赏点和观赏路线的空间分析框架之下。穿过这些建筑的运动不是一次沿着特定空间轨迹的漫游，而是一组被反复吸入不同理想世界的过程，每一次被吸入都构成了一次沉浸式体验，同时也是对漫游体验的

打断。

在园林中，建筑与文字共同完成了对于此处的重新定义。而在李兴钢最具诗意的一些设计中，建造依然是重新定义此处的主导手段。在瞬时桃花源、绩溪博物馆和元上都遗址工作站中，形式上的似曾相识，材料上的强烈对比，使得它们有别于常规的文脉主义设计，它们并不旨在完全融入，而是在貌似融入的背后凸显了对场地的超越。在元上都项目中，小而纯粹的清水混凝土（由膜结构包覆）蒙古包群在抵抗着浩瀚的自然（图 8-21），而在绩溪博物馆项目中，超尺度的庭院本身与周边的小尺度民居有着显著的对比。这种对比使得意境从空间的束缚中解放出来，引导人感受其中包含的理想性（图 8-22）。

图 8-21. 元上都遗址工作站，内蒙古正蓝旗

图 8-22. 绩溪博物馆，庭院与周边民居，安徽黄山

三、身：身心交互的空间体验模型

从景到境不只是一种空间构成的范式转变，也不只是从组织空间关系到构建现场氛围的设计手法转变，它们包含着完全不同的空间体验模型。景预设的是一个漫游与观看的合成，它最广为人知的表达是"步移景异"。在这样一种视觉主导的空间体验背后的核心机制是现代性带来的运动与时间的意识。而境的体验则是一种现场的身体感受与主体的文化想象的共鸣，我们可以称之为"身心交互"：一方面是更加丰富细腻的身体性，特别是视觉之外的听觉、触觉、嗅觉都加强了此处的在场感；另一方面是被各种物质的和非物质的线索激发和引导的主体，无论是通过文字还是

图 8-23. 天津大学新校区综合体育馆，天津

建筑元素。在境的创造过程中，身和心是两个需要被同时关照的层面，它们共同作用产生了沉浸感。

沉浸感是近年来文学、艺术和游戏理论中的热词，用来表达体验者暂时忘记自身身体的体验状态。[44,45] 沉浸感是一种独特的美学体验、一种深度的参与。它不仅是当代媒介（例如虚拟现实和网络游戏）的追求，同样也是传统艺术形式（例如戏剧、音乐、电影和文学）的追求。在这些艺术中，沉浸感令体验者的心灵传送到媒介描绘的或者主体想象的世界中，并让他们暂时中止空间上和心理上的批判距离。沉浸体验提醒我们，心灵并不总是被束缚在身体所在（例如观赏点—观赏路线模型所预设的），而是可以在时间或者空间上延展开去，这种延展同样构成了此处的空间经验的一部分（图 8-23）。艺术理论家 Joseph Nechvatal 认为沉浸包含着两个相反的心理空间过程，"茧居的"（cocooning）和"延伸的"（expanding），从而将我们从身体的束缚中释放出来，进入一个延展的场所性。[46] 例如在李白的《登金陵凤凰台》一诗中，"吴宫花草埋幽径"和"长安不见使人愁"两句分别拓展了现场体验的历史时间维度和地理空间维度，但它们仍然是现场体验的一部分，也是"怀古"这一特殊空间经验类型的实质内涵。

图 8-24. 瞬时桃花源，树亭，江苏南京

44.Douglas, J. Yellowlees, & Andrew Hargadon. 2001. The pleasure of immersion and engagement: schemas, scripts and the fifth business. Digital Creativity. 12(3). pp.153-166.
45.Ryan, Marie-Laure. 2001. Narrative as virtual reality: immersion and interactivity in literature and electronic media. Johns Hopkins University Press.
46.Nechvatal, Joseph. 1997. Immersive implications. In: Roy Ascott. ed. Consciousness reframed: conference proceedings. Newport: CAiiA/University of Wales College.

在这一空间体验模型下，诸多意境彼此无关，它们更多地关于存在的诗学，而非彼此之间的关系。它们有着各自的身心交互的语义学，例如在"瞬时桃花源"项目中，作为观景处的树亭，坐在亭中看西向的落日，微风徐来，枝叶摇曳，落影斑斓，意境与台阁迥异（图8-24）。这一模型意味着一种整体与局部的新构成关系（或许也是更接近传统空间的关系）。以乐高系列与上海博物馆东馆为例。"乐高2号"是2008年德累斯顿"活的中国园林：从幻象到现实"展览的参展作品，以明代《素园石谱》中的"永州石"图为蓝本，用乐高搭建而成。尽管是在模仿太湖石，但在造物的过程中，空间的进驻是一种本能，一个一个可以栖居的微小世界与整体的形式无关（图8-25、图8-26）。这种构成无法用平面图或者剖面图进行表达，而更适合用传统园林常见的图册的形式或者带有大量栖居片段的山水图轴。在上海博物馆东馆方案中，"峰石"和"园庭"在体量与空间上叠置错落，而观众行、望、游、观于其间，同样采用了这一整体与片段的构成（图8-27）。在这样一种构成中，容纳身心沉浸的片段与壮丽的整体之间并非组合的关系，整体更像是对诸多片段的凝聚与升华，因而成为一种胜景。李兴钢大学时代手绘的两幅蓬莱阁总立面测绘图长卷可视为这一观念的早期发端（图8-28、图8-29）。

8-25

8-26

图 8-25.《素园石谱》中的"永州石"
图 8-26. 乐高 2 号

8-27

图 8-27. 上海博物馆东馆模型（竞赛方案），上海

四、临：个体的时间及其叙事性

从 1960 年代的"景"到 1980 年代的"境"到更

图 8-28、8-29. 蓬莱阁建筑群立面测绘图，李兴钢大学时代的测绘作业

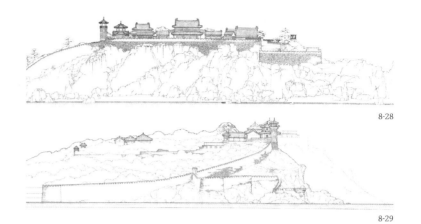

8-28

8-29

加当代化的身体与心智的交互，园林体验的空间思想有了很大发展。与此同时，在时间层面同样有着概念的细腻变化。正如李兴钢特别关注的，过程的积蓄和抵达的时刻共同构成了对胜景的叙事。这是一种带有朝圣性质的过程，更类似传统名山的登临体验，整个过程是带有心理预期的，伴随着期待、悬念、逐渐的接近，从而使得最终到达成为一种对全过程的解答与满足（图 8-30）。这有别于"空间组合"的范式中将时间等同于路径的作用的观点。尽管在 1950 年代已经使用起承转合来描述园林的空间体验，但在实际的分析中，起承转合指涉的叙事化的时间性并没有反映在分析和设计中，时间被当作了空间关系的附属。

而在传统的园林空间中则恰恰相反，由于空间由沉浸的片段构成，相互之间没有那么强的构成关系，反过来时间成为在片段之间建立联系的主要因素。起承转合因而成为对传统空间关系最准确的描述，它的核心是一种个人化的、带有叙事性的时间。正如心理学家 Donald Polkinghorne 定义的，"叙事是一种帮助人类对他们的时间体验和个人行动赋予意义的机制"。 ⁴⁷ 基

8-30

图 8-30. 大院胡同 28 号院改造，北京

于这种叙事的时间结构，空间中的人作为能动者激活了空间——他们追求意义，在对意义的追求下行动，并且他们的行动构建了个体意义。起承转合共同构成了一种包含结构性的关系，这种结构性的关系很容易转化为空间结构。[48] 从这一角度理解，传统的空间是一种时间整体而非空间整体，这也是为什么园林的图绘中边界常常是不重要的，甚至被刻意地模糊，而在主要情境之间的叙事联系则是主导性的（例如园记）。

　　"起承转合"的四段过程暗示着一种通向统一提升的线性运动，但在造园活动中，叙事的时间性包含着另一种效果，即相遇的瞬间性。"相遇"是一种被赋予意义的瞬间，带有一种惊奇，充满了机会和可能性，因此有别于起承转合的相互关联和整体性。相遇包含的是一个片段化的时间性，因为此处的发生而具有了特殊意义的时间。从某种意义上，正如空间中的整体包容着沉浸式的片段，时间的整体同样包容着大量无关的相遇片段。这样一种片段化的时间在园林中同样是重要的，例如漏窗或者转角的天井，它们回应着偶然发生的一瞥。在观赏点—观赏路线的空间原型下，正式的视觉被凸显，而忽视了这类小的时空碎片带来的非正式视觉的生动体验。

五、其：文化共同体的建筑介质

　　对时空的种种设计是对胜景的经营，然而胜景终究有它自身的内涵。中国传统空间的意境，就在于它

47.Polkinghorne, Donald. 1988. arrative knowing and the human sciences. State of New York University Press.
48. 王路. 起承转合——试论山林佛寺的结构章法 [J]. 建筑师,1988.29:131-141.

8-31

图 8-31. 元上都遗址博物馆，内蒙古正蓝旗

可以使人'胸罗宇宙，思接千古'，包含着对此在的空间超越和对当下的时间超越。它所要营造的是一种文化的胜景，在李兴钢的设计实践中可以更具体化为"理想化的自然"，这种"理想化"的空间文化信息则通过精心的文字（例如传统园林中的题名楹联）或者空间、感知形式（例如空间对比、渗透的手法，起承转合的叙事空间结构，整体与片段的互文关系等等）传达给具有文化共鸣能力的游览者。

而这个胜景本身也并非终极目标。正如前文列举的岳阳楼案例，登楼所要抵达的是一个带有文化意义的胜景，而这胜景也只是介质，它连接起观者与一篇名作所蕴含的文化经验高峰，帮我们建立起跨越时空的文化共鸣（"意与古会"）（图 8-31）。在中国古代的胜景中，一次次对景的文化体验被反复书写，一代代观者借由对景的身临其境的感受与古人神会，"胜景"是一种人和人的交流介质。这种交流同时更是一种对反复书写的文化仪式的参与，发生在园林、名胜或者古代画卷上的题跋，它们更像是一次延续千年的文化盛宴。"胜"并非只是当下的审美过程，而是一种对文化共同体的参与仪式。在这一过程中，建筑成为一种文化参与的介质，也恰是在这一过程中，中国建筑有了迥异于西方的文化内涵。

本文试图就李兴钢的"胜景"设计思想展开理论思考，为理解其内涵、价值和带来的挑战提供了几个关键词。与"景"相比，"境"引入了人的主体，凸显了人与物的交融以及人的能动和创造作用；"身"将抽象成视觉的空间体验还原成丰富而具体的生命世界；"临"是对个体时间和个体叙事的准确关照；而"其"则是对文化共鸣的深层认识。它们共同构成了一个更加当代化的空间体验模型，并针对一个当代体验者。有别于现代主义时空连续体模型所预设的抽象感知人（perceiver），这个理想的当代体验者是主体化的、身体性的、文化共鸣的和富有创造力的。这是"胜景"背后所预期的体验者，也是李兴钢的"胜景"设计实践所关照的真正对象。中国建筑自 1950 年代开始了对传统空间体验当代化的世纪探索。如果说 1950-60 年代以空间组合为载体的研究与实践完成了将传统空间与现代主义建筑的时空经验相统一的历史使命。1980-90 年代以意境为内核的反思与创作则实现了对传统空间的文化特征的回归，复兴了传统空间中丰富生动的人文诗性。在这一脉络里，我们又已悄然前行了一段，并面对着当代城市与技术条件下的空间栖居问题，传统空间中的主体化的、能动性的、文化共鸣的经验特征又具有了全新的启示和意义，李兴钢的设计实践是这一世纪探索的延续，也是对其当代命题的开创性的探索。

参考文献

1. 周榕. 一花开五叶 结果自然成——"建筑界丛书"第二辑微评论 [J]. 建筑学报, 2016, No. 571(04): 118.

2. 宗白华, 艺境 [M], 北京: 商务印书馆, 2011.

3. 李兴钢. 身临其境, 胜景几何"微缩北京"/ 大院胡同 28 号改造 [J]. 时代建筑, 2018, No. 162(04): 85.

4. 杨艳昭, 封志明, 赵延德等. 中国城市土地扩张与人口增长协调性研究 [J]. 地理研究, 2013, 32(09): 1668-1678.

5. 原广司, 聚落之旅 [M], 陈靖远, 金海波, 译, 北京: 中国建筑工业出版社, 2018.

6.Yi-Fu Tuan. The Significance of the Artifact [J]. Geographical Review, 1980(70,4): 462-472. (译文来自网络平台"集 BeinGeneration", 黄安琪译)

7. 王其亨等, 风水理论研究 [M], 天津: 天津大学出版社, 2005.

8. 维基百科"理想国"与"乌托邦"词条。

9. 针之谷钟吉, 西方造园变迁史——从伊甸园到天然公园 [M], 邹洪灿, 译, 北京: 中国建筑工业出版社, 2016.

10. 维基百科"田园城市"词条。

11. 维基百科"有机疏散理论"词条。

12. 维基百科"卫星城镇理论"词条。

13. 童寯, 造园史纲 [M], 北京: 中国建筑工业出版社, 1983.

14. 石守谦, 移动的桃花源: 东亚世界中的山水画 [M], 北京: 生活·读书·新知三联书店, 2015.

15. 童寯, 园论 [M], 天津: 百花文艺出版社, 2006.

16. 中国建筑史 [M], 北京: 中国建筑工业出版社, 1986.

17. 王维, 辋川集 [M], 南昌: 江西美术出版社, 2009.

18. 侯仁之. 试论元大都城的规划设计 [J]. 城市规划, 1997, (03): 11, 12.

19. 傅熹年, 中国古代建筑十论 [M], 上海: 复旦大学出版社, 2004.

20. 尼科斯·A·萨林加罗斯, 城市结构原理 [M], 阳建强等, 译, 北京: 中国建筑工业出版社, 2011.

21. 王文锦, 礼记译解 [M], 北京: 中华书局, 2001.

22. 李兴钢，静谧与喧嚣 [M]，北京：中国建筑工业出版社，2015.

23. 王镇华，中国建筑备忘录 [M]，台北：时报文化出版社，1989.

24. 藤井明，聚落探访 [M]，宁晶，译，王昀，校，北京：中国建筑工业出版社，2003.

25. 辞源 [M]，北京：商务印书馆，1915.

26. 司马迁，全注全译史记全本 [M]，李翰文，主编，北京：北京联合出版公司，2015.

27. 班固，汉书 [M]，北京：中华书局，1962.

28. 原广司，聚落的 100 则启示 [M]，黄茗诗，林于婷，译，台湾新北：大家出版社，2011.

29. 张岱年，中国哲学大纲 [M]，北京：中国社会科学出版社，1982.

30. 胡兰成，中国的礼乐风景 [M]，北京：中国长安出版，2013.

31. 原广司，世界聚落的教示 100[M]，于天炜，刘淑梅，马千里，译，王昀，校，北京：中国建筑工业出版社，2003.

32. 戴维 .B. 布朗宁，戴维 .G. 德·龙，路易斯 .I. 康：在建筑的王国中 [M]，马琴，译，北京：中国建筑工业出版社，2004.

33. 路易斯·巴拉甘获 1980 年普利兹克奖颁奖仪式上的演讲，Luis Barragan, Acceptance Speech of the Prizker Architecture Prize, 1980, Laureate, www.pritzkerprize.cn.

34. 童寯，江南园林志 [M]，北京：中国建筑工业出版社，1984.

35. 苏州园林博物馆，拙政园三十一景册 [M]，北京：中华书局，2014.

36. 建筑文化考察组，义县奉国寺 [M]，天津：天津大学出版社，2008.

37. 梁思成 . 独乐寺专号 [J]. 中国营造学社汇刊，1932，3(2).

38. 丁垚，蓟县独乐寺山门 [M]，天津：天津大学出版社，2016.

39. 梁思成 . 记五台山佛光寺建筑 [J]. 中国营造学社汇刊，1944，7(1)：14.

40. 关野贞，常盘大定，支那佛教史迹评解五 [M]，东京：佛教史迹研究会，1928.

41. 李兴钢 . 佛光寺的启示——一种现实理想空间范式 [J]. 建筑学报，2018，No. 600(09): 28-33.

42. 任思捷 . 唐初五台山佛光寺的政治空间与宗教构建 [J]. 建筑学报，2017，No. 585(06): 24, 25.

43. 傅熹年，中国古代建筑史 [M]，北京：中国建筑工业出版社，2001.

44. 释道宣，续高僧传 [M]，上海：上海书店出版社，1989.

45. 梁思成，中国建筑史 [M]，北京：生活·读书·新知三联书店，2011.

46. 董豫赣. 出神入化 化境八章（一）[J]. 时代建筑，2008, No. 102(04): 101-105.

47. 郭屹民，建筑的诗学：对话·坂本一成的思考 [M]，南京：东南大学出版社，2011.

48. 坂本一成，郭屹民，反高潮的诗学：坂本一成的建筑 [M]，上海：同济大学出版社，2015.

49. 金宇澄，繁花 [M]，上海：上海文艺出版社，2015.

50. 约翰·罗贝尔，静谧与光明：路易·康的建筑精神 [M]，成寒，译，北京：清华大学出版社，2010.

51. 刘家琨，此时此地 [M]，北京：中国建筑工业出版社，2002.

52. 朱之蕃，金陵四十景图像诗咏 [M]，南京：南京出版社，2012.

53. 窦平平. 多义的结构：关于天津大学新校区综合体育馆 [J]. 时代建筑，2017, No. 161(03): 86-95.

54. Eduard Koegel 在 world-architect.com 上关于天津大学新校区体育馆的评论文章中写道："The calm appearance to the outside and the strong atmospheric space inside are like two sides of the same coin." 网址：https://www.world-architects.com/en/architecture-news/reviews/sports-on-campus?from=timeline&isappinstalled=0.

55. 维基百科"空间"词条。

56. 维基百科"结构"词条。

57. 维基百科"形式"词条。

58. 雷德侯，万物：中国艺术中的模件化和规模化生产 [M]，张总等，译，党晟，校，北京：生活·读书·新知三联书店，2012.

59. 青锋. 从胜景到静谧——对《静谧与喧嚣》以及"瞬时桃花源"的讨论 [J]. 建筑学报，2015, No.566(11): 24-29.

60. 王路. 起承转合——试论山林佛寺的结构章法 [J]. 建筑师，1988. 29: 131-141.

61. 李兴钢. 胜景几何 [J]. 城市环境设计，2014, No. 079(01).

62. 百度百科"自然"词条。

63. 老子，道德经 [M]，王弼，注，楼宇烈，校，北京：中华书局，2008.

64. 无上秘要 [M]，周作明，点校，北京：中华书局，2016.

65. 青锋. 胜景几何与诗意 [J]. 设计与研究，2014, No. 034(06): 61.

66. 维特鲁威，建筑十书 [M]，高履泰，译，北京：知识产权出版社，2001.

67. 陆九渊，陆九渊集 [M]，钟哲，点校，北京：中华书局，1980.

68. 支文军. 边走边唱：60 年代生中国建筑师 [J]. 时代建筑，2013, No. 129(01): 1.

69. 范路，李兴钢. 静谧胜景与诗意几何——建筑师李兴钢访谈 [J]. 建筑师，2018, No. 192(05): 6-13.

70. Louis I.Kahn and Alessandra Lator(editor). Louis I Kauln: Writings,Lectures, Interviews. New York: Rizzoli International Publications, 1991. p151

71. 董豫赣, 赵辰, 金秋野, 等. 专家笔谈: 阅读"瞬时桃花源"[J]. 建筑学报, 2015, No. 566(11): 44-49.

72. 童寯: 《中国大百科全书》, "江南园林"词条。

73. 莫里斯·哈布瓦赫, 论集体记忆 [M], 毕然, 郭金华, 译, 上海：上海人民出版社, 2002.

74. 李兴钢. 静谧与喧嚣 [J]. 建筑学报, 2015, No. 566(11): 40-43.

75. 青锋, 评论与被评论: 关于中国当代建筑的讨论 [M], 北京: 中国建筑工业出版社, 2016.

76. 叶朗, 中国美学史大纲 [M], 上海: 上海人民出版社, 1985.

77. 刘敦桢. 苏州的园林 [J]. 城市建设, 1957 年第 4 期: 7-9; 1957 年第 5 期: 17-20. (1956 年 10 月南京工学院学术讨论会论文摘要)

78. 陈麦. 苏州庭园的艺术意匠 [J]. 文物参考资料 6, 1957: 46-51.

79. 潘谷西. 苏州园林的观赏点和观赏路线 [J]. 建筑学报, 1963. 6: 14-18.

80. 彭一刚. 庭园建筑艺术处理手法分析 [J]. 建筑学报, 1963. 3: 15-18.

81. 鲁安东, 迷失翻译间: 现代话语中的中国园林, 建筑研究 01: 词语、建筑物、图 [M], 北京: 中国建筑工业出版社, 2011: 47-80.

82. 宗白华, 美学散步 [M], 上海: 上海人民出版社, 1981.

83. 李泽厚, 美的历程 [M], 北京: 文物出版社, 1981.

84. 金学智, 中国园林美学 [M], 南京: 江苏文艺出版社, 1990.

85. 张家骥, 中国造园论 [M], 哈尔滨: 黑龙江人民出版社, 1991.

86. 周维权, 中国古典园林史（第二版）[M], 北京: 清华大学出版社, 1999.

图片来源

引

图 1-2：张广源摄；图 1-3、1-4：李兴钢摄；

图 1-1b：李兴钢绘。

起

图 2-6、2-8、2-9、2-10、2-11、2-12、2-15：李兴钢摄；

图 2-13：李兴钢绘。

承

图 3-10a、3-11a、3-12a、3-13a、3-14a、3-15、3-16、3-17a、3-18、3-19、3-20a、3-21、3-22a、3-23、3-24、3-28、3-29、3-30、3-31、3-32、3-33、3-36：李兴钢摄；

图 3-3、3-5、3-6、3-7e、3-10b、3-11b、3-12b、3-13b、3-14b、3-17b、3-19b、3-20b、3-22b、3-25、3-42：李兴钢绘；

图 3-26、3-27：丁垚提供；图 3-34、3-35：张梦炜、丁雅周等提供；图 3-46a、3-46b、3-46c、3-46d、3-46e、3-46f：李兴钢工作室提供；

图 3-2：引自童寯．园论 [M]．天津：百花文艺出版社，2006：86．

图 3-4：引自梁思成．我们所知道的唐代佛寺与宫殿 [J]．中国营造学社汇刊，1933,3(1)：91．

图 3-37：引自侯幼彬，李婉贞．中国古代建筑历史图说 [M]．北京：中国建筑工业出版社，2002：125, 129．（侯新觉后期处理）

图 3-38：引自侯幼彬，李婉贞．中国古代建筑历史图说 [M]．北京：中国建筑工业出版社，2002：130,192.；业祖润．北京民居 [M]．北京：中国建筑工业出版社,2009：140．（侯新觉后期处理）

图 3-41：引自日本建筑学会．日本建筑史图集（新订第三版）[M]．东京：彰国社,2011：99．

述

图 4-1a、4-1b、4-3a、4-3b、4-3c、4-3d、4-3e、4-5、4-6、4-7、4-8b、4-9、4-10、4-12、4-15、4-16a、4-16b、4-18a、4-18b、4-18c、4-19、4-20、4-21、4-25a、4-25b、4-25c、4-25d、4-27a、4-27b、4-29a、4-30a、4-31、4-36、

4-39a、4-40b、4-41、4-42a、4-43、4-45、4-46、4-47、4-48、4-49、4-50、4-52b、4-59、4-61、4-65、4-66、4-67、4-69、4-71、4-76、4-77a、4-77b、4-77c、4-77d、4-77e、4-78、4-79、4-80、4-81、4-82、4-83a、4-83b、4-95、4-96、4-97、4-98 李兴钢摄；图 4-53：王方戟摄；图 4-89、4-90、4-91、4-94：孙海霆摄；图 4-99c：李宁摄；图 4-35b、4-37d、4-40a、4-42b、4-60b、4-64、4-70、4-72、4-74、4-75、4-100a、4-100b、4-100c、4-100d、4-100e：李兴钢绘；图 4-54：侯新觉绘；图 4-55：卢绳绘；

图 4-17：有方提供；图 4-37a：朱磊提供；图 4-93：李兴钢工作室提供；图 4-99b，陈明达绘，殷力欣提供；

图 4-8a、4-86、4-87：引自戴维 .B. 布朗宁，戴维 .G. 德·龙 . 路易斯 .I. 康：在建筑的王国中 [M]. 马琴，译 . 北京：中国建筑工业出版社，2004：150, 202, 205.

图 4-11：引自 Bruce Brooks Pfeiffer. Frank Lloyd Wright:1885-1916 [M]. Krohne: Taschen, 2010:360.

图 4-13a、14：引自 Fernando.M.Cecilia. Alvaro Siza 1958-2000: El Croquis 68/69+95 [M]. Madrid: El Croquis Editiorial, 2000: 47, 58.

图 4-22：引自 Thomas Durisch, Peter Zumthor. Peter Zumthor: Buildings and Projects, 1985-2013 [M]. Zurich: Verlag Scheidegger & Spiess AG, 2014, Vol. 2: 30.

图 4-23a：引自 Herzog & DeMeuron 1998-2002: El Croquis 109/110[M]. Madrid: El Croquis Editiorial, 2004: 289.

图 4-23b：引自 Herzog & de Meuron 2002-2006: El Croquis 129/130 [M]. Madrid: El Croquis Editiorial, 2006:.223.

图 4-24a、4-24b：引自马克 . 赫尔佐格与德梅隆全集（第三卷·1992~1996 年）[M]. 刘捷，译 . 北京：中国建筑工业出版社，2009: 27, 68.

图 4-28a：引自罗贝尔 . 静谧与光明：路易·康的建筑精神 [M]. 成寒，译 . 北京：清华大学出版社，2010: 123.

图 4-30b：引自童寯 . 江南园林志（第二版）[M]. 北京：中国建筑工业出版社，1984: 123.

图 4-33a、4-33b、4-35a：引自建筑文化考察组 . 义县奉国寺 [M]. 天津：天津大学出版社，2008: 8, 96, 127.

图 4-34a、4-34b、4-73：引自萧默 . 敦煌建筑研究 [M]. 北京：机械工业出版社，2002: 67, 73.

图 4-37b、4-39b：引自梁思成 . 独乐寺专号 [J]. 中国营造学社汇刊 , 1944, 3(2): 49.

图 4-37c、4-38、4-40c：引自陈明达 . 蓟县独乐寺 [M]. 天津 : 天津大学出版社 , 2007: 93, 124, 191.

图 4-44：引自王军 . 五台山佛光寺发现记——谨以此文纪念佛光寺发现 80 周年并献给梁思成先生诞辰 116 周年 [J]. 建筑学报 , 2017(06): 16.

图 4-51、图 4-62、4-63：引自梁思成 . 记五台山佛光寺建筑 [J]. 中国营造学社汇刊 , 1944,7(1): 47, 50, 51.

图 4-52a：引自坂本一成，郭屹民 . 反高潮的诗学 : 坂本一成的建筑 [M]. 上海 : 同济大学出版社 , 2015: 100.

图 4-56、4-68：引自刘敦桢 . 中国古代建筑史 (2 版)[M]. 北京 : 中国建筑工业出版社 , 2005: 135, 137.

图 4-58、4-60a：引自张映莹，李彦 . 五台山佛光寺 [M]. 北京 : 文物出版社 , 2010: 56, 60.

图 4-57：引自任思捷 . 唐初五台山佛光寺的政治空间与宗教构建 [J]. 建筑学报 , 2017(06): 26.

图 4-84a、4-84b、4-85a、4-85b：引自金宇澄 . 繁花 [M]. 上海 : 上海文艺出版社 , 2015: 11, 219, 283, 395.

作

图 5-1、5-3、5-5、5-9：李兴钢摄；图 5-7、5-8：孙海霆摄；图 5-10：姜汶林摄；图 5-12、5-14：夏至摄；图 5-15：邱涧冰摄；

图 5-2：姜汶林绘；图 5-4、5-6、5-11：李兴钢绘；

其余图片及图纸除图注中标明外，均由李兴钢建筑工作室提供。

合

图 6-2、6-6、6-7、6-8、6-11、6-12a：李兴钢摄；图 6-5：张斌摄；

图 6-4b：姜汶林绘；图 6-12b：李兴钢绘；

图 6-13：引自 Oscar Riera Ojeda, Campo Baeza Complete Works, (London: Thames & Hudson Ltd., 2015), p314-315.

图 6-14：引自 John Hejduk, Mask of Medusa, (New York, Rizzoli International Publications, Inc., 1985), p357.

跋

图 7-1：李兴钢摄。

附

图 8-1：夏至摄；图 8-2、8-3、8-14、8-19、8-20、8-26、8-27、8-31：李兴钢摄；图 8-6、8-8、8-17、8-24：孙海霆摄；图 8-9、8-10：陈薇摄；图 8-21：张广源摄；图 8-22：李哲摄；图 8-23：张虔希摄；图 8-30：苏圣亮摄；

图 8-7、8-15、8-16、8-28、8-29：李兴钢绘；图 8-11：张玉婷、姜汶林绘；

图 8-12、8-13：阿科米星建筑设计事务所提供。

后记

　　观、想、做三位一体。这本论稿与同期出版的另外两本书呈现出关联"互引"的关系：《行者图语》是行观之"悟"，《李兴钢2001-2020》则是实践之"作"，本书作为思想之"述"，是努力尝试对我近三十年来建筑设计研究与实践所形成的"胜景几何"思考的系统化、理论性著述。我对文字写作既不擅长又相当畏难，但将自我对建筑的不断思考及时记录、反省，是有益于建筑实践的事情；并且以我的经验，通过写作或演讲，某些模糊不清的思考会变得清晰有力。这部15万字的书稿（含一些访谈、评论等），是对我从事建筑师职业以来思考和实践的系统化梳理和总结，以呈现一种更为完整的理念和方向，使我和我的工作伙伴们的今后工作可以站在一个新的起点和标高，无疑是有重要的意义和价值的。这部对应一整段长时期工作实践的"长文章"，实际上是将我以往不同时期的写作或演讲中的思考和观点、阅读或实践中的体验和感悟联结起来并融会贯通，虽然这次写作的时间长达近三年，但其中某些内容可以追溯到1998年左右的思考和写作，比如关于"城市"与"建筑"。所以，这是一部凝聚二十多年建筑思考的书。我要感谢多年来跟我一起工作的同事和伙伴们，他们是我在这本著作中所呈现的建筑思考和实践的见证者、同行者，甚至也可以说是共同的作者；感谢我学习和从事建筑以来所有对我有所影响的师长、前辈、同行、朋友们，这也是一个我铭记在心的长长名单；工作室出版小组和同事、学生们跟我一起对文字和作品的整理、编辑和设计、排版，这是一项烦琐无比又意义非凡的工作；感谢浙江出版联合集团的出版发行，使我能够在步入人生半程的时刻得以用著述的方式完成对自己的回顾、定格和展望。感谢我的博士生导师彭一刚院士近九十高龄亲笔写序，并给予学生莫大的肯定和鼓励；感谢我三十余年建筑师职业道路的知遇和引导者崔恺院士慨然赠序，一直予以我兄长般的关心和提携。感谢我的父母、妻儿，他们是我漫长、艰辛、丰饶、有趣的建筑生涯中思想和行动回归的永久港湾。

李兴钢
二〇二〇年元月于北京

　　李兴钢，1969 年出生于中国唐山，1991 年和 2012 年分别获得天津大学学士和工学博士学位，2003 年创立中国建筑设计研究院李兴钢建筑工作室，现任中国建筑设计研究院总建筑师、天津大学客座教授 / 博士生导师和清华大学建筑学院设计导师。以"胜景几何"理念为核心，建筑研究与实践聚焦建筑对于自然和人密切交互关系的营造，体现独特的文化厚度和美学感染力。获得的国内外重要建筑奖项包括：亚洲建筑师协会建筑金奖（2019）、ArchDaily 全球年度建筑大奖（2018）、WA 中国建筑奖（2014/2016/2018）、全国优秀工程设计金 / 银奖（2009/2000/2010）等，是中国青年科技奖（2007）和全国工程勘察设计大师荣誉称号（2016）的获得者。作品参加威尼斯国际建筑双年展（2008）等国内外重要展览，并于北京举办"胜景几何"作品个展（2013）。

朕京城市

2019.11.22.

出 版 人：徐凤安

责任编辑：王　巍　金慕颜

责任校对：高余朵

责任印刷：汪立峰

装帧设计：姜汶林

李兴钢建筑工作室团队：

姜汶林、侯新觉、孔祥惠

图书在版编目（CIP）数据

胜景几何论稿 / 李兴钢著 . -- 杭州：浙江摄影出版社 , 2020.9

ISBN 978-7-5514-2774-6

I.①胜… II.①李… III.①建筑设计－研究－中国 IV.① TU2

中国版本图书馆 CIP 数据核字 (2019) 第 298001 号

SHENGJING JIHE LUNGAO

胜景几何论稿

李兴钢 著

全国百佳图书出版单位

浙江摄影出版社出版发行

地址：杭州市体育场路 347 号

邮政编码：310006

电话：0571-85151082

网址：www.photo.zjcb.com

经销：全国各地新华书店

印刷：北京卡梅尔彩印厂

开本：787mm × 1092mm 1/16

印张：35.25

版次：2020 年 9 月第 1 版 2020 年 9 月第 1 次印刷

ISBN 978-7-5514-2774-6

定价：248.00 元

本书若有印装质量问题，请与本社发行部联系调换。

版权所有 侵权必究